Entwicklung eines Bewertungssystems
für die ökonomische und ökologische Erneuerung
von Wohnungsbeständen

Dissertation zur Erlangung des Grades

Doktor-Ingenieurin

des Fachbereiches Bauingenieurwesen
der Bergischen Universität Wuppertal

Entwicklung eines Bewertungssystems
für die ökonomische und ökologische Erneuerung
von Wohnungsbeständen

vorgelegt von

Dipl.-Ing. Stefanie Streck

Wuppertal, im September 2003

Bibliografische Information Der Deutschen Bibliothek: Die Deutsche Bibliothek verzeichnet diese Publikation in der Deutschen Nationalbibliografie; detaillierte bibliografische Daten sind im Internet über <http://dnb.ddb.de> abrufbar.

Vollständiger Druck der vom Fachbereich D- Bauingenieurwesen - der Bergischen Universität Wuppertal am 16. 02.2004 angenommenen Dissertation

Gutachter: Univ.-Prof. Dr.-Ing. C. J. Diederichs
                  Univ.-Prof. Dr.-Ing. M. Helmus

Herausgeber: Deutscher Verband der Projektmanager
                  in der Bau- und Immobilienwirtschaft e. V.
                  Univ.-Prof. Dr.-Ing. C. J. Diederichs
                  Bergische Universität Wuppertal
                  Pauluskirchstraße 7
                  42285 Wuppertal
                  Tel. 0202/2801330
                  Fax. 0202/2801332
                  E-mail: diederic@uni-wuppertal.de

Herstellung: Books on Demand GmbH, Norderstedt

ISBN 3-937130-04-7

Auflage Mai 2004

Inhaltsverzeichnis

Verzeichnis der Bilder

Verzeichnis der Tabellen

Verzeichnis der Abkürzungen

2-FH	2-Familienhaus
3-FH	3-Familienhaus
II. WoBauG	Zweites Wohnungsbaugesetz
a	annum (Jahr)
A/V	Außenfläche/Volumen
AG	Aktiengesellschaft
AG	Arbeitsgruppe
AGBG	Gesetz zur Regelung des Rechts der Allgemeinen Geschäftsbedingungen
AIBau	Aachener Institut für Bauschadensforschung und angewandte Bauphysik
AKÖH	Arbeitskreis Ökologischer Holzbau e. V.
AP	Acidification Potential (Versauerungspotenzial)
AVA	Ausschreibung, Vergabe, Abrechnung
BAT	Biologischer Arbeitsplatztoleranzwert
BauGB	Baugesetzbuch
BauNVO	Baunutzungsverordnung
BauO NW	Landesbauordnung Nordrhein-Westfalen
BBB	Bauwirtschaft, Baubetrieb und Bauverfahrenstechnik
BBR	Bundesamt für Bauwesen und Raumordnung
BG	Berufsgenossenschaft
BGB	Bürgerliches Gesetzbuch
BGF	Brutto-Grundfläche
BGR	Berufsgenossenschaftliche Regeln für Sicherheit und Gesundheit bei der Arbeit
BIA	Berufsgenossenschaftliches Institut für Arbeitssicherheit
BKI	Baukosteninformationszentrum
BMBau	Bundesministerium für Raumordnung, Bauwesen und Städtebau
BMVBW	Bundesministerium für Verkehr, Bau- und Wohnungswesen
BMVg	Bundesministerium der Verteidigung
BRI	Bruttorauminhalt
bspw.	beispielsweise

BU	Bergische Universität
BVZ	Bundesverband der Deutschen Ziegelindustrie e. V.
bzgl.	bezüglich
bzw.	beziehungsweise
ca.	circa
CAD	Computer Aided Design
CD-ROM	Compact Disc – Read Only Memory
CE	Communautés Européennes (Europäische Gemeinschaften)
CH_4	Methan
ChemG	Chemikaliengesetz
ChemVerbV	Chemikalienverbotsverordnung
CO	Kohlenmonoxid
CO_2	Kohlenstoffdioxid, Kohlendioxid
CO_2 eq.	Kohlendioxid-Äquivalente
ct.	Cent
d	day (Tag)
d. h.	das heißt
DBP	Di-n-butyphthalat, Weichmacher
DEHP	Di-2-(ethylhexyl)-phtalat, Weichmacher
DEKRA	Deutscher Kraftfahrzeug-Überwachungsverein
DIN	Deutsches Institut für Normung
Dr.	Doktor
DREWAG	Stadtwerke Dresden GmbH
DSchG	Denkmalschutzgesetz
DSD	Duales System Deutschland
DVP	Deutscher Verband der Projektmanager in der Bau- und Immobilienwirtschaft
E	Ergebnis
e. V.	eingetragener Verein
E-/ZFH	Ein- und Zweifamilienhäuser

ECOBIS	ökologisches Baustoffinformationssystem
ECOHB	Global Network of Organisations For Environmentally-Conscious And Healthy Building (Globales Netzwerk von Organisationen für umweltbewusstes-gesundes Bauen und Wohnen)
EDV	elektronische Datenverarbeitung
EN	Europäische Norm
EnEV	Energieeinsparverordnung
EPA	Environmental Protection Agency (Amerikanische Umweltbehörde)
EPIQR	Energy Performance Indoor Environment Quality Retrofit
EPS	Expandiertes Polystyrol
ESt DV	Einkommenssteuer-Durchführungsverordnung
EStG	Einkommenssteuergesetz
etc.	et cetera
evtl.	eventuell
EW	Einwohner
EZ	Erfüllungspunktzahl
FCKW	Fluor-Chlor-Kohlenwasserstoff
FeuV	Verordnung über Feuerungsanlagen und Heizräume
FKW	Fluorkohlenwasserstoff
FSC	Forest Stewardship Council
G	Gewichtungspunkte
GBC	Green Building Challenge
GdW	Bundesverband deutscher Wohnungsunternehmen
GefStoffV	Gefahrstoffverordnung
GEMIS	Gesamt Emissions Modell Integrierter Systeme
GFZ	Geschossflächenzahl
ggf.	gegebenenfalls
GHD	Gewerbe, Handel, Dienstleistungen, übrige Verbraucher
GIBB	Genossenschaft Information Baubiologie
GISBAU	Gefahrstoffinformationssystem der Berufsgenossenschaften der Bauwirtschaft
GmbH	Gesellschaft mit beschränkter Haftung

GRE	Gesellschaft für Rationelle Energieverwendung e. V.
GRZ	Grundflächenzahl
GWP	Global Warming Potential (Treibhauspotenzial)
H 1301	Halon
H_2S	Schwefelwasserstoff
HCl	Salzsäure
HeizAnlV	Heizungsanlagenverordnung
HF	Fluorwasserstoff
HFCKW	Halon-Fluor-Chlor-Kohlenwasserstoffe
HOAI	Honorarordnung für Architekten und Ingenieure
Hrsg.	Herausgeber
HVBG	Hauptverband der gewerblichen Berufsgenossenschaften
i. d. R.	in der Regel
IBO	Österreichisches Institut für Baubiologie und -ökologie
IBP	Fraunhofer-Institut für Bauphysik
IEMB	Institut für Erhaltung und Modernisierung von Bauwerken e. V.
IfB	Institut für Bauforschung
IG Bau	Industriegewerkschaft Bauen-Agrar-Umwelt
IH	Instandhaltung
inkl.	inklusive
InvZulG	Investitionszulagegesetz
IRB	Informationszentrum Raum und Bau
IWU	Institut für Wohnen und Umwelt
KEA	Kumulierter Energieaufwand
KG	Kommanditgesellschaft
Kgr.	Kostengruppe
KOPLA	Baukostenplaner
KrW-/AbfG	Kreislaufwirtschafts- und Abfallgesetz
KSA	Kumulierter Stoffaufwand
kWh	Kilowattstunde

LASI	Länderausschuss für Arbeitsschutz und Sicherheitstechnik
LB	Landesinstitut für Bauwesen
LEGOE	Lebenszyklus von Gebäuden unter ökologischen Gesichtspunkten
LuF	Lehr- und Forschungsgebiet
M. Sc. REM & CPM	Master of Science in Real Estate Management & Construction Project Management
MAK	Maximale Arbeitsplatzkonzentration
max.	maximal
MBO	Musterbauordnung
MBW	Ministerium für Bauen und Wohnen (des Landes NRW)
MFH	Mehrfamilienhaus
MH	Musterhaus
MI	Materialintensität
min.	minimal
Mio.	Millionen
MIPS	Materialintensität pro Serviceeinheit
ModEnG	Modernisierungs- und Energieeinsparungsgesetz
Mrd.	Milliarden
MwSt.	Mehrwertsteuer
N_2O	Lachgas
NF	Nutzfläche
NH_3	Ammoniak
NHK	Normalherstellungskosten
NMVOC	flüchtige organische Verbindungen
NO_x	Stickoxide
NRW	Nordrhein-Westfalen
o. g.	oben genannt
Öko-RESA	Ratgeber für die energetische Modernisierung von Gebäuden unter Einbeziehung ökologischer Kennzahlen
ÖÖB	Bewertungssystem für ökonomischen und ökologischen Wohnungs- und

	Verwaltungsgebäudeneubau
ÖÖS	Bewertungssystem für die ökonomische und ökologische Erneuerung von Wohnungsbeständen
PAK	Polycyklische aromatische Kohlenwasserstoffe
PCB	Polychlorierte Biphenyle
PCP	Pentachlorphenol
PD	Projektdaten
PE	Polyethylen
PF	Phenol-Formaldehydharze
PKW	Personenkraftwagen
PP	Polypropylen
PS	Polystyrol
PU	Polyurethan
PUR	Polyurethan
PVC	Polyvinylchlorid
R 134a	Fluorkohlenwasserstoff (FKW)
R 22	Fluor-Chlor-Kohlenwasserstoff (FCKW)
RAL	Deutsches Institut für Gütesicherung und Kennzeichnung e. V. (ursprünglich: Reichs-Ausschuss für Lieferbedingungen)
RAL-UZ	RAL-Umweltzeichen
rd.	rund
SIA	Schweizerischer Ingenieur- und Architektenverein
SO_2	Schwefeldioxid
SO_2 eq.	Schwefeldioxid-Äquivalente
SO_x	Schwefeloxid
STLB-Bau	Standardleistungsbuch Bau
TMR	Total Material Requirement
TQ	Total Quality
TRGS	Technische Regeln für Gefahrstoffe
TÜV	Technischer Überwachungsverein

TWh	Tausend-Watt-Stunden
u. a.	und andere
u. a.	unter anderem
usw.	und so weiter
UV	Ultraviolett
U-Wert	Wärmedurchgangskoeffizient
VDE	Verband der Elektrotechnik Elektronik Informationstechnik
VDEW	Verband der Elektrizitätswirtschaft e. V.
VDI	Verein Deutscher Ingenieure
vgl.	vergleiche
VIBA	Vereniging voor Integrale Bio-logische Architectuur (Vereinigung für Integrale Biologische Architektur)
VOB	Vergabe- und Vertragsordnung für Bauleistungen
VOB/B	Vergabe- und Vertragsordnung für Bauleistungen Teil B
VOL	Verdingungsordnung für Leistungen
vorh.	vorhanden, -e, -es
VÖZ	Verband Österreichischer Ziegelwerke
VSZ	Verband Schweizerische Ziegelindustrie
WA	Allgemeines Wohngebiet
WDVS	Wärmedämmverbundsystem
WE	Wohneinheiten
Wfl.	Wohnfläche
WR	Reines Wohngebiet
WSchV	Wärmeschutzverordnung
XIT	Gesellschaft für sozialverträgliche Innovation und Technologie
XPS	Extrudiertes Polystyrol
z. B.	zum Beispiel

Vorwort des Herausgebers

Die vorliegende Arbeit von Frau Streck ist entstanden aus den Ergebnissen eines vom Bundesministerium für Verkehr, Bau- und Wohnungswesen (BMVBW) dem Lehrstuhl für Bauwirtschaft der Bergischen Universität Wuppertal übertragenen Forschungsauftrages mit gleichnamigem Thema, der maßgeblich von Frau Streck bearbeitet und zum 30. Juni 2003 fertiggestellt wurde.

Frau Streck arbeitete bereits an dem ebenfalls vom BMVBW beauftragten vorherlaufenden Forschungsprojekt mit dem Thema „Entwicklung eines Bewertungssystems für ökonomisches und ökologisches Bauen und gesundes Wohnen" mit, das im Jahre 2000 abgeschlossen wurde und auf dessen Basis die Promotionsarbeit von Frau Getto entstand, abgeschlossen im Jahre 2002.

Ursprünglich war geplant, ein Bewertungssystem zu entwickeln, mit dem sowohl Neubau- als auch Erneuerungsmaßnahmen bewertet werden können. Es stellte sich jedoch heraus, dass diese Aufgabe wegen der sehr unterschiedlichen Randbedingungen nicht leistbar war. Wegen der hohen Bedeutung von Erneuerungsmaßnahmen in Wohnungsbeständen entschloss sich daher das BMVBW zu einem Anschlussauftrag.

Die Zielsetzung der Arbeit von Frau Streck bestand zum einen darin, ein ganzheitliches Bewertungssystem zu entwickeln, das Bauherren, Bauplaner und Behörden in der wirtschaftlichen und umweltgerechten Sanierung und Modernisierung von Wohngebäuden unterstützt. Bauherren und Bauplaner finden darin eine Methode auf der Basis der Nutzwertanalyse, mit dem sie die Auswirkungen ihrer Entscheidungen in ökonomischer und ökologischer Hinsicht phasenweise am Ende der Vorplanung, am Ende der Genehmigungsplanung und vor Baubeginn abschätzen können.

Für die Weiterentwicklung des Bewertungssystems für Wohnungs- und Verwaltungsneubauten zur Bewertung von Erneuerungsmaßnahmen musste die Struktur der Bewertungskriterien vollständig umgestellt und an die Besonderheiten von Bestandsmaßnahmen angepasst werden.

Im Ausblick stellt Frau Streck unter Ziff. 6.4 fest: „Das Bewertungssystem ÖÖS bietet dem Anwender erstmals die Möglichkeit, Erneuerungsentwürfe umfassend ökonomisch und ökologisch planungsbegleitend mit einem angemessenen Zeitaufwand zu beurteilen."

Diese Aussage ist voll zutreffend. Die besondere wissenschaftliche Leistung von Frau Streck ist darin zu sehen, dass es ihr gelungen ist, das bestehende Bewertungssystem ÖÖB für Neubauten zu einem ÖÖS für Erneuerungsmaßnahmen (Sanierung und Modernisierung) weiterzuentwickeln.

Neu sind darin insbesondere die Bewertungskriterien unter Ziff. 3.5, mit der die wissenschaftliche Grundlage zur Anwendung des Bewertungssystems ÖÖS geschaffen und die nur teilweise wegen der notwendigen Umfangsbegrenzung in der Dissertation, jedoch vollständig auf einer CD-Rom (Anhang 6) beschrieben wurde. Neu sind ferner die beispielhaften Nutzen-Kosten-Untersuchungen unter Ziff. 5.5, die die Vorteilhaftigkeit und kurzen Amortisationsfristen des Aufwandes für die Anwendung des Bewertungssystems ÖÖS deutlich machen.

Besondere Bedeutung erhält das Bewertungssystem ÖÖS dadurch, dass Baumaßnahmen im Bestand zunehmend größeren Anteil am gesamten Bauvolumen haben werden und insoweit das Bewertungssystem ÖÖS häufiger anzuwenden sein wird als das Bewertungssystem ÖÖB.

Damit ist es erstmals gelungen, die beiden Pole Ökonomie und Ökologie unter Berücksichtigung sozialer Aspekte bei der Bewertung von Erneuerungsmaßnahmen in Wohnungsbeständen miteinander zu verbinden und nachvollziehbar sowie objektiv bzw. nach den Prioritäten des Entscheiders zu bewerten.

Wuppertal, im Mai 2004

Univ.-Prof. Dr.-Ing. C. J. Diederichs

Vorwort und Danksagung der Verfasserin

Der Grundstein für die vorliegende Arbeit wurde während meiner Tätigkeit als Studentische Hilfskraft am Lehr- und Forschungsgebiet Bauwirtschaft gelegt. In einem Praxissemester und meiner Diplomarbeit setzte ich mich ausführlich mit der ökologischen Bewertung von Baukonstruktionen auseinander. Es wurde mir jedoch bald klar, dass auf Dauer nur ökologisch gebaut wird, wenn es sich wirtschaftlich rechnet. Außerdem muss der Nutzer bei jeder Planung im Mittelpunkt stehen. Während meiner anschließenden Tätigkeit als Wissenschaftliche Mitarbeiterin konzentrierte ich mich deshalb auf die Verbindung der beiden Pole Ökologie und Ökonomie unter Berücksichtigung sozialer Aspekte. Aus der Bearbeitung zweier Forschungsprojekte ging die vorliegende Dissertation hervor. Sie beschäftigt sich mit Erneuerungsmaßnahmen im Wohnungsbau, da in diesem Bereich für die Zukunft ein großes Potenzial liegt.

Diese Arbeit wäre ohne Unterstützung nicht möglich gewesen. Mein besonderer Dank gilt Herrn Prof. Diederichs, der mich nicht nur als Doktorvater betreute, sondern mit dem mich eine fast 7-jährige sehr gute Zusammenarbeit verbindet. Herrn Prof. Helmus danke ich für die Erstellung seines Gutachtens.

Die dieser Arbeit zugrunde liegenden Forschungsprojekte wurden vom Bundesamt für Bauwesen und Raumordnung gefördert. Für die engagierte Betreuung und die vielen fachlichen Anregungen von Seiten des Bundesamtes danke ich Herrn Dr. Fischer und Herrn Rasper. Außerdem danke ich der forschungsbegleitenden Arbeitsgruppe für ihre konstruktiven Anmerkungen und Ermutigungen.

Meine Kolleginnen und Kollegen am Lehr- und Forschungsgebiet Bauwirtschaft sowie am Institut für Baumanagement (IQ-Bau) haben mir durch Hinweise, Fragen und Diskussionsbereitschaft sehr geholfen. Besonders danke ich Petra Getto für die gute Zusammenarbeit bei unserem gemeinsamen Forschungsprojekt und ihre wertvollen Anregungen auch über unsere berufliche Zusammenarbeit hinaus. Ich danke ebenfalls Britta Borg und Jens Behrends für den Austausch und die fruchtbaren Diskussionen während unserer regelmäßigen „doc deadline"-Treffen.

Meine beiden Studentischen Hilfskräfte Anett Sommer und Heike Ummelmann haben mich durch ihre Recherchen und Literaturbeschaffungen und ihre stets gute Laune sehr unterstützt.

Ich danke auch meinen Korrekturlesern Petra Getto, Wolfgang Neumann, Britta Noppen und Mechthild Streck.

Einen wesentlichen Anteil am Gelingen dieser Arbeit haben meine Freunde, insbesondere Britta Noppen und Stefan von der Bank, die mich immer wieder motiviert haben. Anna-Maria Strobel hat dafür gesorgt, dass ich meine Ziele nicht aus den Augen verlor und Dissertation, Beruf und Privatleben unter einen Hut bekam. Schließlich danke ich meinen Eltern und meinem Bruder, die mir in hektischen Zeiten den Rücken freigehalten und mich in jeder Hinsicht unterstützt haben.

Wesseling, im Mai 2004
Stefanie Streck

1 Einführung

Im Laufe der letzten Jahrzehnte rückten ökologische, ökonomische und soziale Probleme immer deutlicher ins Bewusstsein. Auf der Weltkonferenz der Vereinten Nationen für Umwelt und Entwicklung 1992 in Rio de Janeiro wurde die Agenda 21 verabschiedet, ein Aktionsprogramm der Vereinten Nationen für das 21. Jahrhundert. Darin wurden die Dimensionen Ökologie, Ökonomie und Soziales unter dem Begriff „Nachhaltigkeit" zusammengefasst. Eine nachhaltige Entwicklung muss demnach dauerhaft umweltgerecht, sozial verträglich und wirtschaftlich tragfähig sein (vgl. UNCED, 1992).

Der Bereich Bauen und Wohnen nimmt hierbei eine herausragende Stellung ein[1]. Die Enquète-Kommission „Schutz des Menschen und der Umwelt" beschrieb in ihrem Abschlussbericht 1998 die drei Säulen der Nachhaltigkeit für den Bereich Bauen und Wohnen und stellte die jeweiligen Ziele dar (Bild 1). Für die zukünftige Bau- und Wohnungspolitik werden drei Strategien vorgeschlagen:

- Stärkung städtischer Strukturen gegen Zersiedelung und Suburbanisierung,

- Konzentration auf den Wohnungsbestand sowie

- ressourcensparendes Bauen und Wohnen (vgl. Enquète-Kommission, 1998, Kap. 4.3.3).

---

[1] Im zweiten Quartal 2003 betrug die Bruttowertschöpfung des Baugewerbes 15 % der gesamten Bruttowertschöpfung des produzierenden Gewerbes (vgl. Statistisches Bundesamt, 2003). Die Bauwirtschaft ist damit ein zentraler Wirtschaftsfaktor in Deutschland.

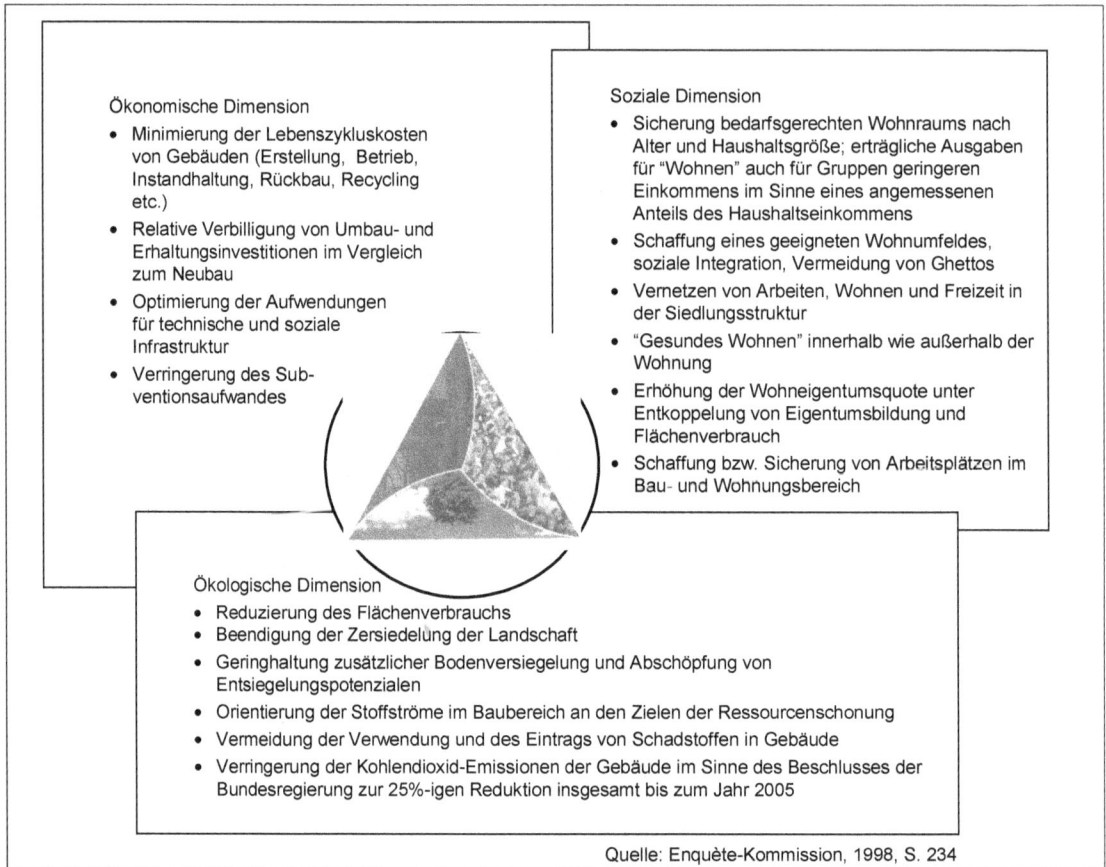

Ökonomische Dimension

- Minimierung der Lebenszykluskosten von Gebäuden (Erstellung, Betrieb, Instandhaltung, Rückbau, Recycling etc.)
- Relative Verbilligung von Umbau- und Erhaltungsinvestitionen im Vergleich zum Neubau
- Optimierung der Aufwendungen für technische und soziale Infrastruktur
- Verringerung des Sub-ventionsaufwandes

Soziale Dimension

- Sicherung bedarfsgerechten Wohnraums nach Alter und Haushaltsgröße; erträgliche Ausgaben für "Wohnen" auch für Gruppen geringeren Einkommens im Sinne eines angemessenen Anteils des Haushaltseinkommens
- Schaffung eines geeigneten Wohnumfeldes, soziale Integration, Vermeidung von Ghettos
- Vernetzen von Arbeiten, Wohnen und Freizeit in der Siedlungsstruktur
- "Gesundes Wohnen" innerhalb wie außerhalb der Wohnung
- Erhöhung der Wohneigentumsquote unter Entkoppelung von Eigentumsbildung und Flächenverbrauch
- Schaffung bzw. Sicherung von Arbeitsplätzen im Bau- und Wohnungsbereich

Ökologische Dimension

- Reduzierung des Flächenverbrauchs
- Beendigung der Zersiedelung der Landschaft
- Geringhaltung zusätzlicher Bodenversiegelung und Abschöpfung von Entsiegelungspotenzialen
- Orientierung der Stoffströme im Baubereich an den Zielen der Ressourcenschonung
- Vermeidung der Verwendung und des Eintrags von Schadstoffen in Gebäude
- Verringerung der Kohlendioxid-Emissionen der Gebäude im Sinne des Beschlusses der Bundesregierung zur 25%-igen Reduktion insgesamt bis zum Jahr 2005

Quelle: Enquète-Kommission, 1998, S. 234

Bild 1: Zieldimensionen für den Bereich Bauen und Wohnen

1.1   Ausgangslage

Bauinvestitionen haben einen hohen wirtschaftlichen Stellenwert, da sie nicht nur hohe Investitionsausgaben, sondern auch hohe Folgekosten verursachen. Daneben werden an Gebäude zunehmend ökologische und soziale Anforderungen gestellt. Bauliche Maßnahmen sollen die Umwelt in möglichst geringem Maße beeinträchtigen und den Menschen in seiner baulichen und natürlichen Umgebung schützen. Außerdem müssen bedarfsgerechter Wohnraum und ein geeignetes Wohnumfeld sichergestellt sein.

Durch die zunehmende Verlagerung der Bautätigkeit vom Neubau in den Gebäudebestand gewinnt die ökologische Erneuerung erheblich an Bedeutung. Dabei können besonders durch die Modernisierung von Gebäuden, die vor Gültigkeit der ersten Wärmeschutzverordnung von 1977 gebaut wurden, mit relativ geringem finanziellen und baulichen Aufwand sehr hohe energetische Einsparungen erzielt werden. Erneuerungsmaßnahmen sollen jedoch nicht nur Energie einsparen, sondern ganzheitliche ökologische Maßnahmen sein. Dies wird von den Bauherren aber nur akzeptiert werden, wenn die Maßnahmen auch wirtschaftlich vertretbar sind. Das soll durch die Entwicklung eines Bewertungssystems geleistet werden, das die Pole Ökonomie und Ökologie miteinander verbindet und gleichzeitig soziale Aspekte berücksichtigt. Hinzu kommt, dass in Zukunft sehr viele Gebäude erneuert werden müssen und somit ein hoher Bedarf an Orientierungshilfen besteht.

1.2 Ziel und Vorgehensweise

Ziel der Arbeit ist die Entwicklung eines ganzheitlichen Bewertungssystems, das Bauherren, Bauplaner und Behörden in der wirtschaftlichen und umweltgerechten Sanierung und Modernisierung von Wohngebäuden unterstützt. Es soll außerdem ein Hilfsmittel für Bauplaner und Bauherren sein, um die Auswirkungen ihrer Entscheidungen in ökonomischer und ökologischer Hinsicht abschätzen zu können. Anhand der Bewertungsergebnisse werden die Stärken der Projektplanung auf einen Blick sichtbar. Gleichzeitig wird auch aufgezeigt, welche Kriterien optimiert werden können. Die Planung kann nun gezielt verbessert werden. Zugleich wird sichtbar, welchen Effekt Planungsänderungen auf das Resultat haben. Bewertet werden sowohl monetäre, d. h. in Geldeinheiten bewertbare, als auch nicht monetäre Kriterien. Durch Alternativenvergleich werden die Wechselwirkungen zwischen Kostenoptimierung und Umweltschutz offensichtlich.

Im ersten Schritt werden die Grundlagen ermittelt. Außerdem wird untersucht, welche Bewertungshilfen zur Erneuerung von Wohnungsbeständen existieren und inwieweit sie Eingang in das zu entwickelnde System finden können. Anschließend werden die Systemgrenzen und Anforderungen festgelegt. Ausgangsbasis für die Entwicklung des Bewertungssystems ÖÖS ist das Neubau-Bewertungssystem ÖÖB für ökonomisches und ökologisches Bauen und gesundes Wohnen, das von der Verfasserin mit entwickelt wurde. Es wird zunächst geprüft, welche Kriterien übernommen und welche überarbeitet bzw. zusätzlich entwickelt werden müssen. Darauf aufbauend werden fünfzehn Hauptkriterien zur Bewertung definiert und die theoretischen Grundlagen für das Bewertungssystem geschaffen. Anschließend werden die Hauptkriterien weiter in Unterkriterien unterteilt, um so alle wesentlichen Bereiche von umfassenden Erneuerungsmaßnahmen abzudecken. Die Kriterien werden gegeneinander abgegrenzt und ihrer Bedeutung nach gewichtet. Für alle Unterkriterien werden Bewertungshilfen entwickelt, um die Bewertung zu vereinfachen. Darüber hinaus werden zusätzliche Erläuterungen gegeben, und es wird auf weiterführende Literatur verwiesen. Zur besseren Anwendung wird eine Bewertungssoftware entwickelt, die auf den Programmen Excel und Word basiert. An zwei Praxisbeispielen wird getestet, ob das Bewertungssystem anwendbar ist. Abgerundet wird die Arbeit durch eine Umfrage unter den Käufern des Neubaubewertungssystems ÖÖB und einer Nutzen-Kosten-Untersuchung. Einen Überblick über die Vorgehensweise in Anlehnung an die Gliederung dieser Arbeit gibt Bild 2.

1.3 Abgrenzung

Das entwickelte Bewertungssystem für die ökonomische und ökologische Erneuerung von Wohnungsbeständen basiert auf einem vergleichbaren Neubaubewertungssystem, das im Rahmen eines Forschungsprojektes am Lehr- und Forschungsgebiet Bauwirtschaft der Bergischen Universität entwickelt wurde und an dem die Verfasserin mitgearbeitet hat. Das Neubaubewertungssystem ist gleichzeitig Thema der Dissertation von Frau Dr.-Ing. P. Getto (vgl. Getto, 2002). Ziel des genannten Forschungsprojektes war ursprünglich die Entwicklung eines Bewertungssystems, mit dem sowohl Neubau- als auch Erneuerungsmaßnahmen bewertet werden können. Es stellte sich jedoch heraus, dass ein gemeinsames Bewertungssystem aufgrund der sehr unterschiedlichen Rahmenbedingungen nicht sinnvoll ist.

Grundlagenermittlung

- Begriffsdefinition
- Ist-Situation im Bestand
- Planungsgrundlagen beim Bauen im Bestand
- Existierende Bewertungshilfen und -systeme

Modellentwicklung

- Festlegen der Systemgrenzen
- Anforderungen an das System
- Nutzwertanalyse als Grundlage zur Vorgehensweise
- Neubaubewertungssystem ÖÖB als Ausgangsbasis
- Festlegung der relevanten Bewertungskriterien

Aufbau des Bewertungssystems

- Dreistufiges Modell
- Gewichtung der Kriterien
- Gliederung in vier Ebenen:
  - Ausgangsmatrix
  - Bewertungsmatrizen
  - Bewertungshilfen
  - Erläuterungen und Literatur
- Ergebnisdarstellung

Anwendung

- Bewertungssoftware ÖÖS
- Zwei Praxisbeispiele: Mehrfamilienhaus und Wohnsiedlung
- Umfrage unter den Käufern des Neubaubewertungssystems ÖÖB
- Nutzen-Kosten-Untersuchung

Zusammenfassung und Ausblick

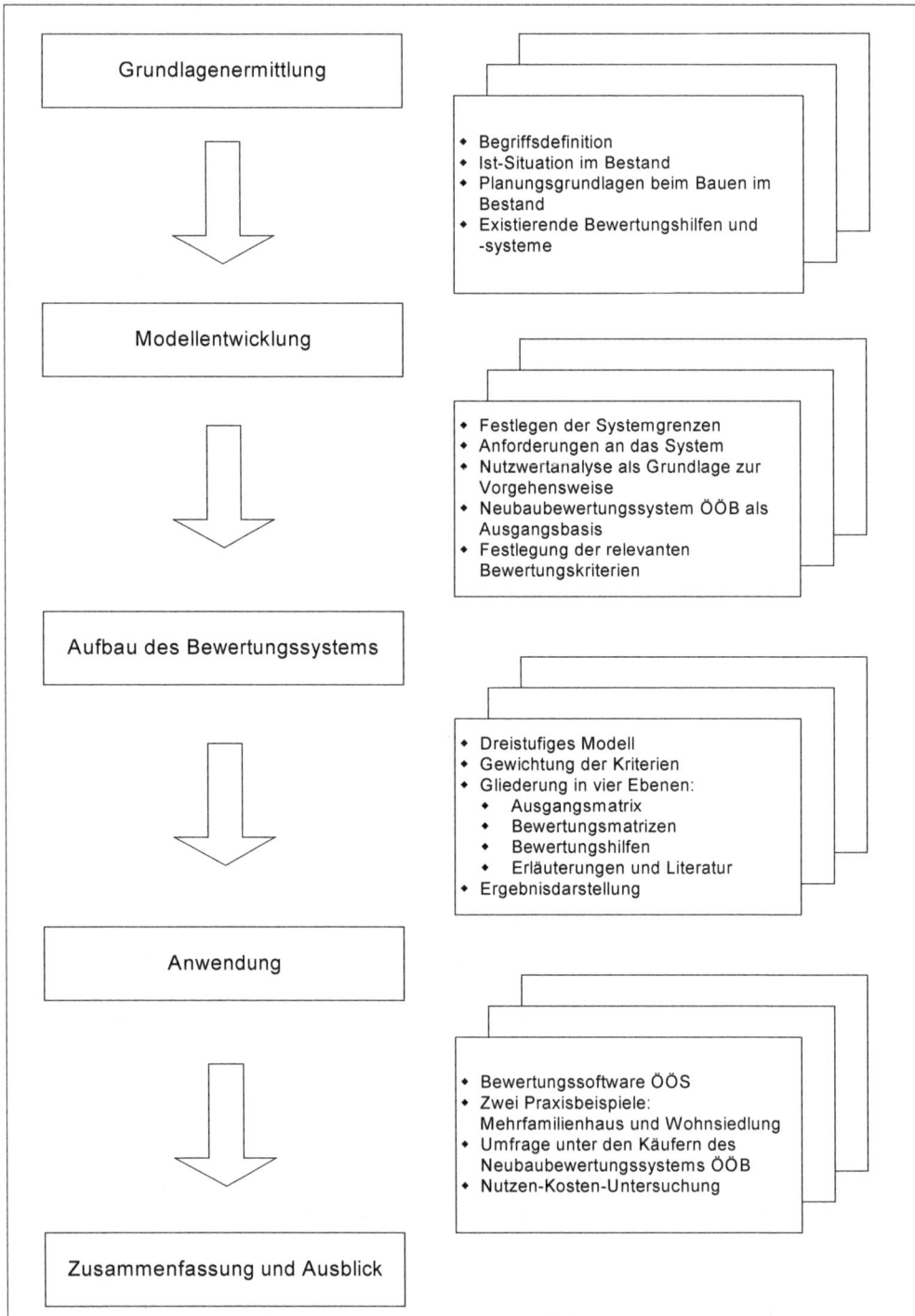

Bild 2: Vorgehensweise bei der Entwicklung des Bewertungssystems ÖÖS

Frau Getto beschränkt sich deshalb in ihrer Dissertation auf Wohnungs- und Bürogebäudeneubau. „Die Entwicklung eines kombinierten Bewertungssystems für Neubau und Bestand wurde aufgrund der unterschiedlichen Themenstellungen nicht als sinnvoll erachtet. Die Herangehensweise in der Planung ist bei der Sanierung eine andere als beim Neubau. Besonderheiten wie die Substanzbewertung, der Denkmalschutz und die Schwierigkeiten bei der passiven Nutzung solarer Energien bei bestehenden Gebäuden sind gesondert zu untersuchen und eigene Kriterien dafür aufzustellen. Die Entwicklung eines ähnlich gestalteten Bewertungssystems für Sanierungen wird daher als sinnvoll und dringend notwendig erachtet" (Getto, 2002, S. 138). Die Unterschiede zwischen Neubau- und Erneuerungsplanungen sowie die besonderen Randbedingungen bei Erneuerungsmaßnahmen werden in Kapitel 2.3 ausführlich dargestellt.

Zur Weiterentwicklung des Systems für Erneuerungsmaßnahmen muss zunächst die Struktur der Bewertungskriterien komplett in Frage gestellt und an die Besonderheiten der baulichen Maßnahmen im Bestand angepasst werden. Die Kriterien können nicht komplett übernommen werden. Auch übernommene Kriterien müssen häufig neu strukturiert werden. Insgesamt können lediglich ca. 30 % der Bewertungskriterien in das zu entwickelnde System aufgenommen werden. Fast alle Referenzwerte müssen an die Besonderheiten von Erneuerungsmaßnahmen angepasst werden. Die genaue Aufschlüsselung der übernommenen, überarbeiteten und neu erstellten Kriterien findet sich in Tabelle 9 in Kapitel 3.4.2.

Das Bewertungssystem für Erneuerungsmaßnahmen ÖÖS stellt keine Kopie, sondern eine konsequente Weiterentwicklung des Neubaubewertungssystems ÖÖB dar. Dies zeigt sich auch an der entwickelten Bewertungssoftware. Der Aufbau wird übernommen, die Bewertungshilfen werden jedoch übersichtlicher gestaltet und die Handhabung wird stark vereinfacht.

Die Bewertung beschränkt sich auf die Planung von Erneuerungsmaßnahmen im Wohnungsbestand.

1.4 Literaturrecherche

2001 wurde eine Literaturrecherche in den Bibliothekskatalogen der Deutschen Bibliothek in Frankfurt, dem Gemeinsamen Bibliotheksverbund in Göttingen, dem Bibliotheksverbund Bayern in München sowie der Universitätsbibliothek der Bergischen Universität Wuppertal durchgeführt. Dazu wurden die Begriffe aus Tabelle 1 verwendet und untereinander kombiniert.

Zusätzlich wurde mit den Begriffen beim Online-Buchhandel „Amazon", mit der Internet-Suchmaschine „Google" und in den Datenbanken des Fraunhofer IRB-Verlages gesucht. Es stellte sich heraus, dass es zwar für die einzelnen Begriffe Literatur gibt, bei der Verknüpfung der Begriffe untereinander jedoch nur vereinzelte Treffer zu erzielen sind. Keine der ermittelten Publikationen deckt das gesuchte Thema umfassend ab, es werden jeweils nur Teilbereiche betrachtet. Im August 2001 wurde eine Literaturrecherche zum Thema „Ökonomische und ökologische Bewertung von Sanierungsmaßnahmen bei Wohngebäuden" beim Fraunhofer IRB-Verlag beauftragt. Die ermittelten Publikationen erfassen jedoch ebenfalls lediglich einzelne Bereiche der ökonomischen und ökologischen Erneuerung von Wohngebäuden und sind häufig schon älter als 10 Jahre.

Sanierung	Gebäude	Bewertung	ökonomisch
Modernisierung	Wohngebäude		ökologisch
Erneuerung	Bau		

Tabelle 1: Verwendete Stichworte für die Literaturrecherche

Im nächsten Schritt wurden die Forschungsaktivitäten der folgenden auf den Gebieten der Ökonomie oder Ökologie in Bauwerken führenden Forschungsinstitute betrachtet:

- AIBau Aachener Institut für Bauschadensforschung und angewandte Bauphysik, Aachen,

- IEMB Institut für Erhaltung und Modernisierung von Bauwerken e. V., Berlin,

- IWU Institut Wohnen und Umwelt GmbH, Darmstadt,

- Wuppertal Institut für Klima, Umwelt, Energie GmbH, Wuppertal,

- Universität Karlsruhe, Lehrstuhl Ökonomie und Ökologie im Wohnungsbau, Prof. Lützkendorf,

- Universität Karlsruhe, Ifib Institut für industrielle Bauproduktion, Prof. Kohler,

- Universität Dortmund, Fachgebiet Denkmalpflege und Bauforschung, Prof. Hassler.

Keines der genannten Forschungsinstitute beschäftigt sich explizit mit der ökonomischen und ökologischen Bewertung von Erneuerungsmaßnahmen. Es konnten jedoch Informationen zu Teilbereichen gesammelt werden, die in die Arbeit einfließen.

Abschließend wurde das Internet und die Fachpresse nach bereits vorhandenen Bewertungshilfen und -systemen in Europa und der Schweiz abgesucht. Die Ergebnisse sind im Kapitel 2.4 dargestellt. Es existiert derzeit kein umfassendes Bewertungssystem für die ökonomische und ökologische Erneuerung von Wohnungsbeständen.

1.5   Vorveröffentlichungen

Parallel zu dieser Arbeit arbeitete die Verfasserin zunächst an einem Forschungsprojekt zur Entwicklung eines Bewertungssystems für ökonomisches und ökologisches Bauen und gesundes Wohnen mit. Anschließend betreute sie hauptverantwortlich ein weiteres Forschungsprojekt zur Entwicklung eines Bewertungssystems für die ökonomische und ökologische Erneuerung von Wohnungsbeständen. Beide Projekte wurden vom Bundesministerium für Verkehr, Bau- und Wohnungswesen gefördert. Die Ergebnisse wurden jeweils in Form eines Abschlussberichtes und einer CD-ROM durch den DVP-Verlag (Diederichs, Getto, Streck, 2000a und 2000b sowie Diederichs, Streck, 2003a und 2003b) und den IRB-Verlag veröffentlicht. Außerdem wurden die Forschungsergebnisse durch Beiträge in Fachzeitschriften[2] und auf verschiedenen Seminaren[3] vorgestellt. Die Vorveröffentlichungen wurden dem Vorsitzenden des Promotionsausschusses im Fachbereich 11 der Bergischen Universität Wuppertal, Univ.-Prof. Dr.-Ing. B Walz, mit Schreiben vom 18.12.2000 mitgeteilt.

---

[2] BundesBauBlatt 2/2001; Immobilien Zeitung 3/2001, Vision 1/2001 (Zeitschrift der Gesellschaft der Freunde und Förderer der Architekten, Bau- und Verkehrsingenieure an der Bergischen Universität Wuppertal GABV)
[3] Seminar „Bau und Umwelt" der BU Wuppertal, LuF Bauwirtschaft am 12.05.2001 in Wuppertal;
zentraler Fachlehrgang für Referendare des höheren technischen Verwaltungsdienstes der Fachrichtung Bau des BMVBW am 13.06.2001 in Berlin;
Workshop „Baukosten/Marketing" des Fernlehrgangs ecobau24 für Planer am 07.12.2001 in Hamm;
1. Sitzung der Arbeitsgruppen AG1 und AG2 des Runden Tisches „Nachhaltiges Bauen" des BMVBW am 24.05.2002 in Berlin;
Tag der Forschung des Fachbereichs 11 der Bergischen Universität am 14.02.2003 in Wuppertal;
BBB-Assistententreffen am 07. Mai 2003 in Cottbus;
Modul 2 „Projektentwicklung und Immobilienbewertung" im Weiterbildungsstudiengang M.Sc. REM & CPM an der Bergischen Universität am 03.07.2003 in Wuppertal,;
Darmstädter Nachhaltigkeitssymposium am 17./18.07.2003 in Darmstadt

2 Grundlagen

Im folgenden Kapitel werden zunächst Begriffsdefinitionen für bauliche Maßnahmen im Bestand gegeben. Darüber hinaus wird die Ist-Situation im Bestand dargestellt. Es werden Unterschiede zwischen Neubau- und Erneuerungsplanung aufgezeigt sowie bauordnungsrechtliche Fragen beleuchtet und verschiedene Erneuerungspakete vorgestellt. Außerdem werden das Bewertungssystem für ökonomisches und ökologisches Bauen und gesundes Wohnen ÖÖB und weitere bereits existierende Systeme für die ökonomische und die ökologische Bewertung sowie die Gebäudebeurteilung erläutert.

2.1 Begriffsdefinitionen

Maßnahmen im Baubestand können sehr unterschiedlich sein. Außerdem werden Begriffe wie Sanierung, Instandsetzung und Modernisierung in der Fachliteratur unterschiedlich gebraucht. Deshalb werden die Begriffe zunächst strukturiert und gegeneinander abgegrenzt. Anschließend werden die einzelnen Maßnahmen erläutert. Einen Überblick über die relevanten Begriffe gibt Bild 3.

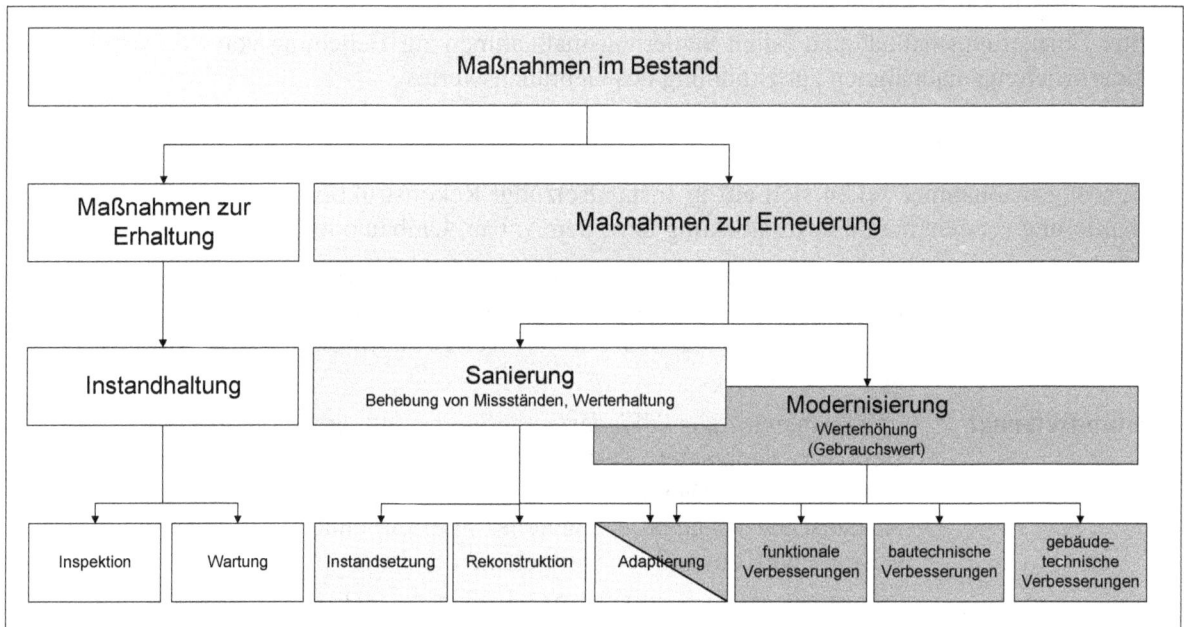

Bild 3: Übersicht über bauliche Maßnahmen im Bestand

2.1.1   Maßnahmen zur Erhaltung des Baubestands

Darunter fällt die Instandhaltung, die sich wiederum in Inspektion und Wartung aufteilt.

Instandhaltung: „Maßnahmen zur *Erhaltung* des Soll-Zustandes eines Gebäudes" (§ 3 (11) HOAI). Hierzu zählen alle Maßnahmen zur Erhaltung des bestimmungs-gemäßen Gebrauchs und zur Beseitigung von baulichen Mängeln infolge Abnutzung, Alterung und Witterungseinwirkung. Dabei muss die Identität des wiederhergestellten Bauwerks mit dem ursprünglichen Bauwerk gewahrt bleiben, d. h. Instandhaltungen erfolgen ohne Eingriffe in die Konstruktion oder äußere Gestalt des Gebäudes (vgl. Lißner, Rug, 2000, S. 2). Die Instandhaltung lässt sich weiter unterteilen in Inspektion und Wartung.

Inspektion: „Maßnahmen zur Feststellung und Beurteilung des Istzustandes von technischen Mitteln eines Systems" (DIN 31051, 1985).

Wartung: „Maßnahmen zur Bewahrung des Sollzustandes von technischen Mitteln eines Systems" (DIN 31051, 1985).

2.1.2   Erneuerungsmaßnahmen

Unter Erneuerungsmaßnahmen fallen Sanierungsmaßnahmen zur Behebung von Missständen und Modernisierungsmaßnahmen zur Erhöhung des Gebrauchswertes.

2.1.2.1   Sanierung

Sanierungsmaßnahmen teilen sich auf in Instandsetzung, Rekonstruktion und Adaptierung. Unter Adaptierung versteht man die Aufstockung bzw. den Anbau, Umbau oder Ausbau eines Gebäudes.

Sanierung: alle bautechnischen Maßnahmen zur Wiederherstellung der Gebrauchs-fähigkeit einer Baukonstruktion oder eines Bauwerks (vgl. Lißner, Rug, 2000, S. 3). Maßnahmen zur Sanierung sind Instandsetzung, Rekonstruktion und Adaptierung.

Instandsetzung: „Maßnahmen zur *Wiederherstellung* des zum bestimmungsmäßigen Gebrauch geeigneten Zustandes (Soll-Zustand) eines Objektes" (§ 3 (10) HOAI). Diese Maßnahmen umfassen das Reparieren oder teilweise Austauschen schadhafter Bauteile. Die vorhandene Bausubstanz bleibt in Gestalt und Konstruktion weitgehend erhalten.

Rekonstruktion: „Wiederherstellung oder Wiederaufbau eines Gebäudes, Teil eines Gebäudes oder Bauteils entsprechend der ursprünglichen Form und Art. Dies kann bis zur Wiedererrichtung eines Bauwerks nach historischem Vorbild gehen" (Lißner, Rug, 2000, S. 3).

Adaptierung: „bauliche Veränderung, die der Anpassung des Baukörpers an neue funktionelle Gegebenheiten und Forderungen dient, die also durch Beseitigung von Mängeln der Veralterung entgegenwirkt. Auch Fehler in Planung oder Ausführung können durch Adaptierung behoben werden"

(Kastner, 1983, S. 8). Adaptierungen können sowohl Sanierungs- als auch Modernisierungsmaßnahmen sein, je nachdem, ob lediglich Missstände behoben werden oder eine Verbesserung des Wohnwertes angestrebt wird. Arten der Adaptierung sind Aufstockung, Anbau, Umbau und Ausbau.

Aufstockung: (auch: Aufbau) Erweiterung in vertikaler Richtung.

Anbau: (auch: Zubau) Erweiterung in horizontaler Richtung.

Umbau: (auch: Änderung) Umgestaltung eines vorh. Objektes mit wesentlichen Eingriffen in Konstruktion und Bestand (vgl. § 3 (5) HOAI).

Ausbau: Schaffung von Wohnraum in bestehenden Gebäuden oder Umwandlung bisher nicht als Wohnraum nutzbarer Räume in Wohnraum durch einen wesentlichen Bauaufwand (vgl. Lißner, Rug, 2000, S. 1).

2.1.2.2 Modernisierung

Modernisierungsmaßnahmen dienen der gebäudetechnischen, bautechnischen oder funktionalen Verbesserung eines Gebäudes. Adaptive Maßnahmen fallen ebenfalls unter Modernisierungsmaßnahmen, wenn sie eine funktionale Verbesserung darstellen und der Gebrauchswert nachhaltig erhöht wird.

Modernisierung: „bauliche Maßnahmen, die den Gebrauchswert des Wohnraums nachhaltig erhöhen, die allgemeinen Wohnverhältnisse auf Dauer verbessern oder nachhaltig Einsparungen von Heizenergie oder Wasser bewirken; Instandsetzungen, die durch Maßnahmen der Modernisierung verursacht werden, fallen unter die Modernisierung" (II. WoBauG, § 17a). Das Gebäude erhält durch die Modernisierung eine neue, früher nicht vorhandene Qualität. Modernisierungsmaßnahmen lassen sich weiter unterteilen in gebäudetechnische Verbesserungen, bautechnische Verbesserungen und funktionale Verbesserungen.

Gebäudetechnische Verbesserungen: Verbesserung der Heizungsanlage, Lüftung und Warmwasserversorgung, der Sanitär- und Elektroinstallationen und der Küchenbereiche. Ziel von haustechnischen Verbesserungen ist die Anpassung an den heute üblichen technischen Standard. Eingriffe in die Konstruktion sind in der Regel nicht notwendig (vgl. Meyer-Bohde, 1986, S. 45f).

Bautechnische Verbesserungen: Änderungen der bauphysikalischen Eigenschaften eines Gebäudes. Dies betrifft in erster Linie die Bereiche des Wärme- und Schallschutzes von Wänden, Fenstern und Decken (vgl. Meyer-Bohde, 1986, S. 46).

Funktionale Verbesserungen: Veränderungen einer Wohneinheit entsprechend den Nutzerwünschen bezüglich der Zuordnung der Räume, ihrer Größe, ihrer Anzahl und einer veränderten Funktion. Darunter fallen auch **adaptive Maßnahmen** wie Ausbau oder Anbau von Gebäuden, durch die der Gebrauchswert des bestehenden Gebäudes nachhaltig erhöht wird. Maßnahmen in den

Außenanlagen, z. B. die Errichtung von Kinderspielplätzen, Mietergärten und Innenhöfen, können ebenfalls eine wohntechnische Verbesserung darstellen (vgl. Meyer-Bohde, 1986, S. 46).

2.2   Ist-Situation im Bestand

In Deutschland gibt es rd. 38,7 Mio. Wohneinheiten. 2002 stammten knapp 30 % des Wohnungsbestands aus der Zeit vor Ende des 2. Weltkriegs, mehr als 45 % wurden zwischen 1949 und 1979 erbaut. Lediglich gut 25 % wurden nach 1979 errichtet. Die genaue Aufteilung zeigt Bild 4. Der Gebäudebestand lässt sich grob in vier Kategorien einteilen, die in Tabelle 2 aufgeführt werden.

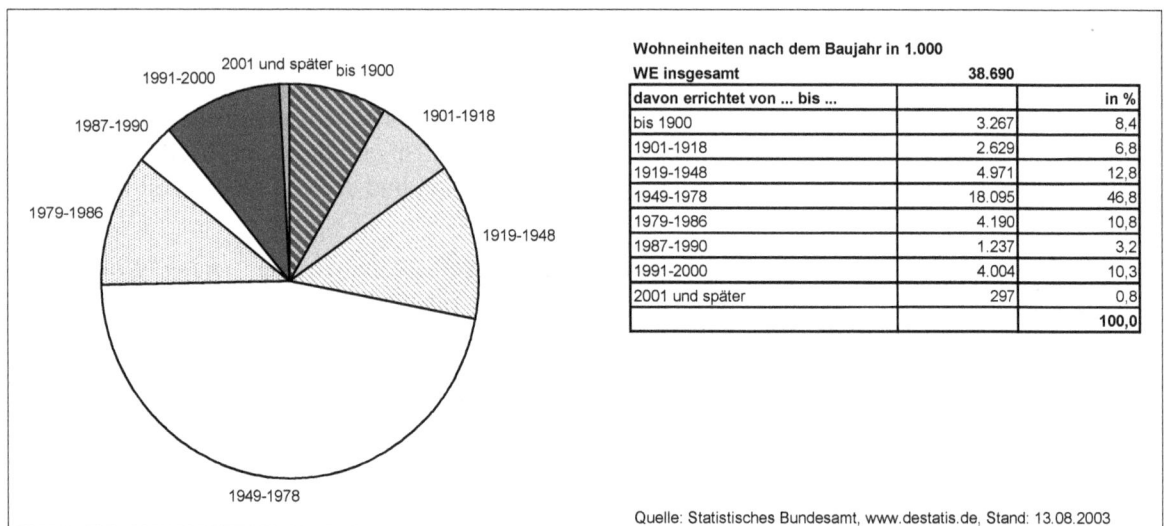

Wohneinheiten nach dem Baujahr in 1.000		
WE insgesamt	38.690	
davon errichtet von ... bis ...		in %
bis 1900	3.267	8,4
1901-1918	2.629	6,8
1919-1948	4.971	12,8
1949-1978	18.095	46,8
1979-1986	4.190	10,8
1987-1990	1.237	3,2
1991-2000	4.004	10,3
2001 und später	297	0,8
		100,0

Quelle: Statistisches Bundesamt, www.destatis.de, Stand: 13.08.2003

Bild 4: Wohnungsbestand der Bundesrepublik Deutschland nach Baualtersklassen im Jahr 2002

historische Gebäude und Fachwerkobjekte (bis 1900)	Gründerzeitbauten (1901-1918)
• vor 1700: stattliche Bürgerhäuser aus dem Barock oder Klassizismus, Prunkbauten aus der Renaissance • 18. und 19. Jahrhundert: Fachwerkhäuser, Bauernhaus mit Wohnteil (Fachwerk) und Scheunenteil (meist ganz aus Holz) unter einem Dach • Gebäude stehen meist unter Denkmalschutz	• Gründerzeit: im weitesten Sinne die durch die Industrialisierung geprägte Epoche ab Mitte des 19. Jahrhunderts • frei auf dem Grundstück stehende Bauten oder mehrgeschossige Wohngebäude in geschlossener Bauweise mit zum Teil hohen Verdichtungen • große technologische Homogenität • meist gute Bausubstanz • Grundrisse entsprechen oft nicht den heutigen Vorstellungen: einzelne Räume sind zu groß, zu hoch oder zu klein oder durch Einteilung in Dienstbotenbereich und Hauptwohnung umständlich erschlossen; häufig fehlen geeignete Räume für zusätzliche Bäder
Gebäude, die zwischen dem 1. und 2. Weltkrieg erbaut wurden	**Häuser, die nach dem 2. Weltkrieg errichtet wurden**
• traditionelle Techniken wurden durch neu entwickelte Bautechniken (z.B. Stahlbetonbau) weiter zurückgedrängt • materialsparende Konstruktionen, typisierte Baustoffe durch industrialisierte Baustoffherstellung • geringere Dichten in Wohnsiedlungen und größere Wohnflächen • sanitäre Einrichtungen sind in den Wohnungen angeordnet	• Häuser aus den ersten Jahren nach dem 2. Weltkrieg: kosten- und materialsparende Bauweise, Baumaterialien von schlechter Qualität, kleinteilige Grundrissgestaltung; heute häufig sanierungsbedürftig • 60er Jahre: verbesserte Konstruktionsweisen und -materialien, Ausstattungsstandards und Wohnflächen; erste Wärmeschutzbestimmungen • neue Bundesländer: vorwiegend industrielle Fertigteilbauweisen aus den Jahren 1955 bis 1990; der Grad der Industrialisierung nahm mit der Zeit zu; zeichnen sich aus durch gestalterische Monotonie, schlechte Qualität der Materialien und der Bauausführung, da zur Bereitstellung von ausreichend Wohnraum unter hohem politischen Druck gebaut wurde

Tabelle 2: Kategorien des Gebäudebestands

Erste Bestimmungen über den Wärmeschutz im Hochbau wurden 1952 mit der DIN 4108 – „Wärmeschutz im Hochbau" eingeführt. Die dort festgelegten Mindestwerte sollten jedoch lediglich eine Durchfeuchtung des Baukörpers verhindern. Ein erster bedeutender Schritt zu einem behördlich verordneten besseren baulichen Wärmeschutz waren die „Ergänzenden Bestimmungen zur DIN 4108" vom Oktober 1974. Die erste Wärmeschutzverordnung (WSchV) wurde im August 1977 erlassen. Ihre Anforderungen sind im Vergleich zur Energieeinsparverordnung (EnEV) ca. 50 % geringer.

Dem Bestand von rund 38,7 Mio. Wohneinheiten standen 2002 ca. 260.000 neue Wohnungen gegenüber, d. h. der Neubau macht weniger als 1 % des Bestands aus.

Während die Bautätigkeit im Wohnungsneubau in den letzten Jahren rückläufig ist, nehmen die Aufwendungen für Bauleistungen im Bestand kontinuierlich zu. Das jährliche Hochbauvolumen für Leistungen im Bestand hat innerhalb eines knappen Jahrzehnts um rund 30 % zugenommen (vgl. Bild 5). Seit 1999 übersteigt es das Neubauvolumen. 2001 betrug der Anteil der Bauleistungen im Bestand 59 % des gesamten Wohnungsbauvolumens, für 2003 werden 63,4 % prognostiziert (vgl. Bild 6).

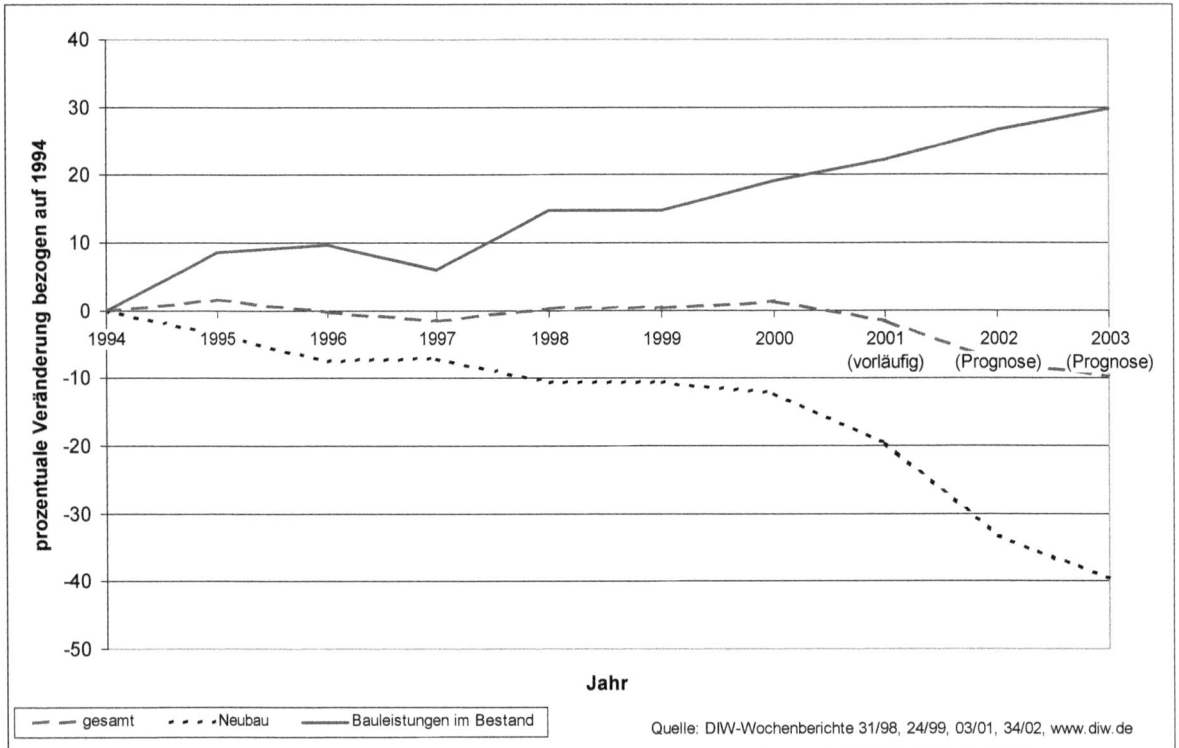

Bild 5: Prozentuale Veränderungen des Hochbauvolumens im Wohnungsbau

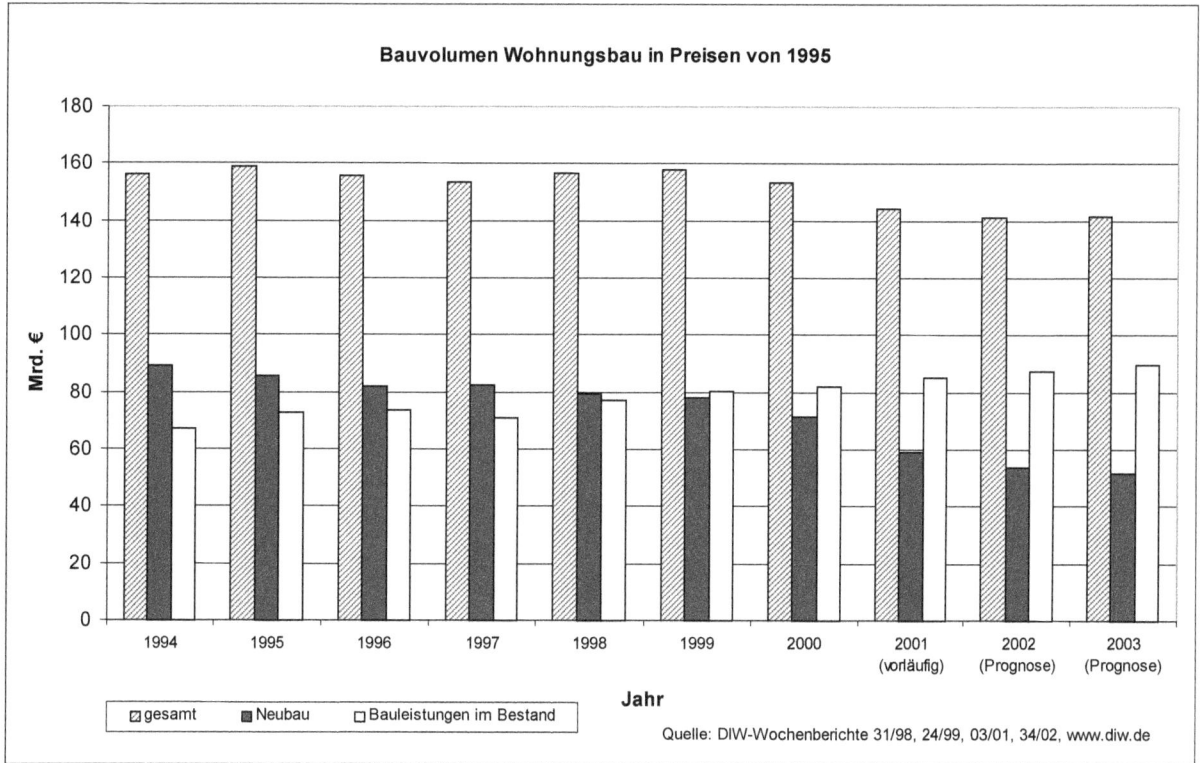

Bild 6: Hochbauleistungen im Wohnungsbau der Bundesrepublik Deutschland

2.2.1   Ökonomisches Potenzial

Im Januar 2001 stellte die Süddeutsche Zeitung eine Umfrage vor, nach der in Westdeutschland nach Einschätzung der Eigentümer 20 %, nach Einschätzung der Mieter sogar 41 % der Wohnungen teilweise oder komplett sanierungsbedürftig sind. In Ostdeutschland sind es nach Einschätzung der Eigentümer 34 % und nach Einschätzung der Mieter 47 % (Bild 7).

Das Aachener Institut für Bauschadensforschung und angewandte Bauphysik AIBau ermittelte 2001 im Auftrag des Bundesministeriums für Verkehr, Bau- und Wohnungswesen Bauzustandsdaten für den Wohnungsbestand.

	WEST-DEUTSCHLAND			OST-DEUTSCHLAND	
	Eigentümer	Mieter		Eigentümer	Mieter
gut	80	59		66	52
teilweise sanierungsbedürftig	19	38		31	37
ganz sanierungsbedürftig oder abbruchreif	1	3		3	10

Quelle: Süddeutsche Zeitung vom 12.01.2001

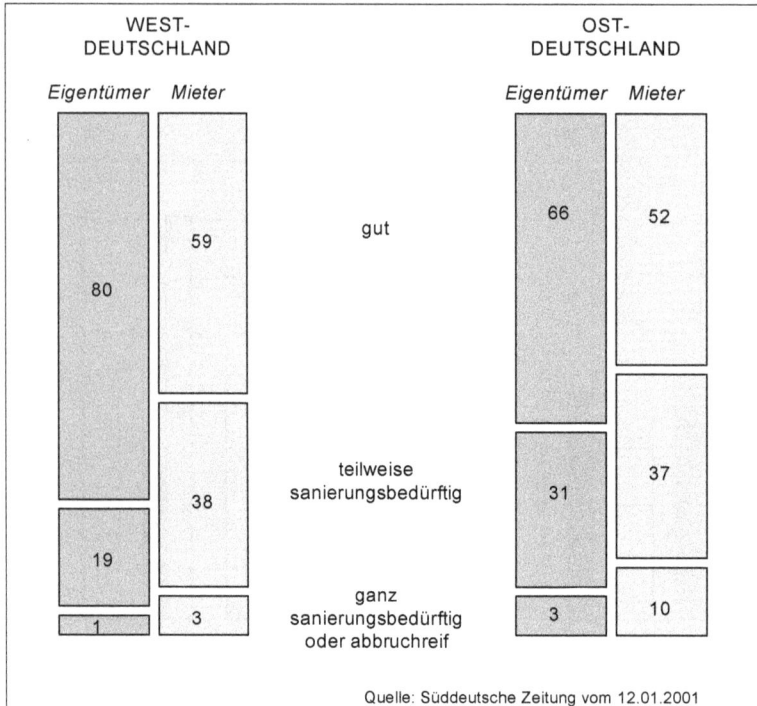

Bild 7: Der Zustand der Wohnhäuser in West- und Ostdeutschland im Jahr 2001

Der Erhaltungszustand eines Gebäudes wird durch den Instandsetzungsbedarf beschrieben. „Er beschreibt, welche Mittel aus technischer Sicht mindestens aufgewendet werden müssten, um die Gebrauchstauglichkeit eines Gebäudes bzw. des Bestandes zu erhalten oder wieder herzustellen" (Oswald u. a., 2001, S. 22). Der bundesweite Instandsetzungsbedarf betrug 2000 rund 58 Mrd. €. Kurzfristig werden davon 20 Mrd. € benötigt. In den alten Bundesländern ist der Instandsetzungsbedarf in der Baualtersklasse nach dem 2. Weltkrieg (1949-1970) besonders hoch, weil der Qualitätsstandard der Nachkriegsgebäude meist niedrig war. Insgesamt ist der Instandsetzungsbedarf von Einfamilienhäusern deutlich höher als der von Mehrfamilienhäusern, da der Anteil der Außenbauteile bei Einfamilienhäusern größer ist und diese Bauteile einer verstärkten Alterung und einem größeren Verschleiß unterliegen (vgl. Oswald u. a., 2001, S. 22-24).

Der Schwerpunkt des Instandsetzungsbedarfs in den neuen Bundesländern liegt bei den konventionell errichteten Mehrfamilienhäusern. Der höchste Instandsetzungsaufwand pro Wohnung ist bei Mehrfamilienhäusern in Fachwerkbauweise erforderlich, die bis 1918 errichtet wurden (vgl. Oswald u. a., 2001, S. 27-29).

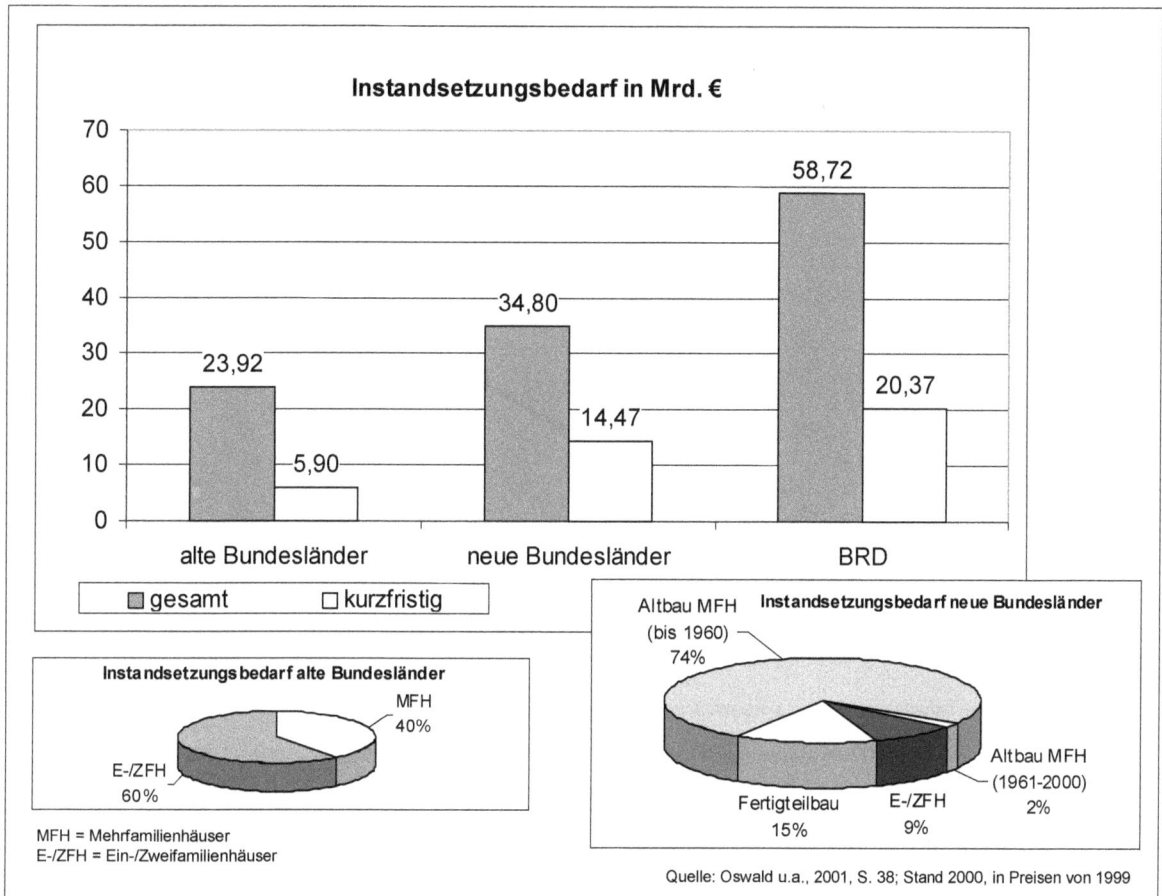

Bild 8: Instandsetzungsbedarf der Bundesrepublik Deutschland im Jahr 2000

Neben dem Instandsetzungsbedarf schätzt Oswald, dass in den neuen Bundesländern weiterhin ungefähr die 4 bzw. 6,5-fachen Mittel für Modernisierungsmaßnahmen benötigt werden, um die Gebäude an einen zeitgemäßen Wohnstandard anzupassen. Das bedeutet einen Modernisierungsbedarf von ca. 150 Mrd. € (vgl. Oswald u. a., 2001, S. 41, 44).

Ein großes Problem vor allem in den neuen Bundesländern ist der Wohnungsleerstand. Der Bundesverband deutscher Wohnungsunternehmen (GdW) führt jährlich Umfragen bei seinen Mitgliedsunternehmen durch. Sie zeigen, dass der Leerstand im Bestand der Wohnungsunternehmen in den letzten Jahren stark zugenommen hat (Bild 9).

2002 standen in Deutschland 8,2 % der Wohneinheiten in Wohngebäuden leer. Besonders problematisch ist die Situation in den neuen Bundesländern und Ost-Berlin. Dort lag die Leerstandsquote bei 14,4 %. In den alten Bundesländern erreichte sie 6,6 % (vgl. Mikrozensus, 2003). Besonders betroffen sind Wohngebäude, die vor Ende des 2. Weltkrieges errichtet wurden, und Gebäude aus der Zeit nach 2000. Die Verteilung auf die Baualtersklassen zeigt Bild 10.

Die GdW-Wohnungsunternehmen schätzen, dass derzeit etwa zwei Drittel ihrer leerstehenden Wohnungen aufgrund mangelnder Nachfrage nicht bewohnt sind. Ein weiterer Grund für den Leerstand ist der schlechte bauliche Zustand von Wohnungen. Die Situation kann verbessert werden, wenn verstärkt Wohnungen erneuert werden. „Insgesamt [muss] die Investitionstätigkeit der Unternehmen noch mehr als bisher in die **Modernisierung und Umgestaltung der Wohnungsbestände** gelenkt werden" (GdW, 2002, S. 4).

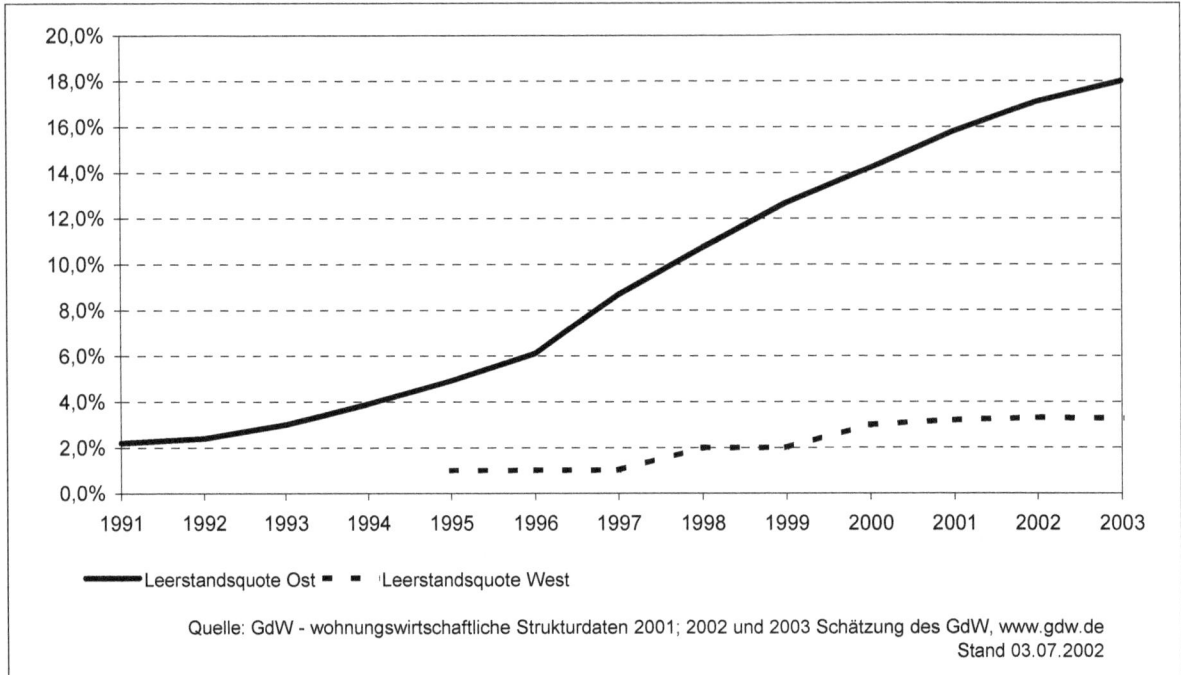

Bild 9: Entwicklung der Leerstandsquoten im Wohnungsbestand des GdW in Ost- und Westdeutschland

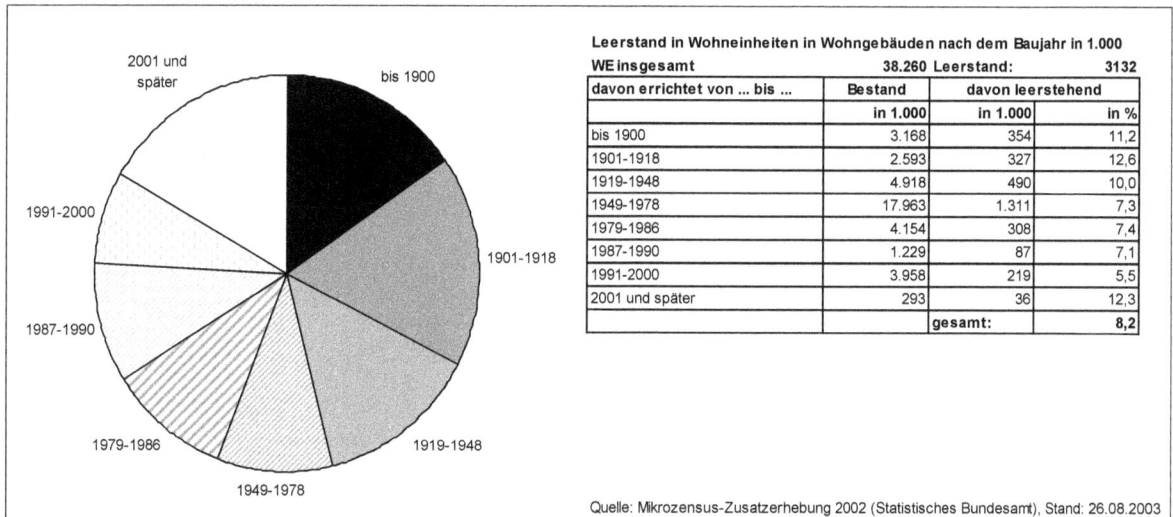

Leerstand in Wohneinheiten in Wohngebäuden nach dem Baujahr in 1.000			
WE insgesamt		38.260 Leerstand:	3132
davon errichtet von ... bis ...	Bestand	davon leerstehend	
	in 1.000	in 1.000	in %
bis 1900	3.168	354	11,2
1901-1918	2.593	327	12,6
1919-1948	4.918	490	10,0
1949-1978	17.963	1.311	7,3
1979-1986	4.154	308	7,4
1987-1990	1.229	87	7,1
1991-2000	3.958	219	5,5
2001 und später	293	36	12,3
		gesamt:	8,2

Quelle: Mikrozensus-Zusatzerhebung 2002 (Statistisches Bundesamt), Stand: 26.08.2003

Bild 10: Leerstandsquoten für Wohneinheiten in Wohngebäuden in Abhängigkeit vom Baualter im Jahr 2002

2.2.2 Ökologisches Potenzial

Ökologisches Potenzial liegt in der Minimierung des Energiebedarfs und des Ressourcen-verbrauchs, in der Vermeidung von Schadstoffemissionen, in der Verbesserung der Verwertungs-möglichkeiten am Ende der Nutzung sowie in der möglichst geringen Beeinträchtigung von Wasser, Boden und Luft. Das größte Einsparpotenzial beim Bauen im Bestand findet sich im Energiebereich. Deshalb wird in diesem Kapitel hauptsächlich auf das Energieeinsparpotenzial eingegangen.

Der Sektor Haushalte ist nach dem Bereich Verkehr der zweitgrößte Endenergieverbraucher. Die privaten Haushalte verbrauchen mehr als 30 % der gesamten benötigten Endenergie in Deutschland. Mehr als drei Viertel des Endenergieverbrauchs in den Haushalten wird für Raumwärme verbraucht, knapp 11 % entfallen auf die Warmwasserbereitung. Insgesamt werden damit mehr als 25 % der gesamten Energie in Deutschland für Raumwärme und Warmwasserbereitung in privaten Haushalten benötigt (Bild 11).

Seit Februar 2002 ist die Energieeinsparverordnung (EnEV) in Kraft. Mit dieser Verordnung werden die Anforderungen für Neubauten verschärft und die ordnungsrechtlichen Vorschriften auf den Gebäudebestand ausgeweitet. Dadurch soll vor allem der Energiebedarf für die Beheizung von Gebäuden und die Warmwasserbereitung nachhaltig begrenzt werden. Im Gebäudebestand werden die energetischen Anforderungen bei wesentlichen Änderungen an Bauteilen, die erneuert, ersetzt oder erstmalig eingebaut werden, verschärft. Besonders alte Heizkessel, die deutlich unter den heutigen Effizienzstandards liegen, sind bis zum Ende des Jahres 2005 bzw. 2008 auszutauschen. Außerdem müssen die obersten Geschossdecken und ungedämmte Rohrleitungen für die Wärmeverteilung und Warmwasser bis Ende 2005 gedämmt werden. Die EnEV bietet darüber hinaus den Rahmen für die freiwillige Angabe von Energieverbrauchswerten (vgl. Begründung zur EnEV, 2001).

**Endenergieverbrauch
nach Sektoren:**

Industrie
25%

GHD
16%

Raumwärme
77,9%

**Bereich
Haushalte**

Warmwasser
10,5%

Sonstiges
11,6%

Haushalte
31%

Verkehr
28%

GHD = Gewerbe, Handel, Dienstleistungen, übrige Verbraucher

Raumwärme
23,3%

Warmwasser
3,1%

Sonstiges
3,6%

**gesamter
Endenergieverbrauch:**

Rest
70,0%

Quelle: Arbeitsgemeinschaft Energiebilanzen, VDEW-Projektgruppe „Nutzenergiebilanzen":
www.ag-energiebilanzen.de, Stand 05.12.2002

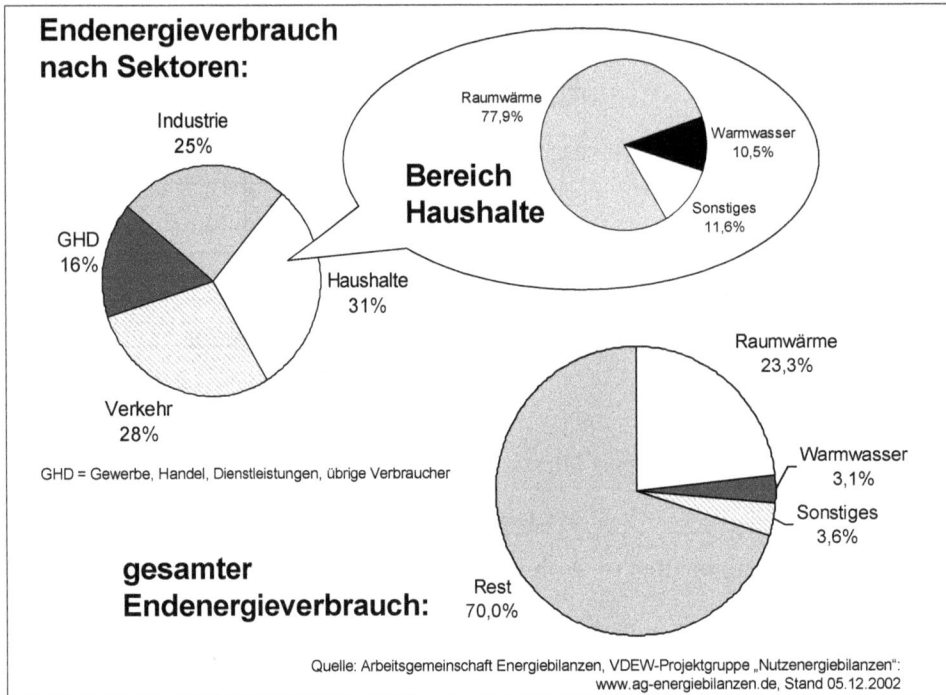

Bild 11: Struktur des Energieverbrauchs 2001 in Deutschland

Bild 12 gibt einen Überblick über den durchschnittlichen Heizwärmeverbrauch von Wohnungen in Abhängigkeit von ihrem Baujahr. Es zeigt sich, dass Wohngebäude aus der Zeit vor Inkrafttreten der ersten Wärmeschutzverordnung 1977 im Schnitt ca. 250 kWh/m²a Heizwärme benötigen. Dies betrifft ca. 75 % des Gebäudebestandes in Deutschland (vgl. Bild 4).

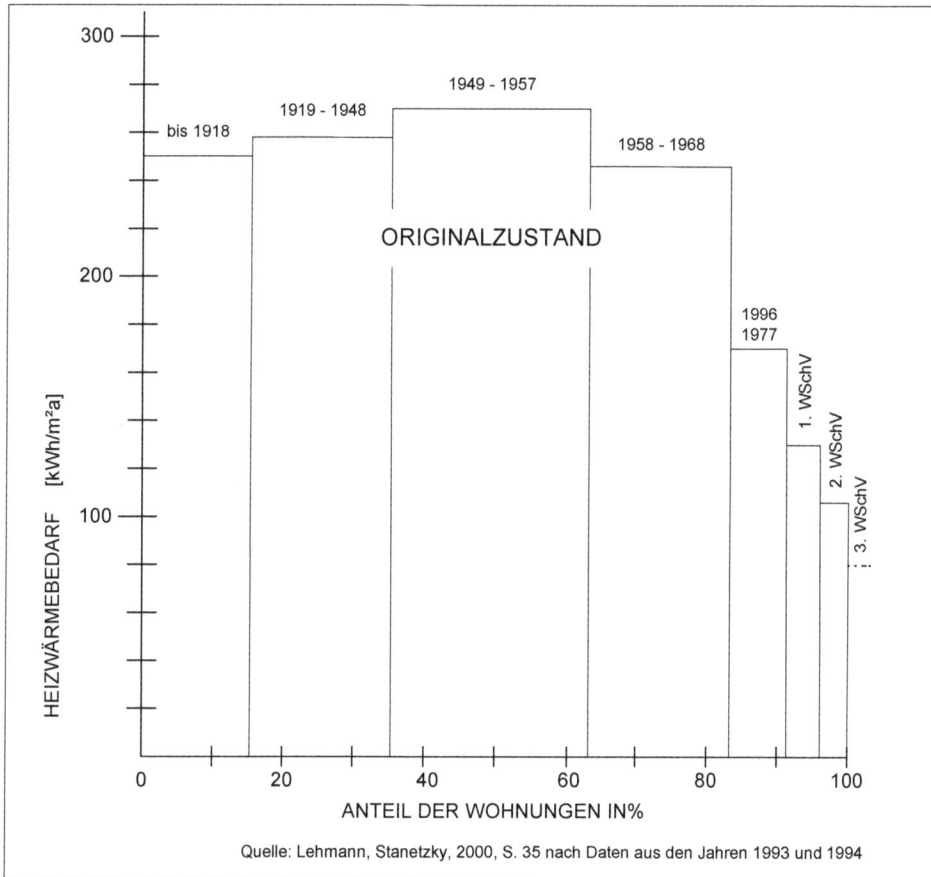

Bild 12: Anteil der Wohnungen in einer Stadt nach Jahrgang und ihrem Heizwärmebedarf

Hieraus ergibt sich ein großes Energieeinsparpotenzial im Gebäudebestand. Mit Standard-maßnahmen sind nach Angaben des Instituts für Wohnen und Umwelt (IWU) in Darmstadt in den meisten Fällen Einsparungen von 50 bis 80 % möglich. Den größten Beitrag liefert hierzu die Dämmung der Außenwände, gefolgt von Dämmmaßnahmen an Dach, Fenster und Keller (vgl. Hessisches Ministerium für Wirtschaft, Verkehr und Landesentwicklung, 2001, S. 9). Das Fachinformationszentrum Karlsruhe geht davon aus, dass durch die Verbesserung des Wärmeschutzes und die Optimierung der Gebäudetechnik Einsparungen bis zu 70 % möglich sind (vgl. Fachinformationszentrum Karlsruhe, 2002, S. 2). Bild 13 zeigt Energieeinspareffekte verschiedener baulicher Modernisierungsmaßnahmen am Beispiel eines Mehrfamilienhauses.

Nach Feist betragen mögliche Einsparungen durch bauliche und anlagentechnische Maßnahmen je nach Ist-Zustand eines bestehenden Gebäudes 30 % bis 75 % (vgl. Feist, 2000, S. 11). Ladener gibt an, dass sich der Heizenergieverbrauch je nach Zustand eines Gebäudes um 50 % bis 80 % senken lässt (vgl. Ladener, 1997, S. 22). Die Stadt Dresden gibt für ihren Gebäudebestand Einsparpotenziale für Gebäude, die um die Jahrhundertwende gebaut wurden, von 35 % bis 65 % und für Gebäude aus den zwanziger, fünfziger und sechziger Jahren von 60 % bis 75 % an (vgl. Landeshauptstadt Dresden, 1999, S. 18ff). Bild 14 zeigt erzielte Einsparungen bei Beispielobjekten zwischen 25 % und 81 %.

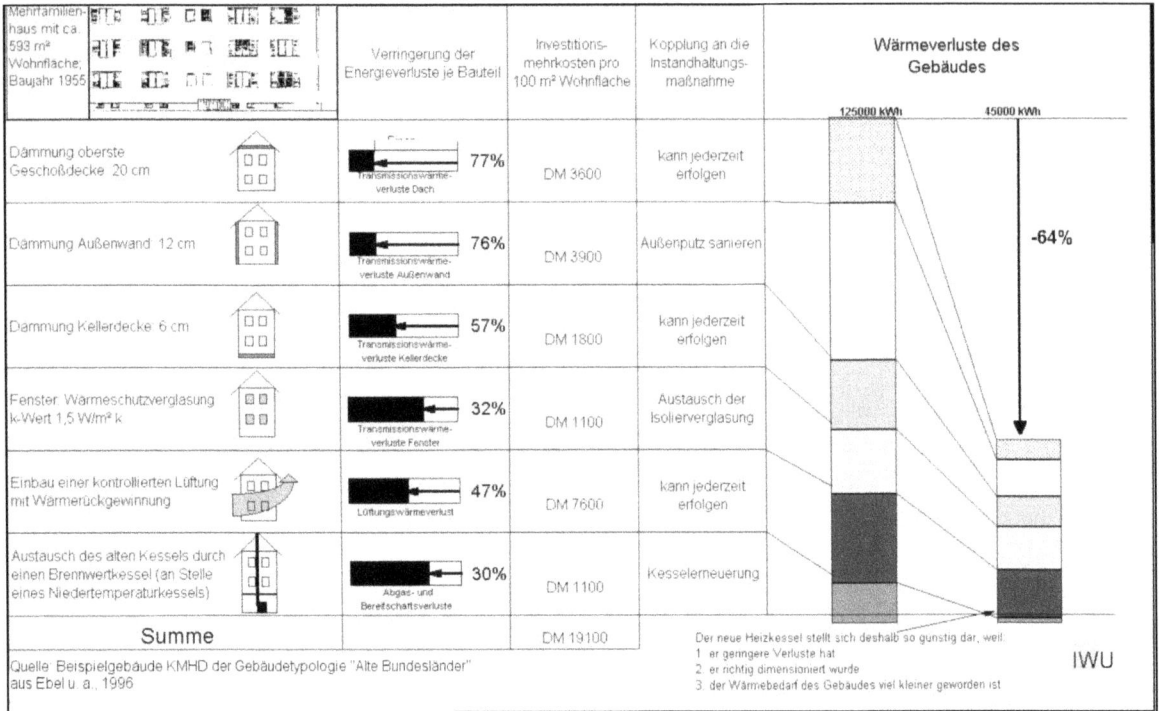

Mehrfamilienhaus mit ca. 593 m² Wohnfläche; Baujahr 1955	Verringerung der Energieverluste je Bauteil	Investitions-mehrkosten pro 100 m² Wohnfläche	Kopplung an die Instandhaltungs-maßnahme	Wärmeverluste des Gebäudes
Dämmung oberste Geschoßdecke 20 cm	77% Transmissionswärme-verluste Dach	DM 3600	kann jederzeit erfolgen	
Dämmung Außenwand 12 cm	76% Transmissionswärme-verluste Außenwand	DM 3900	Außenputz sanieren	-64%
Dämmung Kellerdecke 6 cm	57% Transmissionswärme-verluste Kellerdecke	DM 1800	kann jederzeit erfolgen	
Fenster: Wärmeschutzverglasung k-Wert 1,5 W/m² k	32% Transmissionswärme-verluste Fenster	DM 1100	Austausch der Isolierverglasung	
Einbau einer kontrollierten Lüftung mit Wärmerückgewinnung	47% Lüftungswärmeverlust	DM 7600	kann jederzeit erfolgen	
Austausch des alten Kessels durch einen Brennwertkessel (an Stelle eines Niedertemperaturkessels)	30% Abgas- und Bereitschaftsverluste	DM 1100	Kesselerneuerung	
Summe		DM 19100		

Quelle: Beispielgebäude KMHD der Gebäudetypologie "Alte Bundesländer" aus Ebel u.a., 1996

Der neue Heizkessel stellt sich deshalb so günstig dar, weil:
1. er geringere Verluste hat
2. er richtig dimensioniert wurde
3. der Wärmebedarf des Gebäudes viel kleiner geworden ist

IWU

Bild 13: Energieeinspareffekte verschiedener baulicher Modernisierungsmaßnahmen

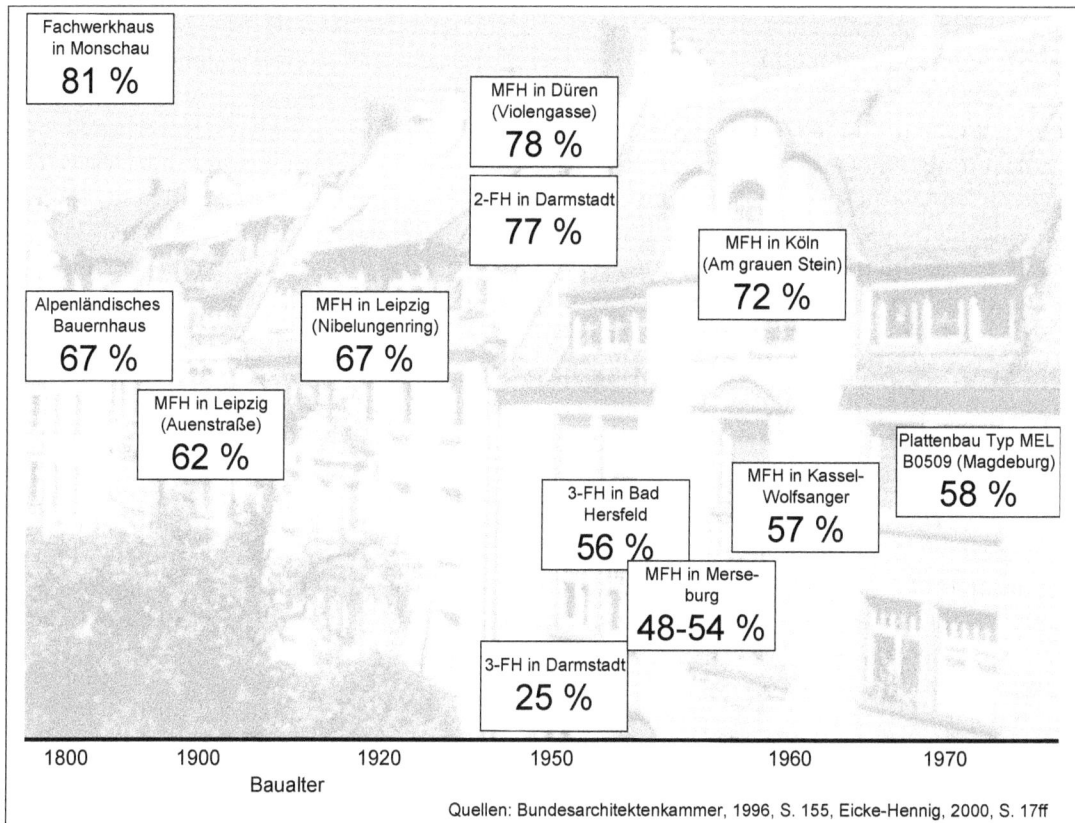

Fachwerkhaus in Monschau	**81 %**	
MFH in Düren (Violengasse)	**78 %**	
2-FH in Darmstadt	**77 %**	
MFH in Köln (Am grauen Stein)	**72 %**	
Alpenländisches Bauernhaus	**67 %**	
MFH in Leipzig (Nibelungenring)	**67 %**	
MFH in Leipzig (Auenstraße)	**62 %**	
Plattenbau Typ MEL B0509 (Magdeburg)	**58 %**	
3-FH in Bad Hersfeld	**56 %**	
MFH in Kassel-Wolfsanger	**57 %**	
MFH in Merse-burg	**48-54 %**	
3-FH in Darmstadt	**25 %**	

1800   1900   1920   1950   1960   1970

Baualter

Quellen: Bundesarchitektenkammer, 1996, S. 155, Eicke-Hennig, 2000, S. 17ff

Bild 14: Erzielte Energieeinsparungen bei Beispielprojekten

Neben den technisch möglichen Einsparungen muss jedoch auch die Wirtschaftlichkeit berücksichtigt werden. Energetische Verbesserung sind betriebswirtschaftlich am sinnvollsten, wenn sie mit ohnehin durchzuführenden Sanierungsmaßnahmen gekoppelt werden. Das Institut für Wohnen und Umwelt (IWU) geht von einem Energieeinsparpotenzial durch wirtschaftlich sinnvolle Maßnahmen von über 50 % für den Durchschnitt des deutschen Gebäudebestands aus (vgl. IWU, 1997, S. i). Tabelle 3 gibt das wirtschaftlich erreichbare Einsparpotenzial in Abhängigkeit von der Energiepreisentwicklung an.

	alte Bundesländer	neue Bundesländer
Zahl der Wohnungen	26 Mio.	6,6 Mio.
Heutiger Heizwärmebedarf	340 TWh	74 TWh
Technisches Einsparpotenzial	71 %	77 %
Wirtschaftliches Einsparpotenzial bei einem mittleren zukünftigen Wärmepreis von:		
3,1 ct./kWh	38 %	53 %
4,1 ct./kWh	43 %	62 %
6,6 ct./kWh	53 %	63 %
		Quelle: Ebel u. a., 1995

Tabelle 3: Wirtschaftliches Einsparpotenzial bei unterschiedlichen Energiepreisen

Weitere Energie lässt sich einsparen, wenn Heizungsanlagen an aktuelle Standards angepasst werden. Die Begründung zur EnEV gibt dazu folgende Einschätzung: „In Heizungsanlagen, die vor dem Inkrafttreten der ersten Heizungsanlagen-Verordnung, am 1. Oktober 1978, errichtet bzw. in Betrieb genommen wurden, sind nach statistischen Angaben des Schornsteinfegerhandwerks noch rd. 3 Mio. veraltete Heizkessel in Betrieb. Die Brennstoffausnutzung und damit die energetische Qualität dieser Kessel ist im Vergleich zum heutigen Standard im allgemeinen deutlich schlechter, da sie u. a. häufig überdimensioniert und nur unzureichend gegen Wärmeverluste gedämmt sind. Insbesondere durch den Einbau effizienterer neuer, CE-gekennzeichneter Kessel kann der Energieverbrauch dieser veralteten Heizungsanlagen im Durchschnitt um etwa 20 % gesenkt werden. Daneben können auch andere moderne Wärmeerzeuger, z. B. Wärmepumpen, zur deutlichen Verringerung des Energieverbrauchs führen" (Begründung zu § 9 EnEV, 2001). Da viele bestehende Heizungsanlagen außerdem erheblich überdimensioniert sind, werden in der Praxis beim Heizungsaustausch häufig Energieeinsparungen von 50 % oder mehr erreicht (vgl. Enquète-Kommission „Nachhaltige Energieversorgung", 2002, S. 162).

Bild 15 zeigt die Umweltbelastungen, die durch Bautätigkeit und Nutzung hervorgerufen werden. Es zeigt sich, dass der Anteil der Bauwerkserstellung relativ gering ist. Er liegt bei den meisten Umweltbelastungen unter 15 %. Effektive Strategien zur Reduzierung der gebäudebedingten Belastungen müssen also in der Nutzungsphase ansetzen.

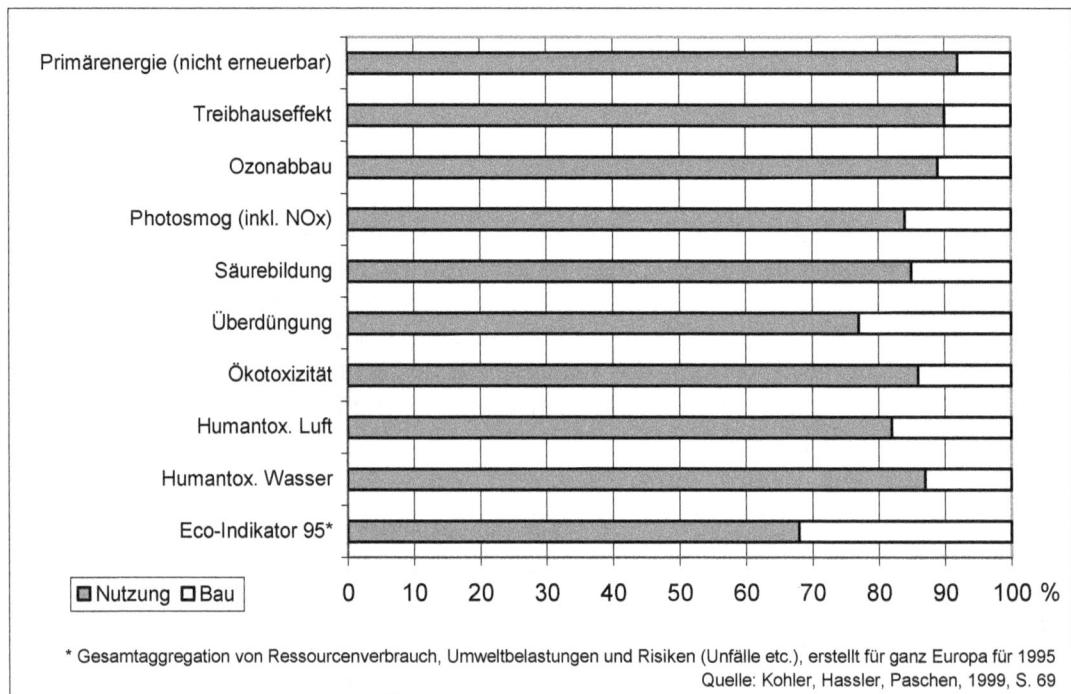

Bild 15: Anteile von Baustoffherstellung und Nutzung an der gesamten baubedingten Umweltbelastung

Eine der größten Quellen von CO_2-Emissionen in Deutschland sind die privaten Haushalte. Durch sie entstehen fast zwei Drittel aller CO_2-Emissionen. Für etwa die Hälfte dieser Emissionen ist die Heizung verantwortlich (vgl. Industriegewerkschaft Bauen-Agrar-Umwelt, Greenpeace e. V., 1999, S. 3). Eine energetische Modernisierung des Wohnungsbestandes kann also durch Senkung des Energieverbrauchs auch den CO_2-Verbrauch drastisch senken.

2.2.3 Zusammenfassende Beurteilung

Von den rd. 38,6 Mio. Wohneinheiten in Deutschland sind weniger als 1 % Neubauten. Während die Neubautätigkeit im Wohnungsbau seit 1995 rückläufig ist, nehmen die Aufwendungen für Bauleistungen im Bestand kontinuierlich zu und übersteigen seit 1999 die Aufwendungen für Neubauleistungen. Ein großes Potenzial für ökonomische und ökologische Verbesserungen liegt also im Bestand.

Ein großes Problem vor allem in den neuen Bundesländern ist der Wohnungsleerstand, der in den letzten Jahren stark zugenommen hat. Im Durchschnitt liegt er in Deutschland bei 8,2 %, in den neuen Bundesländern und Ost-Berlin sogar bei 14,4 %. Eine Verbesserung des Gebäudebestands ist dringend geboten, um die Nachfrage zu steigern.

Das Aachener Institut für Bauschadensforschung und angewandte Bauphysik ermittelte für das Jahr 2000 einen bundesweiten Instandsetzungsbedarf von rund 58 Mrd. €. In den neuen Bundesländern werden zusätzlich ca. 150 Mrd. € für Modernisierungen benötigt. Eine wirtschaftliche Betrachtung der Bau- und Folgekosten ist angeraten, um Kosteneinsparpotenziale aufzudecken und zu nutzen.

Mehr als ein Viertel der gesamten benötigten Energie in Deutschland wird für Raumwärme und Warmwasserbereitung in privaten Haushalten verbraucht. Wirtschaftlich sinnvolle Maßnahmen zur energetischen Verbesserung ermöglichen für den Durchschnitt des deutschen Gebäudebestands über 50 % Energieeinsparung. Die privaten Haushalte sind in Deutschland für fast zwei Drittel aller CO_2-Emissionen verantwortlich. Etwa die Hälfte davon entfällt auf die Heizung. Eine energetische Modernisierung des Wohnungsbestandes kann neben dem Energieverbrauch auch die CO_2-Emissionen drastisch senken. Der Gebäudebestand bietet also ein großes ökologisches Verbesserungspotenzial.

Da Erneuerungsmaßnahmen in Zukunft eine immer wichtigere Rolle spielen werden, ist es dringend notwendig, nicht nur die Neubauplanung, sondern auch die Planung im Bestand nach ökonomischen und ökologischen Gesichtspunkten zu optimieren.

2.3 Planung von baulichen Maßnahmen im Bestand

Im Folgenden werden die Unterschiede zwischen Neubaumaßnahmen und Maßnahmen im Bestand aufgezeigt. Darüber hinaus wird auf bauordnungsrechtliche Fragen eingegangen, und es werden unterschiedliche Erneuerungspakete vorgestellt.

2.3.1 Unterschiede zwischen Neubau- und Erneuerungsplanung

Die Planung einer Sanierung oder Modernisierung unterscheidet sich gravierend von der eines Neubaus. Unterschiede im Planungsablauf zeigt Bild 16.

	Neubau	**Erneuerung**
Ausgangspunkt:	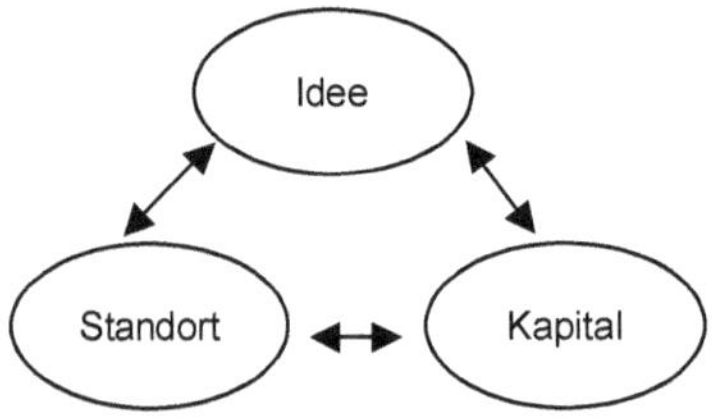 Idee ↔ Standort ↔ Kapital	 vorh. Bausubstanz + Idee und Kapital
Randbedingungen:	abhängig vom gewählten Ausgangspunkt	• Vorgaben durch das vorh. Grundstück, die vorh. Bausubstanz, vorh. Grundrisse und vorh. Bewohner • Bestandsschutz/Denkmalschutz
Kostenermittlung:	nach DIN 276	ausführungsorientiert (z. B. nach STLB-Bau oder Bauteilverfahren)
Grundlagenermittlung/Vorplanung:	Aufstellen eines planungsbezogenen Zielkonzepts ⇒ Planungskonzept	• Bestandsaufnahme/Bauzustandsanalyse und • Aufstellen eines planungsbezogenen Zielkonzepts ⇒ Planungskonzept
Entwurfsplanung:	• auf Grundlage des Planungskonzepts • Berücksichtigung der o. g. Randbedingungen	• auf Grundlage des Planungskonzepts • Berücksichtigung von historischen Bauweisen und Konstruktionen • Berücksichtigung der o. g. Randbedingungen • Berücksichtigung der vorhandenen Mieter (Ersatzwohnraum oder Maßnahmen in bewohnten Räumen)
Genehmigungsplanung:	bauordnungsrechtliche Zustimmung	bauordnungsrechtliche und - wenn erforderlich - denkmalpflegerische Zustimmung
Ausführungsplanung:	möglichst genaue Festlegung vor Ausführungsbeginn	Anpassungsmöglichkeiten während der Ausführung vorsehen
Vorbereiten der Vergabe:	Leistungsbeschreibung: freie Wahl von Material, Konstruktion, Gestalt und Fertigung	Leistungsbeschreibung: Vorgabe durch vorh. Bausubstanz, Bauweise und Konstruktion
Vergabe:	vorrangig Öffentliche Ausschreibung	vorrangig Beschränkte Ausschreibung, nur in der Erneuerung erfahrene Firmen anfragen

Bild 16: Unterschiede im Planungsablauf bei Neubau und Erneuerung

Beim Neubau gibt es drei verschiedene Ausgangssituationen:

- „vorhandener Standort mit zu entwickelnder Projektidee und zu beschaffendem Kapital [...],

- vorhandenes Kapital mit zu entwickelnder Projektidee und zu beschaffendem Standort [...] und

- vorhandene Projektidee oder Vorhandensein eines konkreten Nutzerbedarfs mit zu beschaffendem Standort und Kapital [...]" (Diederichs, 1999, S. 271).

Bei der Erneuerung hingegen ist die Ausgangsbasis in der Regel das vorhandene Gebäude. Darauf aufbauend müssen Idee bzw. Nutzerbedarf entwickelt und Kapital beschafft werden.

Beim Neubau sind die Randbedingungen abhängig vom gewählten Ausgangspunkt. Geht man z. B. von einem Standort aus, müssen u. a. die Festlegungen des Bebauungs- bzw. des Flächennutzungsplanes wie Art und Maß der baulichen Nutzung, Geschosszahl, bebaubare Flächen usw. eingehalten werden. Bei der Erneuerung sind darüber hinaus weitere Randbedingungen einzuhalten. Durch vorhandene Bausubstanz bzw. Grundrisse sind die Möglichkeiten der Gestaltung bzw. des Raumprogramms begrenzt. Die meisten Altbauten genießen außerdem Bestandsschutz, stehen teilweise sogar unter Denkmalschutz. Dadurch werden die Planungsmöglichkeiten weiter eingeschränkt.

Beim Neubau werden die Kosten in der Regel nach DIN 276 gegliedert. Dies ist für Erneuerungsmaßnahmen problematisch, da die Hauptgewerke (Kgr. 300) zu allgemein, die anderen Kostengruppen (Kgr. 200, 400, 500 und 600) dagegen zu detailliert behandelt werden. Während bspw. bereits bei der Kostenschätzung Kunstwerke am Bau gesondert aufgeführt werden, wird die Position des selektiven Abbruchs vernachlässigt. Für bauliche Maßnahmen im Bestand empfiehlt sich eine ausführungsorientierte Kostengliederung. Nach DIN 276 (vgl. DIN 276, 1993, S. 3) können hierfür Gliederungen entsprechend dem Standardleistungsbuch für das Bauwesen (STLB-Bau) (vgl. GAEB, 2002) verwendet werden. Eine Gliederung entsprechend anderen ausführungs- bzw. gewerkeorientierten Strukturen wie z. B. die Vergabe- und Vertragsordnung für Bauleistungen VOB Teil C ist ebenfalls möglich.

Während das Planungskonzept für den Neubau auf einem planungsbezogenen Zielkonzept beruht, muss bei der Planung von wirtschaftlich vertretbaren und fachgerechten Erneuerungsmaßnahmen der Bauzustand zusätzlich sorgfältig erfasst werden. Die Vorgehensweise einer Bauzustandsanalyse zeigt Bild 17.

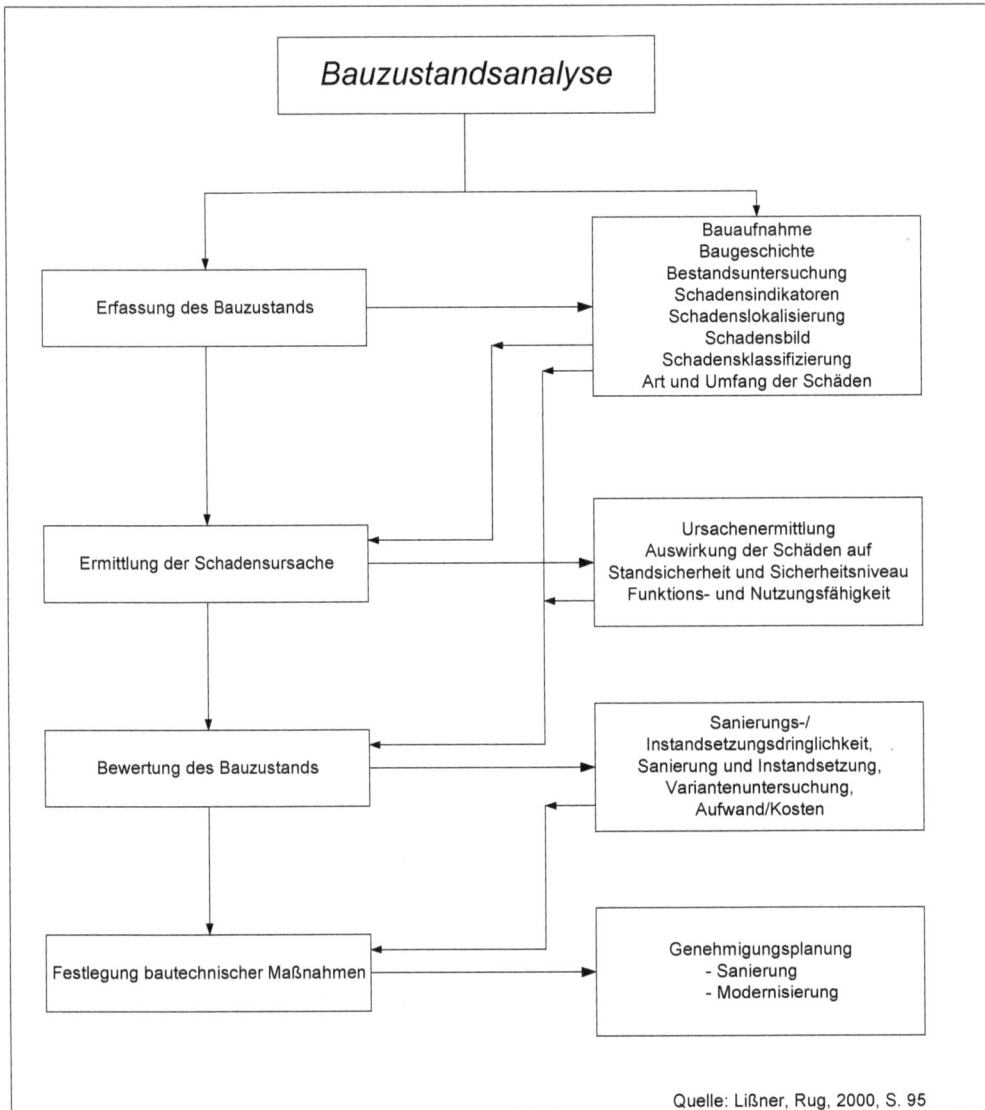

Bild 17: Methodik der Bauzustandsanalyse

Die Komplexität der Gebäudeplanung im Bestand zeigt Bild 18. Der Planer muss im Rahmen der Entwurfsplanung sowohl die gegebenen historischen Bau- und Konstruktionsweisen und ihren Erhaltungszustand als auch die modernen Nutzeransprüche an Raumklima, Wärme-, Schall- und Brandschutz, Raumaufteilung, Gestaltung und evtl. denkmalpflegerischen Gesichtspunkten bei vorgegebenem Kostenrahmen berücksichtigen.

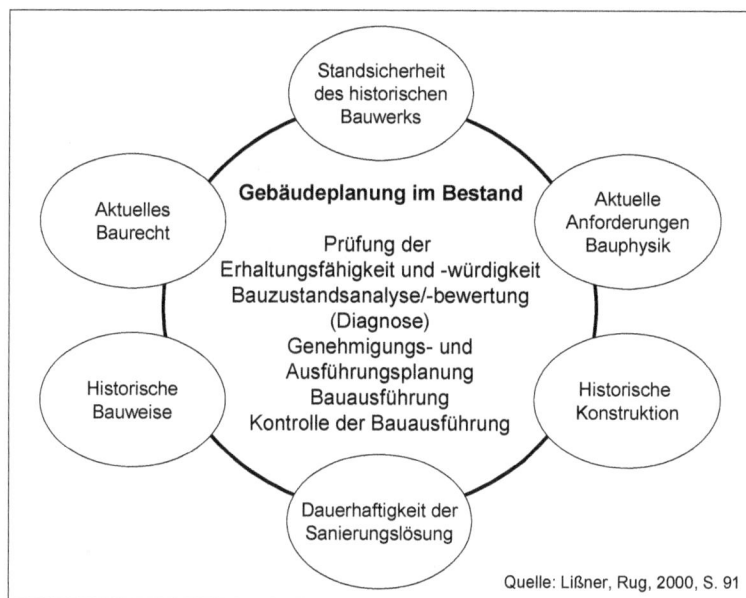

Bild 18: Komplexität der Gebäudeplanung im Bestand

Zu erneuernde Gebäude sind häufig bewohnt. Es muss geklärt werden, ob für die Zeit der Erneuerungsmaßnahmen Ersatzwohnraum zur Verfügung gestellt werden kann. Sind die Räume während der baulichen Maßnahmen bewohnt, muss dies bereits in der Entwurfsplanung berücksichtigt werden. Das stellt hohe Anforderungen an den funktionalen Ablauf der Arbeiten.

Im Rahmen einer Genehmigungsplanung werden das Konzept für die baulichen Maßnahmen erarbeitet und die bauordnungsrechtlichen und, wenn erforderlich, denkmalpflegerischen Zustimmungen eingeholt. Erst danach beginnt die eigentliche Phase der Ausführungsplanung, d. h. eine projekttechnische Lösung für eine Sanierung und/oder Modernisierung wird erarbeitet. Die Ausführungsplanung sollte wie beim Neubau möglichst genau sein. Jedoch sind bei Erneuerungsmaßnahmen im Vorfeld nicht alle Parameter bekannt. Die Festlegungen in den Plänen müssen dementsprechend offen gehalten werden. So kann sich z. B. die Lage und Größe eines Mauerdurchbruchs geringfügig verschieben, wenn die genaue Balkenlage und Lage von Unterzügen erst über die Aufschlüsse beim Bau ermittelt werden kann. Im Gegensatz zum Neubau, wo grundsätzlich alles vor Ausführungsbeginn im Plan festgelegt wird, muss bei Erneuerungsmaßnahmen vieles, was im Voraus nicht bekannt ist, an der Baustelle angegeben oder nachträglich in die Pläne übernommen werden. Alle planerischen Angaben an der Baustelle sind sofort in die Ausführungsplanung einzutragen.

Die Leistungsbeschreibung für bauliche Maßnahmen im Bestand unterscheidet sich in der Regel grundlegend von Leistungsbeschreibungen für Neubaumaßnahmen. Beim Neubau können Material, Konstruktionen, Gestalt und Fertigungsart frei gewählt werden, bei Erneuerungsmaßnahmen sind sie dagegen durch die bereits vorhandene Bausubstanz in weiten Teilen vorgegeben. Es empfiehlt sich, sich an den bereits vorhandenen historischen Konstruktionen und Bauweisen zu orientieren und - soweit möglich - die gleichen Baustoffe wie in der ursprünglichen Bausubstanz zu verwenden. Instandhaltungs- und Instandsetzungsarbeiten müssen materialgerecht geplant und durchgeführt werden, d. h. die morphologischen und bauphysikalischen Eigenschaften des zu sanierenden Materials müssen berücksichtigt werden. Da bei baulichen Maßnahmen im Bestand vieles nicht in Plänen festgehalten werden kann, muss auf die Ausschreibung besonderer Wert gelegt werden. Für Positionen, die erst im Verlauf der Erneuerungsmaßnahmen durch Aufschlüsse präzisiert werden können, müssen in der Ausschreibung mehrere mögliche Alternativpositionen vorgesehen werden, um auf Einheitspreise zurückgreifen zu können und den Anteil an Stundenlohnarbeiten möglichst gering zu halten.

Bauliche Maßnahmen im Bestand sind möglichst beschränkt auszuschreiben, um Firmen mit wenig oder keiner Erfahrung mit Erneuerungsmaßnahmen von vornherein ausschließen zu können. Speziell die Kombination von alter und neuer Bausubstanz erfordert Fachkunde und Erfahrung in diesem Bereich.

2.3.2   Bauordnungsrechtliche Fragen

Konstruktionen sind nicht nur bezüglich ihrer Standsicherheit zu bewerten. Es ist auch zu analysieren, ob sie weitere bauordnungsrechtliche Forderungen auf den Gebieten des Holz-, Wärme-, Feuchte-, Brand- und Schallschutzes einhalten. Dabei ist zu beachten, dass die derzeitigen baurechtlichen Forderungen für Neubauten gelten und die Spezifik historischer Bauten und Konstruktionsprinzipien nicht berücksichtigen. Bei Abweichungen zum geltenden Baurecht sind im Einzelfall Zustimmungen bei den zuständigen Baubehörden zu beantragen. Zu diesen Anforderungen kommen der Bestands- und der Denkmalschutz hinzu. Diese Besonderheiten der Erneuerung werden im Folgenden erläutert.

2.3.2.1   Bestandsschutz

„Alle Gebäude, die aufgrund früherer Baubestimmungen und -genehmigungen errichtet wurden, genießen Bestandsschutz, müssen also nicht generell geänderten Bauvorschriften angepasst werden" (Lißner, Rug, 2000, S.185). Der Bestandsschutz besteht auch dann noch, wenn Änderungen an den Bauten durchgeführt wurden, die nicht baugenehmigungspflichtig sind. In folgenden Fällen verliert ein Gebäude seinen Bestandsschutz:

- die Nutzung wird geändert;
- es werden Änderungen durchgeführt, die die Stand- und Funktionssicherheit wesentlich berühren;
- aufgrund des Bauzustands bestehen Gefahren für die öffentliche Sicherheit und Ordnung;
- die Gestaltung des Gebäudes wird verändert.

Der Altbau wird dann wie ein Neubau behandelt und alle im Gebäude verbleibenden Bauteile müssen den Neubauvorschriften genügen (vgl. Bild 19, Lißner, Rug, 2000, S. 185f).

```
                          ╭──────────────────────────╮
                          │     Bauen im Bestand     │
                          ╰──────────────────────────╯
                                      │
                          ┌──────────────────────────┐
                          │    vorhandenes Gebäude    │
                          └──────────────────────────┘
```

Bestandsschutz, weil keine Änderung der Nutzung	kein **Bestandsschutz**, weil erhebliche Änderung in der Nutzung
keine wesentlichen, die Standsicherheit berührenden Änderungen tragender und aussteifender Bauteile	Abbruch erheblicher Teile oder des ganzen Gebäudes
keine Notwendigkeit von Maßnahmen zur Abwehr von Gefahr für Leib und Gesundheit, zur Beseitigung von schweren Baumängeln	Gefahr für die öffentliche Sicherheit und Ordnung
Abweichungen von den geltenden Neubauvorschriften sind zulässig, wenn	Alle für Neubauten geltenden Vorschriften sind einzuhalten.
- die Planung den öffentlichen Belangen entspricht - die Voraussetzung für die Abweichung vorliegt - die öffentliche Sicherheit und Ordnung gegeben ist - Leben und Gesundheit nicht gefährdet sind	Das gilt für: - Gesamtgebäude - verbleibende und neue Bauteile

```
                          ╭──────────────────────────╮
                          │     geplante Maßnahmen    │
                          ╰──────────────────────────╯
```

genehmigungspflichtig anzeigepflichtig vereinfachtes Genehmigungsverfahren	genehmigungsfrei nach Bauordnung
Einbeziehen der Denkmalbehörde innerhalb des Baugenehmigungsverfahrens	Einbeziehen der Denkmalbehörde außerhalb des Baugenehmigungsverfahrens
Baugenehmigung	Erlaubnis der Denkmalbehörde

Quelle: Lißner, Rug, 2000, S. 186

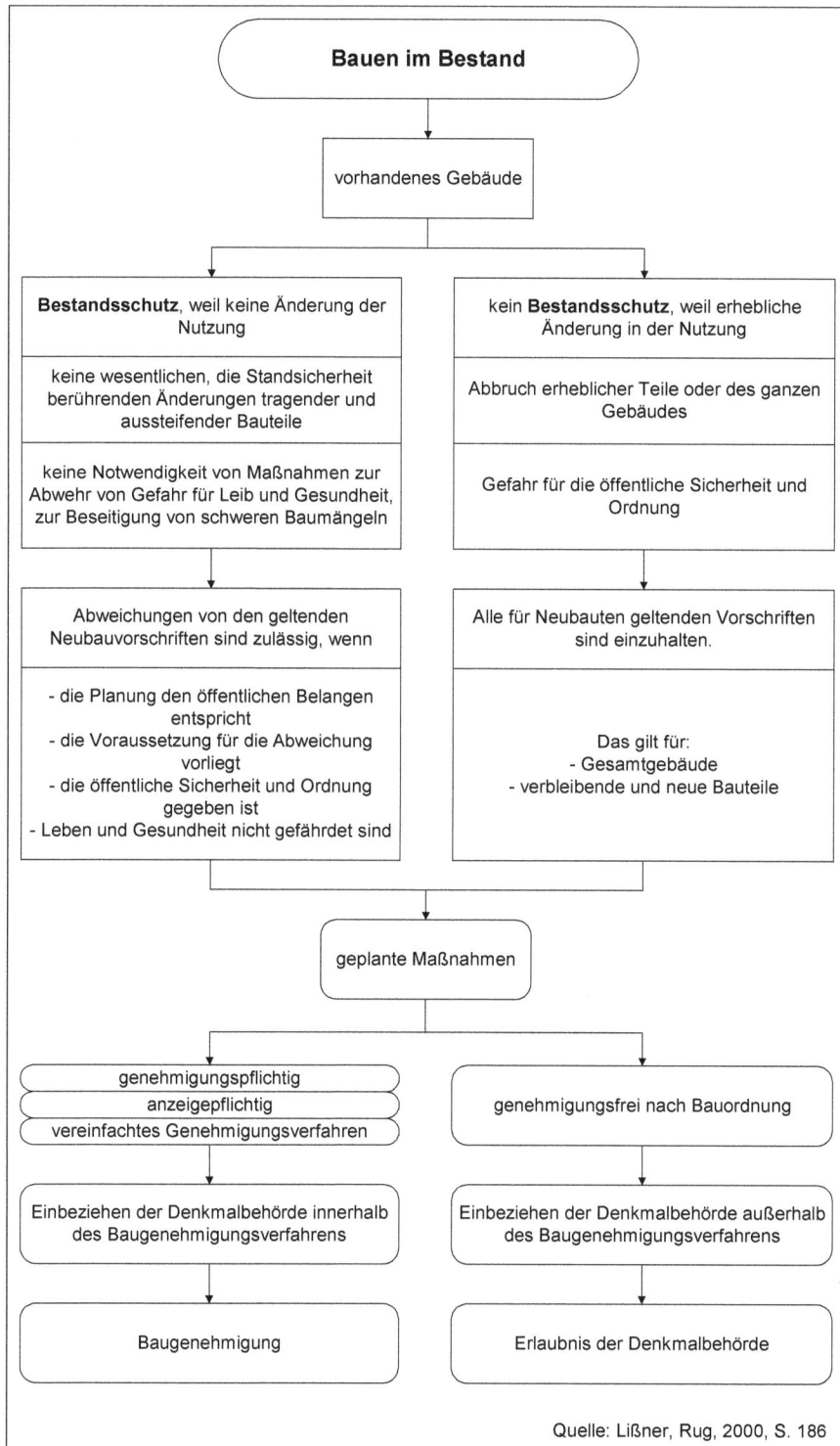

Bild 19: Bauen im Bestand, Bestands- und Denkmalschutz

2.3.2.2 Denkmalschutz

Ziel des Denkmalschutzes ist es, erhaltenswerte Gebäude zu schützen, zu pflegen und zu erfassen. Bei vielen Baudenkmälern ist dies jedoch nur langfristig möglich, wenn es sinnvoll genutzt wird. Es muss zwischen dem verständlichen Interesse der Denkmalpflege, das ursprüngliche Erscheinungsbild und die ursprüngliche Ausstattung zu erhalten, und der erforderlichen Anpassung an heutige Nutzungsbedürfnisse abgewogen werden. Dadurch kommt es immer wieder zu Konflikten (vgl. Rau, Braune, 1997, S. 23).

Die Grundlagen für die Instandsetzung von Denkmalen sind in der Charta von Venedig (1964) niedergelegt. Die dort formulierten Maximen zur material-, werk- und formgerechten Instandsetzung gelten im Denkmalschutz zunehmend als „denkmalpflegerische Regeln" (vgl. Lißner, Rug, 2000, S. 192). Die Regelung des Denkmalschutzes ist in Deutschland Sache der Bundesländer, deshalb wird der Denkmalschutz in den einzelnen Bundesländern unterschiedlich praktiziert. Der Aufbau der Ämter und die Durchführungsbestimmungen folgen aber einer einheitlichen Linie. Exekutivbehörde ist die untere Denkmalschutzbehörde des jeweiligen Landkreises. Sie ist für Fragen der Denkmalwürdigkeit, der In-Schutz-Stellung und der Bewahrung eines Denkmals zuständig. Von ihr gehen alle Weisungen gestalterischer und technischer Art aus, um den Denkmalschutz zu vollziehen. Sie überprüft die Durchführung der angeordneten Maßnahmen und kann Strafen und Strafmaß bei Nichteinhaltung der Weisungen festlegen. Die Landesdenkmalämter sind dagegen Fachämter. Sie beraten und unterstützen die Denkmalschutzbehörde in kunsthistorischen Fragen und solchen von Sanierungs- und restauratorischen Techniken. Wissenschaftliche Untersuchungen werden unter der Aufsicht der Denkmalämter durchgeführt (vgl. Brändle, Wittmann, 1996, S. 240, Bild 20).

Der Denkmalschutz verpflichtet den Eigentümer, sich mit der Behörde bei Um- und Ausbaumaßnahmen am Denkmal abzustimmen. Jede Veränderung eines Denkmals, selbst eine Instandhaltung, ist genehmigungspflichtig (vgl. Seehausen, 1998). Um Zeitverluste und Kostenerhöhungen zu vermeiden, ist deshalb eine rechtzeitige Vorplanung und Abstimmung empfehlenswert.

Denkmalpflege/-schutz	Vollzugsbehörde = Untere Denkmalschutzbehörde der Landkreise und kreisfreier Städte
Charta von Venedig, A. 1	Verwaltungs-/Vollzugsorgane des Gesetzes
"Der Denkmalbegriff umfasst sowohl das einzelne Denkmal als auch das städtische oder ländliche Ensemble (Denkmalbereich), das von einer ihm eigentümlichen Kultur, einer bezeichnenden Entwicklung oder einem historischen Ereignis Zeugnis ablegt. Er bezieht sich nicht nur auf große künstlerische Schöpfungen, sondern auch auf bescheidene Werke, die im Lauf der Zeit eine kulturelle Bedeutung haben."	- Aktualisierung und Überwachung des Denkmalbestandes - Beseitigung illegaler Maßnahmen - Sicherung der Denkmäler - Rechtliche Überprüfung der Forderung der Fachbehörde - Durchführung von Genehmigungs- und Zustimmungsverfahren - Überprüfung der Zumutbarkeit - Durchführung von Verwaltungsstreitverfahren - Durchführung von Ordnungswidrigkeitsverfahren - Förderung der Denkmalpflege (Bearbeitung Fördermittelanträge) - Ausstellung der Steuerbescheinigungen
geregelt als Landesgesetz der Bundesländer:	Fachbehörde = Landesamt für Denkmalpflege
"Denkmäler sind zu schützen, zu pflegen, sinnvoll zu nutzen und wissenschaftlich zu erforschen. Sie sollen der Öffentlichkeit im Rahmen des Zumutbaren zugänglich gemacht werden." (§1 DSchG Denkmalschutzgesetz NRW)	wissenschaftliches beratendes Organ für untere Denkmalschutzbehörde - Erforschung der Denkmale, Bestimmung Denkmalwert - Inventarisierung des Denkmalbestandes - Fachliche Beratung und Erstellung von Gutachten - Mitwirkung an denkmalpflegerischen Maßnahmen - Unterhaltung von fachwissenschaftlichen Sammlungen - Einleitung von Enteignungs- und Entschädigungsverfahren - Ausstellung der Steuerbescheinigungen (wenn nicht von Volllzugsbehörde ausgestellt) - Veröffentlichung und Verbreitung fachwissenschaftlicher Erkennntnisse

Quelle: Lißner, Rug, 2000, S. 191

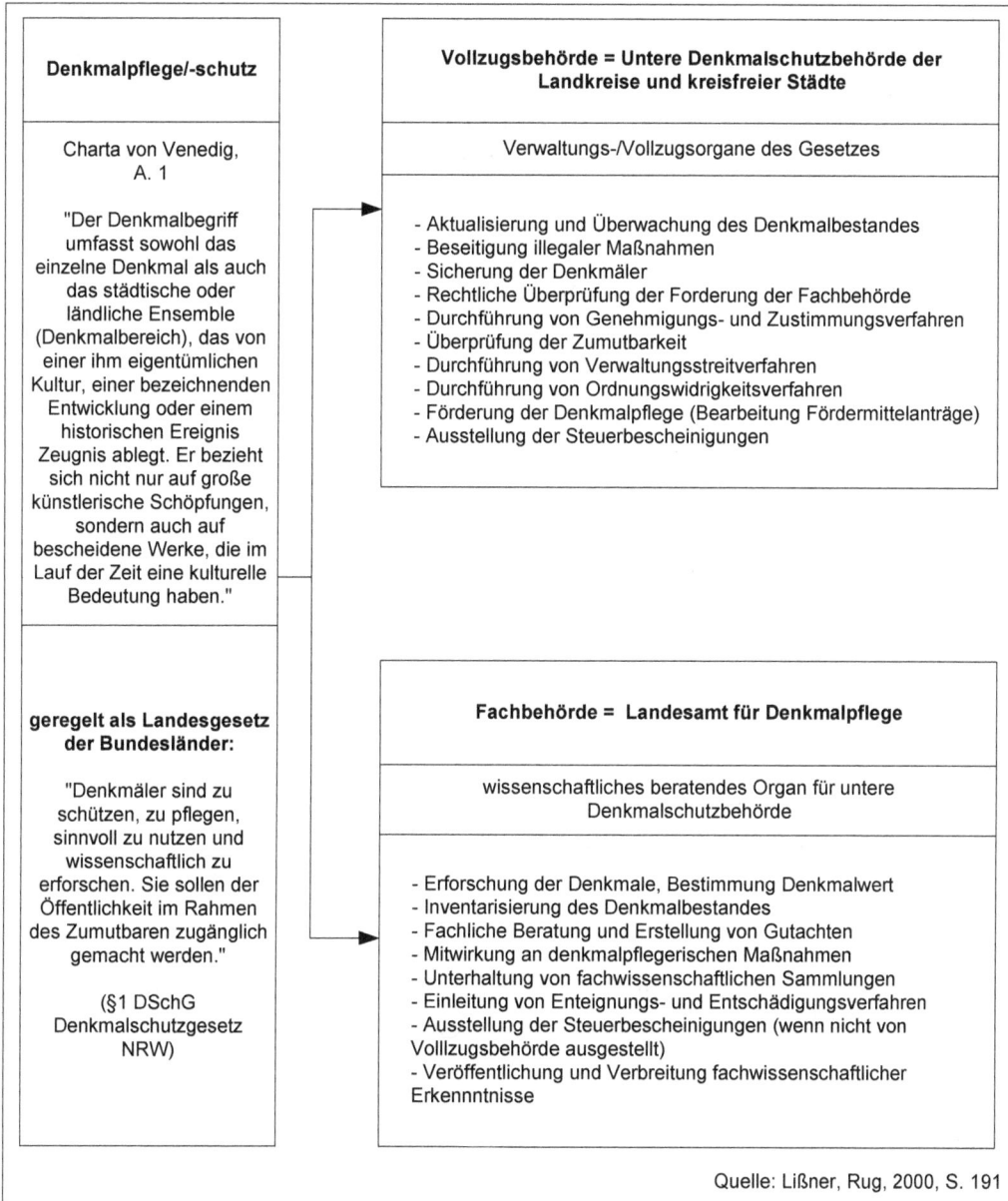

Bild 20: Fach- und Vollzugsorgane des Denkmalschutzes in Deutschland

Das Denkmalschutzrecht ist in Organisations- und Verfahrensgesetzen niedergelegt. Die Gesetzestexte sind über die Denkmalbehörden oder Denkmalämter zu beziehen. Bei genehmigungspflichtigen Bauvorhaben wird das Denkmalschutzrecht in das Baugenehmigungsverfahren integriert. Die Bauaufsicht holt hierbei die denkmalschutzrechtliche Zustimmung der Denkmalschutzbehörde ein. Bei genehmigungsfreien Vorhaben wird das Denkmalschutzrecht außerhalb dieses Verfahrens ausgeübt (vgl. Bild 20). Der Denkmalpfleger orientiert sich an den gesetzlichen Aufgaben der Pflege, Bewahrung und Erhaltung von Denkmalen. Seine Einflussnahme ist auf das zu schützende Denkmal begrenzt (vgl. Lißner, Rug, 2000, S. 190).

Der Denkmalschutz muss sich nicht auf ein einzelnes Gebäude beschränken. Es ist ebenfalls möglich, dass mehrere Gebäude (z. B. ein historischer Stadtkern) als Ganzes unter Denkmalschutz gestellt werden. Dies geschieht auf Beschluss der jeweiligen Gemeinde. In diesem Fall wird eine entsprechende Gestaltungssatzung durch die Gemeinde beschlossen, die konkrete Gestaltungsmöglichkeiten der historischen Gebäude festlegt. Diese sind einzuhalten (vgl. Lißner, Rug, 2000, S. 190).

2.3.3   Erneuerungspakete

Bei jeder Erneuerungsmaßnahme müssen die durchzuführenden Maßnahmen individuell festgelegt werden. Die richtige Auswahl und die optimale Kombination der Maßnahmen wird durch folgende Faktoren beeinflusst:

- Gebäudezustand
  Grundlage eines Erneuerungspaketes sind notwendige Sanierungsmaßnahmen. Diese werden bei der Bestandsaufnahme in Abhängigkeit vom Gebäudezustand festgelegt.

- individuelle Erneuerungsziele des Bauherrn
  Die Beweggründe für eine Erneuerung sind abhängig von der Art des Bauherrn. Bei privaten Eigentümern und Selbstnutzern richtet sich der Maßnahmenumfang im Gegensatz zu Eigentümern von nicht selbst genutzten Immobilien meist nicht ausschließlich nach der Rentabilität. Zielsetzung kann auch ein ideeller Werterhalt sein, z. B. durch eine starke Bindung an die Immobilie, die Vorliebe für historische Bausubstanz oder ein starkes ökologisches Interesse (vgl. Stieglitz, 2002, S. 8). Vorrangiges Ziel bei Wohnungs-unternehmen ist die langfristige Sicherung der Vermietbarkeit, aber auch die Wiedervermietung der Wohnungen nach Leerstand. Außerdem sollen die Wohnungen an die vorhandene Nachfrage und behördliche Auflagen, z. B. die Heizanlagen betreffend, angepasst werden (vgl. IWU, 2002, S. 42). Die Beweggründe sind ebenfalls abhängig von der jeweiligen Unternehmenspolitik und den Unternehmenszielen.

- strategische Überlegungen zum Gebäude
  Bei der Festlegung der Erneuerungsmaßnahmen muss außerdem geprüft werden, welche Maßnahmen sofort durchgeführt werden müssen und welche zu einem späteren Zeitpunkt erfolgen sollen. Bei der Planung sind Optionen für künftige Veränderungen vorzusehen, um die Hemmschwelle für spätere Ergänzungsmaßnahmen zu senken (vgl. Stieglitz, 2002, S. 71).

- Finanzierbarkeit
  Wichtiges Kriterium für die Festlegung der durchzuführenden Maßnahmen ist das Budget. Durch ein eingeschränktes Budget werden die Erneuerungspakete in der Regel stark reduziert (vgl. Stieglitz, 2002, S. 72).

- vorhandene Bewohner
  Bei bewohnten Gebäuden ist im Vorfeld zu klären, ob die vorhandene Mieterstruktur erhalten bleiben soll. Sollen die Mieter erhalten bleiben, ist festzulegen, ob sie während der Baumaß-nahme in ihren Wohnungen verbleiben oder für die Dauer der Maßnahmen ausquartiert bzw. bei einer Erneuerung in Stufen dauerhaft in eine bereits erneuerte Wohnung im gleichen Gebäude umgesiedelt werden. Dies ist bei der Festlegung der baulichen Maßnahmen und ihrer zeitlichen Reihenfolge zu berücksichtigen.

In Abhängigkeit von den genannten Faktoren muss also zunächst der Umfang der Erneuerung festgelegt werden.

Ein wesentliches Problem bei der Altbauerneuerung besteht häufig darin, dass sinnvolle und notwendige, umfassende Sanierungs- und Modernisierungsmaßnahmen nicht in einem Zug durchgeführt werden können. Oft sind die Kosten für umfangreiche bauliche Maßnahmen nur über einen längeren Zeitraum finanzierbar. Oder gesetzliche Nachrüstungsverpflichtungen zwingen den Eigentümer zur Durchführung einzelner Maßnahmen, obwohl außer der laufenden Instandhaltung keine baulichen Maßnahmen vorgesehen sind. Probleme können sich auch durch vorhandene Bewohner ergeben. Gegebenenfalls müssen bestimmte Maßnahmen zurückgestellt werden, weil zunächst nachbarschaftsrechtliche, baurechtliche oder denkmalschutzrechtliche Probleme geklärt werden müssen. Da nach einer Veränderung der steuerlichen Rahmenbedingungen (Wegfall von § 82b ESt DV) in der privaten Wohnungswirtschaft größere Erhaltungsaufwände nicht mehr auf zwei bis fünf Jahre verteilt werden können, kann die Verteilung der Kosten auf mehrere Jahre nur noch durch stufenweise Durchführung von Einzelmaßnahmen erreicht werden (vgl. Krings, 2000, S. 7f).

Bild 21 gibt einen Überblick über beispielhafte Maßnahmenpakete, die im Folgenden vorgestellt werden.

2.3.3.1 Umfassende Erneuerung

Bei der umfassenden Erneuerung werden alle notwendigen Instandsetzungsarbeiten sowie eine umfassende Modernisierung durchgeführt. Ziel ist die heute übliche Neubauqualität. Dies bedeutet jedoch oft einen sehr hohen Aufwand und Folgemaßnahmen. Auch mit bewussten Altbaumerkmalen und vertretbaren Kompromissen kann eine 100%-ige Instandsetzung erreicht werden (vgl. Stieglitz, 2002, S. 73). Eine umfassende Erneuerung kann entweder als Komplettpaket in einem Zug durchgeführt werden oder in mehreren Stufen.

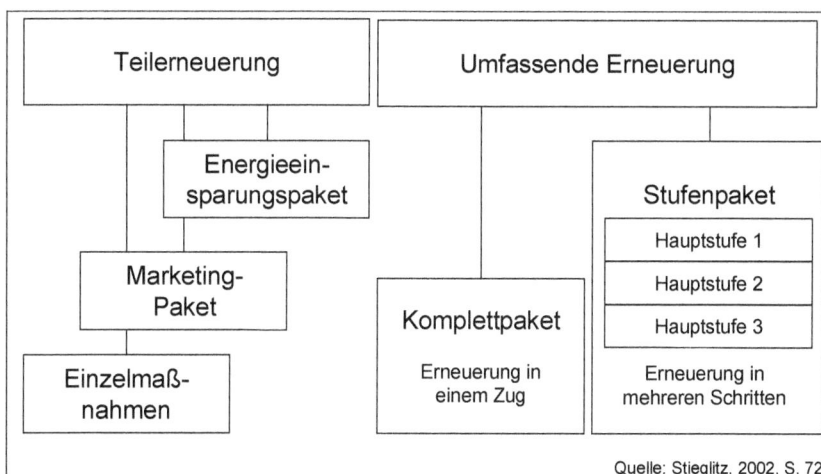

Bild 21: Übersicht beispielhafter Maßnahmenpakete

2.3.3.1.1   Komplettpaket

Grundsätzlich ist für jedes Projekt individuell abzuschätzen, ob eine Erneuerung in einem Zug oder in Stufen durchgeführt werden soll. Für eine umfassende Erneuerung in einem Zug wird sich z. B. eine Privatperson entscheiden, vor allem, wenn durch Selbstnutzung ideelle Werte im Vordergrund stehen (vgl. Stieglitz, 2002, S. 74). Tabelle 4 zeigt die Vor- und Nachteile eines Komplettpakets gegenüber einer Erneuerung in Stufen.

2.3.3.1.2   Stufenpaket

Beim Stufenpaket wird eine umfassende Erneuerung über einen langen Zeitraum verteilt. Der Begriff „Stufen" soll assoziieren, dass die zeitliche Reihenfolge der Maßnahmen zumindest teilweise zwingend ist. In einigen Fällen ist die Reihenfolge jedoch auch variabel und bestimmt sich durch unterschiedliche Prioritätensetzung. Es müssen jedoch in jedem Fall mehrere Stufen vorhanden sein.

Die Ausführung in Stufen vollzieht sich in zeitlich und sachlich begrenzten Maßnahmenbündeln, ohne dass dadurch erhebliche wirtschaftliche Nachteile entstehen (vgl. IWU, 2002, S. 59). Nach jeder Stufe muss die Funktionsfähigkeit des Gebäudes uneingeschränkt vorhanden sein. Überwiegender Beweggrund für eine Stufenlösung ist ein zu geringes Budget (vgl. Stieglitz, 2002, S. 75).

Die Reihenfolge der Maßnahmen gliedert sich in konzeptionell bedingte Stufen nach Durchführungsbedingungen. Substanzerhaltende Maßnahmen haben Vorrang vor wertverbessernden Maßnahmen. Als Faustregel gilt: „außen anfangen" (vgl. Stieglitz, 2002, S. 76).

Vorteile	Nachteile
• ganzheitlicher Planungs- und Ausführungsprozess „unter rein technischen Gesichtspunkten einfacher und entsprechend kostengünstiger" (IWU, 2002, S. 15) • Kostenersparnis durch einmalige Sowieso-Kosten (z. B. für Gerüst, Baustelleneinrichtung) • Einsparung von Baunebenkosten (z. B. niedrigere Honorare von Architekten und Ingenieuren durch Progression der Honorartafeln der HOAI) • niedrigerer Verwaltungsaufwand des Eigentümers (z. B. für Beauftragung, Buchhaltung und Mieterbetreuung) • Bauteilbeschädigungen durch nachfolgende Stufen bleiben aus • keine Not- oder Behelfslösungen bis zur nächsten Stufe notwendig • einmalige Belastungen der Mieter bei weiterer Bewohnung • Fertigstellung von neubauähnlichen Nutzungseinheiten, die für 20-30 Jahre keine weiteren Maßnahmen erfordern (vgl. Krings, 2000, S. 24) • gute Ausnutzung von Förderprogrammen innerhalb eventueller zeitlicher Begrenzung, Erreichen eines recht hohen Kostendeckels mancher Förderprogramme	• Komplettsanierung über nahezu alle Gewerke möglichst in freigeräumten Wohnungen (vgl. IWU, 2002, S. 76), somit Kosten für Räumung und vorübergehende oder endgültige anderweitige Unterbringung der Mieter • Erfordernis von Einverständnis aller Mieter; unzufriedener oder nicht einverstandener Mieter kann bedeutender Störfaktor werden • Gefahr der Nutzung des Sonderkündigungsrechtes durch den Mieter, wenn dessen Wohnung in die Sanierungsmaßnahme einbezogen wird • Komplettpaket i. d. R. nicht rentabel, da die Möglichkeit der Mieterhöhungen oft sehr begrenzt ist (vgl. IWU, 2002, S. 72) • hohe Geldmittel zu einem bestimmten Zeitpunkt erforderlich
	Quelle: Stieglitz, 2002, S. 74f

Tabelle 4: Vor- und Nachteile eines Komplettpakets gegenüber einem Stufenpaket

Das Stufenpaket wird so gebildet, dass später folgende Maßnahmen problemlos realisiert und bereits durchgeführte Maßnahmen weiterverwandt werden können. Technische Abhängigkeiten müssen ebenfalls berücksichtigt werden. Zusammenhängende Gewerke sind z. B. möglichst in einer Stufe durchzuführen. Eine Heizzentrale muss auf eine spätere zentrale Warmwasserbereitung ausgerichtet sein und zeitlich nach Wärmedämmmaßnahmen erneuert werden, damit die neue Anlage richtig dimensioniert werden kann. Maßnahmen an Außenanlagen sind möglichst abschließend in letzter Stufe oder zumindest nach Abschluss der Arbeiten an der Gebäudehülle vorzusehen. Doppelleistungen wie z. B. neue Elektroinstallationen, die bei anschließender Grundrissveränderung wieder zerstört, geändert oder ergänzt werden müssen, sind zu minimieren.

Nach Krings lassen sich die zeitlich und sachlich begrenzten Maßnahmenbündel in Haupt- und Einzelstufen einteilen (vgl. Krings, 2000, S. 30-60). Hauptstufen umfassen größere zusammengefasste Gebäudeteile (z. B. die gesamte Gebäudehülle), wobei eine Vielzahl von Gewerken betroffen ist. Innerhalb der Hauptstufen vollzieht sich die Erneuerung einzelner Bauteile (z. B. Außenputz, Dachdeckung) in Einzelstufen. Dabei sind nur einzelne Gewerke betroffen. Die verschiedenen Instandsetzungs- und Modernisierungsmaßnahmen werden „in möglichst viele Ausführungsstufen mit möglichst geringem Kostenaufwand aufgeteilt" (Krings, 2000, S. 50). Tabelle 5 zeigt die Aufteilung der Haupt- und Einzelstufen. Die Vor- und Nachteile eines Stufenpakets gegenüber einem Komplettpaket werden in Tabelle 6 dargestellt.

Hauptstufen	Einzelstufen
1 Äußere Hülle	1 Dachsanierung 2 Fenstererneuerung 3 Fassadensanierung
2 Heizung und Allgemeinbereiche	4 Treppenhaus 5 Innerer Wärmeschutz 6 Heizungseinbau
3 Innere Modernisierung und Wohnumfeld	7 Grundrissveränderung 8 Sanitärinstallation und Bäder 9 Elektroinstallation 10 Wohnumfeld
	Quelle: Krings, 2000, S. 38, 49, 60

Tabelle 5: Einteilung in Haupt- und Einzelstufen

Vorteile	Nachteile
• bei zu knappen finanziellen Mitteln für ein Komplettpaket kann der Zustand einer Vollsanierung zumindest nach längerem Zeitraum über Stufenlösungen möglich werden • Investitionen können auf mehrere Jahre verteilt werden (z. B. aus steuerlichen Gründen) • bei fehlender Zustimmung von Mietern (z. B. älteren oder kranken Bewohnern) können Maßnahmen bei Mieterwechsel nachgeholt werden • baurechtlichen Nachrüstungsverpflichtungen kann durch Ausbildung von Stufen Vorrang gegeben werden • Vorzug von Einzelmaßnahmen ist auch dann möglich, wenn baurechtliche oder denk-malschutzrechtliche Genehmigungen sowie Zustimmungen von Nachbarn andere Maßnahmen noch behindern • überproportionale Verbesserung der Vermietbarkeit bei bestimmten Maßnahmen, diese Maßnahmen können beim Stufenpaket Vorrang erhalten (vgl. Krings, 2000, S. 25 und 65) • Nutzung von Fördermitteln, die nur innerhalb einer bestimmten Frist zur Verfügung stehen, entsprechende Stufe kann so terminiert werden (vgl. IWU, 2002, S. 70)	• erhöhter Verwaltungsaufwand des Eigentümers (z. B. für Beauftragung, Buchhaltung und Mieterbetreuung) • höhere Baunebenkosten (z. B. höhere Honorare von Architekten und Ingenieuren durch Progression der Honorartafeln der HOAI) • höhere Kosten durch mehrmals anfallende Kosten (z. B. für Gerüst, Baustelleneinrichtung) • deutliche Mehrkosten bei Sanierung einzelner WE durch: Fahrt- und Personalzuschläge, Verschnitt- und Materialabfall, technologische Wartezeiten (z. B. Abbindzeiten), weniger lohnender Einsatz von besserem Gerät, geringere Stückzahlen und Materialmengen beim Einkauf (vgl. Schmitz, 1984, S. 33) • es sind Mehrkosten bei der Planung und Bauausführung „bei zwei bis vier Stufen oder im Rotationsverfahren von 25 bis 35% der Baukosten zu erwarten" (Schmitz, 1984, S. 22) • erhöhte Kostenunsicherheit bei versetzter Ausführung (z. B. mehrere Bauabschnitte) • Kosten von Stufenpaketen sind schlecht als nachträgliche Herstellungskosten in der Bilanz zu aktivieren, dies kann insbesondere für Privateigentümer investitionsentscheidend sein (vgl. IWU, 2002, S. 66) • Gefahr von Bauteilbeschädigungen durch nachfolgende Stufen • Not- oder Behelfslösungen bis zur nächsten Stufe werden erforderlich • Realisierung des Sanierungsziels evtl. sehr langfristig (nach Jahrzehnten) durch Aufschub von Wohnungssanierungen bis zum nächsten Mieterwechsel (vgl. Krings, 2000, S. 33)
	Quelle: Stieglitz, 2002, S. 78f

Tabelle 6: Vor- und Nachteile eines Stufenpakets gegenüber einem Komplettpaket

2.3.3.2 Teilerneuerung

Häufig werden Gebäude nur in Teilen erneuert. Dabei sind oft themenspezifische Zielsetzungen für die Kombination der Maßnahmen ausschlaggebend, z. B. großer Nachholbedarf an Wärmeschutzmaßnahmen oder bessere Vermietbarkeit durch Modernisierungsmaßnahmen. Bei allen Maßnahmenkombinationen müssen substanzerhaltende Instandsetzungsmaßnahmen integriert werden. Eine Teilerneuerung wird meist in einem Zug ausgeführt. Eine Ausführung in Stufen ist jedoch auch möglich. In diesem Fall können die Ausführungen aus Kapitel 2.3.3.1.2 übertragen werden. Im Folgenden werden beispielhaft verschiedene Teilerneuerungspakete vorgestellt.

2.3.3.2.1 Energieeinsparungspaket

Beweggründe für die energetische Modernisierung eines Gebäudes sind

- Förderprogramme zur Energieeinsparung bei Altbauten,
- gesetzliche Nachrüstungspflichten (vgl. EnEV, 2001),
- Verbesserung der Vermietbarkeit durch Reduzierung der Heizkosten und
- ökologische Gründe, insbesondere die Reduzierung der CO_2-Emissionen (vgl. Krings, 2000, S. 61).

Wärmedämmmaßnahmen lassen sich kostengünstig mit ohnehin anstehenden Instandsetzungsmaßnahmen kombinieren (vgl. Kapitel 3.5.2). Ein Energieeinsparungspaket erfordert aufeinander abgestimmte Einzelmaßnahmen. Eine neue Heizungsanlage kann z. B. wesentlich geringer dimensioniert werden, wenn gleichzeitig die Wärmeverluste durch zusätzliche Dämmung der Gebäudehülle reduziert werden. Der Schwerpunkt der Maßnahmen liegt auf der Dämmung der Gebäudehülle, insbesondere Wärmedämmung der Außenwand, der Kellerdecke, des Dachs oder der obersten Geschossdecke sowie Fenstererneuerung mit Wärmeschutz-Verglasung. Zusätzlich wird die Heizungsanlage nachgerüstet oder erneuert. Gegebenenfalls wird auf eine zentrale Wärmeversorgung umgestellt (vgl. Krings, 2000, S. 61, Hessisches Ministerium für Wirtschaft, Verkehr und Landesentwicklung, 2001, S. 35).

Das Maßnahmenpaket ist auch in bewohnten Wohnungen durchführbar.

2.3.3.2.2 Marketingpaket

Ein Marketingpaket soll die Vermietbarkeit der Wohnungen erhalten oder wiederherstellen. Die Maßnahmen werden auf die Mieterinteressen ausgerichtet. Dafür werden Kriterien berücksichtigt, die den Abschluss eines Mietvertrags begünstigen oder einen bestehenden aufrechterhalten.

Maßnahmen zur Verbesserung des Wohnwertes sind Instandsetzungs-, zu großen Teilen aber auch Modernisierungsmaßnahmen. Bei entsprechend erneuerungsbedürftigem Zustand gehört die Sanierung von Küche und Bad dazu. Werden in allen Wohnungen Küche und Bad gleichzeitig saniert, hat das finanzielle und technische Vorteile. Vorhandene Bewohner ermöglichen dies jedoch nicht immer. Oftmals müssen Bäder erstmalig in der Wohnung eingebaut werden, um die Treppenhauslage zu ersetzen.

Die Erneuerung des Treppenhauses und des Wohnumfelds gehören ebenfalls zu den Marketingmaßnahmen. Hierzu zählen z. B. Oberflächenerneuerung, Arbeiten an Haustür, Fenstern, Vordach, Briefkästen, Außenanlagen, Außenbeleuchtung oder Mülltonnenstellplätzen.

„Die optische Verbesserung von Treppenhäusern inkl. Gegensprechanlage ist ein nicht zu unterschätzender Faktor bzgl. der Vermarktung" (Krings, 2000, S. 36). Allgemeine Oberflächenerneuerung (z. B. an Wand, Decke, Boden) und Arbeiten an Fenstern und Türen sind weitere Maßnahmen innerhalb der Wohnungen.

Bei speziellen Mietergruppen können zusätzliche Maßnahmen erforderlich werden. So kann z. B. ein Aufzug zum Maßnahmenpaket gehören, wenn die Wohnungen überwiegend von älteren oder kranken Mietern bewohnt werden. Solche Maßnahmen mit hohen Herstellungs- und Betriebskosten kommen jedoch nur dann in Frage, wenn die Wohnungen ohne sie nicht vermietet werden können (vgl. Stieglitz, 2002, S. 85f).

Die Planung und Durchführung eines Marketingpaketes bietet sich bei ohnehin leerstehenden Wohnungen an. Einerseits wird der Mieter nicht durch bauliche Maßnahmen innerhalb der Wohnung belästigt, und andererseits stellt sich oft erst bei Mieterwechsel der Bedarf solcher Maßnahmen. Außerdem können bei Neuvermietungen die Mieten neu festgesetzt werden, was besonders bei geringem Mietniveau von Bedeutung ist (vgl. Stieglitz, 2002, S. 83ff, IWU, 2002, S. 73).

2.3.3.2.3   Einzelmaßnahmen

Bei geringen finanziellen Mitteln werden häufig nur einzelne notwendige Maßnahmen ausgeführt. Meist handelt es sich um akute Schäden, die umgehend behoben werden müssen. Eine solche Notwendigkeit kann auch durch gesetzliche Auflagen entstehen.

2.4   Existierende Bewertungshilfen

Im Folgenden werden mehrere bereits existierende Systeme und Nachschlagewerke zur ökonomischen oder ökologischen Bewertung sowie zur Gebäudebeurteilung vorgestellt. Die Vorstellung der Bewertungshilfen wird zum größten Teil den Forschungsberichten „Entwicklung eines Bewertungssystems für ökonomisches und ökologisches Bauen und gesundes Wohnen" (Diederichs, Getto, Streck, 2000a) und „Entwicklung eines Bewertungssystems für die ökonomische und ökologische Erneuerung von Wohnungsbeständen" (Diederichs, Streck, 2003a) entnommen. Einen Überblick über die betrachteten Bewertungshilfen gibt Bild 22.

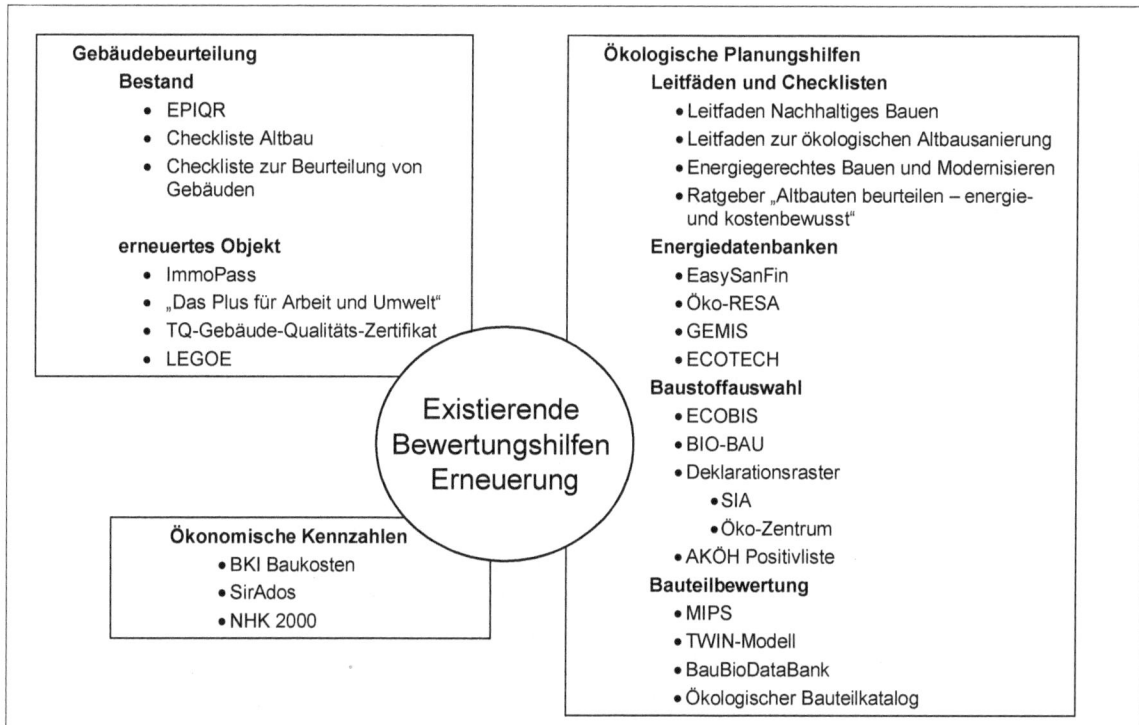

Bild 22: Überblick über existierende Bewertungshilfen für Erneuerungsmaßnahmen

2.4.1 Ökonomische Kennzahlen

Kennzahlen für die Baukosten von Wohngebäuden werden vielerorts gesammelt. So verfügen viele Architektur- und Ingenieurbüros über ihre eigenen Kennzahlen. Es gibt aber auch einige professionelle Anbieter. Im Folgenden soll auf das Baukosteninformationszentrum BKI, die SirAdos-Datenbanken und die Normalherstellungskosten eingegangen werden.

2.4.1.1 BKI Baukosten

Das Baukosteninformationszentrum BKI Deutscher Architektenkammern mit Sitz in Stuttgart erhebt kontinuierlich bundesweit Baukostendaten und hält eine entsprechende Datenbank vor. Die gesammelten Daten werden in Publikationen der Reihe „BKI Objekte: Kosten abgerechneter Bauwerke" veröffentlicht. Hier liegen sowohl Publikationen für Neubauobjekte als auch für Maßnahmen im Bestand vor. In den Bänden „A 1 Altbau" (BKI, 2000) und „A 2 Altbau" (BKI, 2001) werden ca. 50 dokumentierte, abgerechnete Baumaßnahmen im Wohnungsbestand, gegliedert in Erweiterungen, Umbauten, Modernisierungen und Instandsetzungen, dargestellt.

Für jedes Projekt werden die Kostenkennwerte für Bauwerkskosten (Kgr. 300 und 400 der DIN 276) inkl. MwSt., bezogen auf den Brutto-Rauminhalt (BRI), die Brutto-Grundfläche (BGF) und die Nutzfläche (NF), angegeben (vgl. DIN 277, 1987). Außerdem werden die Kostenkennwerte für die Kostengruppen der 1. Ebene sowie teilweise der 2. und 3. Ebene der DIN 276 oder für Leistungsbereiche nach Standardleistungsbuch (STLB-Bau) aufgeführt.

2.4.1.2   sirAdos

Die sirAdos Baudaten für Kostenplanung und Ausschreibung (EDITION AUM GmbH, 2001a, 2001b) des Privaten Instituts für Baupreisforschung, Dachau, sind im Wesentlichen produktneutrale Ausschreibungstexte mit einer Baupreisdokumentation, die Von-, Mittel- und Bis-Werte liefert. Für die angegebenen Preise werden Preisspiegel aus dem gesamten Bundesgebiet ausgewertet. Neben den Preisen werden die entsprechenden Kostengruppen und Erfahrungswerte für den Zeitbedarf angegeben. Die sirAdos Baudaten gibt es sowohl für den Neubau als auch für den Altbau. Im Bereich Altbau sind klassische Renovierungs-, Instandhaltungs- und Sanierungsarbeiten enthalten, außerdem alte Handwerkstechniken und Bautenschutzmaßnahmen.

2.4.1.3   NHK Normalherstellungskosten 2000

Die Normalherstellungskosten 2000 (NHK, 2000) sind im Bundesanzeiger Verlag erschienen. Sie beziehen sich auf einen Quadratmeter Brutto-Grundfläche und geben die Bundesmittelwerte für die Normalherstellungskosten (inkl. 16 % MwSt.) entsprechend der Kostengruppen 300 und 400 der DIN 276 für Gebäude nach dem Preisstand von 2000 ohne Baunebenkosten wieder. Damit kann der aktuelle Neubauwert bereits bestehender Gebäude ermittelt werden. Sie sind somit für die Immobilienbewertung von hohem Interesse. Für Maßnahmen im Bestand können sie herangezogen werden, um den Wert der bestehenden Gebäudesubstanz zu ermitteln. Normalherstellungskosten liegen für den Wohnungsbau für verschiedene Gebäudejahresklassen und Ausstattungsstandards vor. Außerdem wird der Gebäudetyp (Einfamilienhaus, Reihenhaus, Mehrfamilienhaus) und die Lage auf dem Grundstück (frei stehend, Kopf- oder Mittelhaus) berücksichtigt. Mit Korrekturfaktoren werden regionale und ortspezifische Unterschiede sowie Grundrissart (Ein-, Zwei-, Drei-, Vierspänner) und Wohnungsgrößen erfasst.

2.4.2   Ökologische Planungshilfen

Die existierenden ökologischen Planungshilfen beschränken sich auf einzelne Bereiche der ökologischen Bewertung, z. B. energetische Modernisierung oder die Bewertung von Baustoffen oder Bauteilen. Im Folgenden werden einige Systeme vorgestellt, gegliedert nach Leitfäden und Checklisten, Energiedatenbanken, Hilfen zur Baustoffauswahl und Bauteilbewertung. Daneben gibt es umfassendere Bewertungen, die meist in einem Zertifikat oder Gütesiegel münden. Sie werden in Kapitel 2.4.3 vorgestellt.

2.4.2.1   Leitfäden und Checklisten

Für nachhaltiges Bauen und Erneuern gibt es verschiedene Leitfäden und Checklisten, von denen einige beispielhaft vorgestellt werden.

2.4.2.1.1   Leitfaden Nachhaltiges Bauen

Der „Leitfaden Nachhaltiges Bauen" (BMVBW, 2001) wurde Anfang 2001 vom Bundesministerium für Verkehr, Bau- und Wohnungswesen (BMVBW) veröffentlicht. Er dient als Arbeitshilfe für die Planung, das Bauen, die Bauunterhaltung, den Betrieb und die Nutzung von Liegenschaften oder Gebäuden und ist für Bundesbauten - in der Regel Verwaltungsgebäude - verbindlich. Der Leitfaden bietet Planungsgrundsätze und Informationen zur ökologischen

Bewertung des Bauens, Betreibens, Nutzens und Rückbauens, zur Wirtschaftlichkeit, Gesundheit, Behaglichkeit und zu soziokulturellen Aspekten.

2.4.2.1.2   Leitfaden zur ökologischen Altbausanierung

Der „Leitfaden zur ökologischen Altbausanierung" (Veit u. a., 2001) gibt Hinweise zu ökologisch relevanten Fragen im Planungsablauf von baulichen Maßnahmen im Bestand. Er richtet sich an Planer und gilt für alle Gebäude, jedoch mit dem Schwerpunkt auf Wohngebäuden. Vorhandenes Fachwissen wird in Form von Checklisten miteinander verknüpft.

Der Leitfaden ist in drei Bereiche gegliedert. Zunächst gibt ein chronologischer Ablauf des Planens und Bauens eine Übersicht. Dazu werden die wesentlichen Handlungsschritte bei der Altbausanierung unter ökologischen Gesichtspunkten dargestellt und parallel wichtige Maßnahmen genannt. Im zweiten Bereich werden die folgenden ökologischen Sachgebiete betrachtet:

- Baustoffe und Konstruktion,

- Energie,

- Wasser,

- Abfall und Recycling,

- Wohnumfeld.

Für jedes Gebiet werden Checkpunkte zu den Arbeitsphasen „Voruntersuchung", „Konzeption" und „Ausführungsplanung" sowie „Ausführung" genannt. Ergänzt werden diese durch Detailhinweise, Rechtsvorschriften, technische Regelwerke und Literaturhinweise.

Im dritten Bereich wird die Nutzungsphase betrachtet. Die Gebiete „Instandhaltung", „Nutzungsverhalten im Alltag" sowie „Reinigung und Pflege" werden ebenfalls durch Check-punkte und darüber hinausgehende Detailhinweise, Rechtsvorschriften, Regelwerke und Kontaktadressen dargestellt.

2.4.2.1.3   Energiegerechtes Bauen und Modernisieren

Der Leitfaden „Energiegerechtes Bauen und Modernisieren" (Bundesarchitektenkammer, 1996) wird von der Bundesarchitektenkammer herausgegeben. Er will Architekten, Bauherren und Bewohnern eine umfassende Einführung in die Grundlagen des Energiehaushalts, der Energieeinsparung und der optimierten Energienutzung beim Bauen und Modernisieren geben. Zunächst liefert ein Grundlagenteil Informationen zu Außen- und Innenklima, Standortfaktoren, Energiehaushalt in Gebäuden, Integrierte Planung, passive Solarenergienutzung, Lüftung, Gebäudetechnik, Wand- und Dachkonstruktionen, Fenstern, Wärmedämmung und Baustoffe sowie die energetische und wirtschaftliche Bewertung. Im zweiten Teil werden typische Baualtersstufen und ihre energierelevanten Eigenschaften, bauliche Maßnahmen zur wärmetechnischen Modernisierung, haustechnische Maßnahmen und ein Beispiel für einen Kostenvergleich dargestellt.

2.4.2.1.4 Ratgeber „Altbauten sanieren – energie- und kostenbewusst"

Der Ratgeber „Altbauten sanieren - energie- und kostenbewusst" der Stadt Dresden (Landeshauptstadt Dresden, 1999) richtet sich vorrangig an Hauseigentümer, insbesondere an Einzelhauseigentümer größerer Mehrfamilienhäuser, die im Gegensatz zu Bauträgern oder großen Wohnungsgesellschaften und -genossenschaften oft keine Erfahrungen in der Erneuerungspraxis haben. Er ist wesentlicher Bestandteil eines Beratungs- und Förderprogramms zur energetischen Gebäudemodernisierung der Stadt Dresden in Zusammenarbeit mit der DREWAG Stadtwerke Dresden GmbH. Das Programm ist vor allem mit der Umstellung verbliebener kohlebeheizter Wohnungen verknüpft. Der Ratgeber wurde im Auftrag des Amtes für Umweltschutz vom Institut für ökologische Raumentwicklung Dresden e. V. erarbeitet. Er informiert über baukonstruktive und haustechnische Aspekte von Erneuerungsmaßnahmen. Außerdem liefert er Informationen über Fördermöglichkeiten (in erster Linie für Objekte in Dresden) und verschiedene Beispiele für bauliche Maßnahmen im Bestand.

2.4.2.2 Energiedatenbanken

Es gibt eine Reihe von Programmen, die Energiekennwerte für Gebäude ermitteln. Im Folgenden werden einige Datenbanken und Programme vorgestellt, die insbesondere auch bei Erneuerungsmaßnahmen angewandt werden können.

2.4.2.2.1 EasySanFin

Das Programm EasySanFin wurde von der Firma IngSoft GmbH – Ingenieurbüro & Software-Entwicklung für die Investitionsbank Schleswig-Holstein im Rahmen des Impulsprogramms Schleswig-Holstein entwickelt. Es bezieht sich auf die Gebäudetypologie Schleswig-Holsteins, wird aber für den gesamtdeutschen Markt erweitert. Zielgruppe sind Eigentümer, Planer und Kreditinstitute. Das Programm ermittelt sowohl die erzielbaren Energieeinsparungen durch Wärmedämmung als auch die Wirtschaftlichkeit von baulichen Maßnahmen im Bestand.

Der Wärmebedarf wird gemäß Energieeinsparverordnung (EnEV) berechnet. Energiebedarfsausweise können ebenfalls erstellt werden. Es werden der Wärme-, End- und Primärenergiebedarf für Heizung und Warmwasser, die Energie- und CO_2-Einsparung ermittelt. Die Ergebnisse werden in einem Kurzrechenblatt, einem Wärmepass und als Wärmebilanzgrafik dargestellt.

Mit einer Cash-flow-Analyse und der Berechnung des internen Zinsfußes wird das Projekt ökonomisch bewertet. Es wird unterschieden nach Modernisierungs- und Instandhaltungskosten, nach steuerlichem Sofortaufwand und Veränderung des jährlichen Instandhaltungsaufwands. Darüber hinaus werden alle Finanzierungsmittel und -optionen dargestellt und Finanzierungs- und Tilgungspläne für unterschiedliche Finanzierungsformen erstellt. Als Einnahmen können beliebig viele Vermietungen eingegeben werden. Die anfängliche Mieterhöhung wird aufgrund von Modernisierungskosten, Energieersparnis und durchsetzbarer Mieterhöhung ermittelt. Es bestehen periodische Erhöhungsmöglichkeiten, und erhöhte Finanzierungskosten können umgelegt werden.

Die Berechnungen können sowohl für den Mietwohnungsbestand als auch für Maßnahmen an Eigenheimen durchgeführt werden.

Weitere Informationen finden sich unter www.easysanfin.de.

2.4.2.2.2 Öko-RESA

Der Ratgeber für die energetische Modernisierung von Gebäuden unter Einbeziehung ökologischer Kennzahlen (Öko-RESA) wurde vom Fachgebiet Bauphysik und Solarenergie der Universität Gesamthochschule Siegen mit Unterstützung der AG Solar entwickelt. Das Programm gibt eine Übersicht über die Vielzahl der möglichen Maßnahmen im Bestand, die hierdurch entstehenden Kosten, die zu erwartenden Heizenergie-Einsparungen sowie die damit verbundenen Umweltbe- und -entlastungen. Angesprochen werden Vertreter der Baubranche (z. B. kleine und mittelständische Unternehmen) sowie Bauherren auch ohne vertiefte Kenntnisse bzw. Erfahrung in der Bauphysik.

Die Öko-RESA-Software erstellt für das zu untersuchende Gebäude eine detaillierte Energiebilanz entsprechend der EnEV. Darüber hinaus werden die Wärmeströme durch die einzelnen Elemente der Gebäudehülle (Wände, Fenster, Dachflächen etc.) ermittelt und dargestellt, so dass energetische Schwachstellen des Gebäudes lokalisiert werden können. Aus Sanierungs-datenbanken können nun gezielt entsprechende Maßnahmen ausgewählt und auf ihre Kosten und den energetischen Nutzen hin untersucht und verglichen werden. Zusätzlich werden die Umweltbelastungen, die bei der Herstellung der verschiedenen Dämmmaterialien oder Anlagentechniken entstehen, durch die Größen des kumulierten Energieaufwandes (KEA) und der dabei entstehenden CO_2-Freisetzung quantifiziert.

Möglich ist auch eine automatische Suche nach den besten Erneuerungsvarianten für ein bestimmtes Optimierungskriterium (z. B. möglichst hohe Energieeinsparung bei gegebenem Sanierungskostenlimit). Grundlage für die Berechnungen sind umfangreiche, vom Benutzer erweiterbare Datenbanken mit aktuellen Preisen und wärmetechnischen Materialdaten der Baustoffe. Die Ergebnisse werden grafisch und tabellarisch ausgegeben, was einen direkten Vergleich einzelner Maßnahmen ermöglicht.

Weitere Informationen finden sich unter http://nesa1.uni-siegen.de.

2.4.2.2.3 GEMIS

Das Computerprogramm GEMIS (Gesamt Emissions Modell Integrierter Systeme) ist ein Instrument, um Umwelteffekte der Energiebereitstellung und -nutzung verschiedener Produkte zu vergleichen. Es wurde vom Öko-Institut und der Gesamthochschule Kassel entwickelt. Das Programm ist als Software kostenlos erhältlich. Für alle Prozesse und Szenarien werden sogenannte Lebenszyklen berechnet, d. h. es werden alle wesentlichen Schritte von der Primärenergie- bzw. Rohstoffgewinnung bis zur Nutzenergie bzw. Stoffbereitstellung berücksichtigt. Hilfsenergie- und Materialaufwand zur Herstellung von Energieanlagen und Transportsystemen fließen ebenfalls mit ein. Die GEMIS-Datenbasis liefert Informationen über die Bereitstellung von Energieträgern, Wärme und Strom, Stoffen und über Transportprozesse. Für alle Prozesse werden außerdem Kenndaten zu Nutzungsgrad, Leistung, jährlicher Auslastung und Lebensdauer sowie Luftschadstoff- und Treibhausgasemissionen, feste und flüssige Reststoffe sowie der Flächenbedarf angegeben.

In einer Umweltanalyse werden die Ressourcen zum KEA[4] und KSA[5] aggregiert, die klimarelevanten Schadstoffe zu CO_2-Äquivalenten[6], die Luftschadstoffe zu SO_2-Äquivalenten[7] (Versauerung) und Ozon-Vorläufer-Äquivalenten[8] (Sommersmog). Außerdem können anhand von Kenndaten der Brenn- und Treibstoffe sowie Energie- und Transportprozessen, die in der Datenbasis enthalten sind, Kosten analysiert werden. Neben betriebswirtschaftlichen Kosten werden auch externe Umweltkosten berücksichtigt, so dass die volkswirtschaftlichen Gesamtkosten ermittelt werden können. Anhand dieser aggregierten Werte kann eine Bewertung vorgenommen werden.

Weitere Informationen sowie die Programmsoftware finden sich unter www.oeko.de/service/gemis/de/index.htm.

2.4.2.2.4   ECOTECH

Die Firma ECOTECH bietet in Deutschland und Österreich verschiedene Softwareprodukte für Bauphysik und Energietechnik an. Im Folgenden wird der ECOTECH Gebäudeoptimierer für Deutschland vorgestellt, der sowohl für Projekte im Neubau als auch im Bestandsbau geeignet ist. Mit diesem Programm kann die Energiekennzahl eines Gebäudes nach der neuen Energieeinsparverordnung (EnEV) berechnet werden. Außerdem wird die Energiebilanz nach DIN EN 832 aufgestellt und daraus der Heizwärmebedarf jährlich und monatlich, detaillierte solare und interne Gewinne und Transmissionsverluste ermittelt. Unbeheizte Pufferzonen werden berücksichtigt und die zu erwartenden CO_2-Emissionen ausgewiesen. Durch die Berechnung der Heizlast gemäß DIN 4701 können die Heizflächen richtig dimensioniert werden. Außerdem werden die Nachweise der Sommertauglichkeit unter Einbeziehung der speicherwirksamen Massen nach DIN 4108-20 und des Schallschutzes nach DIN 4109 geführt. Darüber hinaus bietet das Programm Bauteilbeschreibungen auf Grundlage einer Baustoffdatenbank mit physikalischen Eigenschaften, Zusatzinformationen, Abbildungen, Verarbeitungshinweisen und Links zum Hersteller. Die Gebäudegeometrie kann für einzelne Räume, Gebäudeteile oder die Summe aller Räume erfasst und dargestellt werden. Durch einfache Veränderungen der Bauteile oder der Gebäudegeometrie können verschiedene Varianten verglichen werden.

Weiter Informationen finden sich unter www.ecotech.cc.

---

[4] Der Kumulierte Energie-Aufwand (KEA) ist der gesamte Aufwand an Energieressourcen (Primärenergien) zur Bereitstellung eines Produkts oder einer Dienstleistung und wird unterteilt in den Anteil erneuerbarer, nichterneuerbarer und "rezyklierter" Primärenergien.

[5] KSA ist der Kumulierte Stoff-Aufwand, eine Maßzahl für den gesamten Aufwand an stofflichen Ressourcen (Rohstoffe) zur Bereitstellung eines Produkts oder einer Dienstleistung. In GEMIS ist der KSA die stoffbezogene komplementäre Größe zum KEA.

[6] CO_2-Äquivalente sind das Ergebnis der Aggregation von Treibhausgasen (THG) nach ihrem Treibhauspotenzial (THP) und stellen einen Indikator für das Umweltproblemfeld "Klima" dar.

[7] SO_2-Äquivalent ist der quantitative Ausdruck des Versauerungspotenzials, bezogen auf das "Leit"-Gas SO_2. In die SO_2-Äquivalente gehen neben SO_2 auch die Luftschadstoffe NO_x, HCl, HF, NH_3 und H_2S ein.

[8] Ozon-Vorläufer-Äquivalente sind der quantitative Ausdruck des Ozonbildungspotenzials und werden aus der relativen Ozonbildungsrate der Luftschadstoffe CO, NMVOC und NOx sowie des Treibhausgases CH_4 gebildet. Je größer die Menge an Ozon-Vorläufer-Äquivalenten, umso höher ist die Gefahr von Sommersmog.

2.4.2.3 Hilfen zur Baustoffauswahl

Es gibt eine ganze Reihe von Nachschlagewerken bzw. Datenbanken für die ökologische Bewertung von Baustoffen. Einige werden beispielhaft vorgestellt.

2.4.2.3.1 ECOBIS – Das ökologische Baustoffinformationssystem

ECOBIS steht für „ökologisches Baustoffinformationssystem" und enthält umwelt- und gesundheitsrelevante Informationen zu Bauproduktgruppen in den 5 Lebensphasen „Rohstoffgewinnung", „Herstellung", „Verarbeitung", „Nutzung" und „Nachnutzung". Es wurde vom Bundesministerium für Verkehr, Bau- und Wohnungswesen und der Bayerischen Architektenkammer mit Unterstützung des Bayerischen Staatsministeriums für Landesentwicklung und Umweltfragen entwickelt. Es werden keine spezifischen Produkte einzelner Hersteller, sondern Informationen auf Produktebenengruppen gegeben. Die Informationen basieren in erster Linie auf der Auswertung von Fachliteratur sowie Angaben von Herstellern, Herstellerverbänden, wissenschaftlichen Instituten und Behörden. Erschienen ist ECOBIS 2000 als CD-ROM-Version, auf der zusätzlich das Gefahrstoffinformationssystem der Bauberufsgenossenschaften (GISBAU) WINGIS 2.0, das über Gesundheitsauswirkungen und rechtliche Anforderungen bei der Verarbeitung von Bauprodukten und -gruppen informiert, zu finden ist. Weitere Informationen finden sich unter www.byak.de.

2.4.2.3.2 BIO-BAU Datenbank

BIO-BAU ist ein Datenbankprogramm der Gesellschaft für sozialverträgliche Innovation und Technologie (XIT) in Ottobrunn. Es enthält Informationen über baubiologisch-ökologisch unbedenklich eingestufte Materialien, die im Bau- und Einrichtungswesen Anwendung finden. Ein Produkt wird beschrieben durch Informationen, Verwendungshinweise, Inhaltsanalysen und bauphysikalische Daten. Weitere Informationen finden sich auf der Homepage von Baubiologie Tappeser, Weinheim unter www.tappeser.de/liste.htm.

2.4.2.3.3 Deklarationsraster

SIA-Deklarationsraster

Das SIA-Deklarationsraster erfasst für vierzehn Baustoffgruppen die wichtigen, objektiv beschreibbaren ökologischen und toxikologischen Merkmale. Neben der Deklaration (SIA Dokumentation 493, 1997) gibt es Informationen zur Bedeutung der einzelnen Merkmale und Hinweise für die Interpretation (SIA Dokumentation D 093, 1993). Die in der Datenbank enthaltenen Produktdeklarationen werden durch die Hersteller selbst eingegeben. Herausgeber ist der Schweizerischer Ingenieur- und Architektenverein (SIA). Weitere Informationen finden sich unter www.sia.ch.

Deklarationsraster des Öko-Zentrums NRW

Das Deklarationsraster des Öko-Zentrums NRW (Öko-Zentrum NRW, 1999) wurde in Anlehnung an das Deklarationsraster des Schweizer Ingenieur- und Architektenvereins (SIA) vom Katalyse-Institut im Auftrag des Öko-Zentrums erstellt. Es soll Architekten und Planern Informationen über Umweltauswirkungen bei Produktion, Verarbeitung und Entsorgung und damit Hilfestellung bei der Produktauswahl geben.

Die Daten werden von Produktherstellern ausgefüllt und sollen zum Aufbau eines gemeinsamen Datenpools von Industrie, Architekten, Beratungsstellen und Gewerkschaften dienen. Weitere Informationen bieten www.oekozentrum-nrw.de und (Katalyse e. V., 1993).

2.4.2.3.4   AKÖH Positivliste Baustoffe

Die AKÖH Positivliste Baustoffe (Adriaans u. a., 1998) ist ein Ratgeber zur Baustoffauswahl, vor allem im Holzhausbau. Herausgeber ist der Arbeitskreis Ökologischer Holzbau e. V. Es werden verschiedene Materialien über den kompletten Lebenszyklus (Rohstoffgewinnung, Herstellung, Verarbeitung, Nutzung, Verwendung und Verwertung) betrachtet. Sie werden in Tabellenform in 3 Stufen von „bedingt empfehlenswert" über „empfehlenswert" bis zu „sehr empfehlenswert" bewertet. Außerdem werden Vorbemerkungen gemacht. Die Einstufung eines Materials wird nicht begründet. Weitere Informationen finden sich unter www.akoeh.de.

2.4.2.4   Bauteilbewertung

Verschiedene Bewertungssysteme bewerten neben Baustoffen auch Bauteile in ökologischer Hinsicht. Im Folgenden werden das MIPS-Konzept, das TWIN-Modell, die BauBioDataBank und der Ökologische Bauteilkatalog vorgestellt.

2.4.2.4.1   MIPS

Das MIPS-Konzept wurde von der Abteilung „Stoffströme und Strukturwandel" am Wuppertal Institut für Klima, Umwelt, Energie GmbH entwickelt. MIPS steht für „Materialintensität pro Serviceeinheit" und ist ein universelles Maß, um die Umweltbelastungen von Planungen, Infrastrukturen, Produkten und Dienstleistungen abzuschätzen und zu messen. Damit werden die lebenszyklusweiten Umweltwirkungen eines Produktes oder einer Dienstleistung erfasst.

Die Umweltpotenziale werden über den systemweiten Ressourcenverbrauch in Form von Materialintensitäten abgeschätzt. Dafür werden alle der Natur primär entnommenen bzw. in ihr bewegten Materialien, die systemweit, d. h. zur Produktion, zum Gebrauch, zum Rezyklieren und zur Entsorgung erforderlich sind, betrachtet. Die ermittelten Materialinputs werden in fünf Input-Kategorien eingeteilt:

- Abiotische (nicht-erneuerbare) Rohmaterialien, z. B. Erze, Sand, Energieträger, Abraum, Bodenaushub;

- Biotische (erneuerbare) Rohmaterialien, z. B. Holz und pflanzliche Biomasse;

- Bodenbewegungen aus Land- und Forstwirtschaft, z. B. gepflügtes Ackerland;

- Wasser, z. B. abgepumptes Grundwasser oder zur Bewässerung verwendetes Wasser;

- Luft (umgesetzte Luft), z. B. der Sauerstoffbedarf eines Verbrennungsmotors.

Diese Kategorien werden untereinander nicht verrechnet, so dass man fünf Kennzahlen in der Einheit kg oder t erhält. Um den Energieverbrauch zu berücksichtigen, werden die Materialinputs ausgewiesen, die zur Bereitstellung der eingesetzten Menge elektrischer Energie bzw. Wärme benötigt werden. Bei der Ermittlung des Materialinputs wird nicht nur die Eigenmasse des Produktes, sondern auch der „ökologische Rucksack" berücksichtigt. Der „ökologische Rucksack" gibt an, wie viel Material während des gesamten Lebenszyklus' bewegt oder verbraucht wurde, ohne selbst Bestandteil des Produktes zu sein. Er entspricht damit der Gesamtmenge an Abfall, Abraum und Emissionen, die das Produkt während seines Lebenszyklus' verursacht hat.

Um verschiedene Produkte und Dienstleistungen miteinander vergleichen zu können, wird die Materialintensität auf eine Serviceeinheit bezogen. Die Serviceeinheit beschreibt die Nutzung, die von den jeweiligen Produkten abgerufen werden kann, um menschliche Bedürfnisse zu befriedigen. Beim Bauen bietet sich hierfür ein Quadratmeter Bauteil oder ein Quadratmeter (beheizte) Wohnfläche an.

Weitere Informationen zum MIPS-Konzept finden sich unter www.mips-online.info und in (Ritthof u. a., 2002).

2.4.2.4.2 TWIN-Modell

Das TWIN-Modell wurde vom niederländischen Institut für Baubiologie und Ökologie entwickelt. Es setzt sich aus zwei Matrizen zusammen, eine für Umwelt- und eine für Gesundheitsaspekte. Darin können Bauprodukte sowohl mit quantitativen Daten, wie Energieverbrauch und Emissionen, als auch mit qualitativen Daten, wie Beeinträchtigung der Landschaft und Gesundheit, beurteilt werden. Diesen beiden „Zwillingen" verdankt das Modell seinen Namen.

Das TWIN-Modell basiert auf der vom Umweltkundezentrum der Reichsuniversität Leiden entwickelten Methode „Umweltgerichtete Lebenszyklusanalysen von Produkten". Bei dieser Methode werden Umwelteinflüsse eines Produktes von der Rohstoffgewinnung bis hin zur Abfallverarbeitung berücksichtigt. Bei der Beurteilung mit dem TWIN-Modell werden zunächst die Umwelt- und Gesundheitskriterien in Subkategorien unterteilt. Für jedes Subkriterium wird eine Leistungsbeschreibung auf unterschiedlichen Ebenen erstellt. Jeder Leistungsbeschreibung werden sogenannte Umweltbelastungspunkte zugeordnet. Über eine Normalisierung werden dann die Umweltbelastungspunkte der einzelnen Subkriterien pro Umwelt- oder Gesundheitskriterium zusammengefasst, so dass man eine Zahl pro Kriterium erhält. Da die unterschiedlichen Kriterien unterschiedliche Gewichtungen haben, werden Abwägefaktoren eingefügt, um als Endresultat eine vergleichbare Einheit je Baumaterial, Bauprodukt oder Bauteil zu erhalten.

Es ist möglich, den ermittelten Umweltindex als ultimatives Ergebnis der Umweltauswirkungen in Geld umzusetzen. Dabei werden aber lediglich die Kosten erfasst, die erforderlich sind, um den gesamten Umweltschaden, der durch den Bau oder die Nutzung eines Gebäudes verursacht, wird, zu vermeiden oder wieder rückgängig zu machen. Die eigentlichen Bau- und Nutzungskosten werden nicht berücksichtigt. In den Niederlanden wird das TWIN-Modell als Zulassungstest für das Handbuch nachhaltige Bauprodukte (Handboek duurzame bouwproducten), einem Katalog umweltbewusster Produkte, angewendet. Außerdem dient es als Zulassungstest für die VIBA-Ausstellung in 's Hertogenbosch, einer ständigen Ausstellung umweltbewusster Produkte.

Die Homepage www.nibe.org bietet weitere Informationen.

2.4.2.4.3 BauBioDataBank

Die Genossenschaft Information Baubiologie GIBB mit Sitz in der Schweiz hat die BauBioDataBank aufgebaut, die als EDV-Version im Rahmen des „ECOHB-Global Netzwerk", einer internationalen Vereinigung verschiedener baubiologisch orientierter Institute, vertrieben wird. Neben einem administrativen Bereich, in dem Adressen, Stichworte und Dokumente verwaltet werden, gibt es einen konstruktiven Bereich mit der eigentlichen Bewertung von Gebäuden, Konstruktionen, Bau- und Rohstoffen.

Die ökologische Bewertung umfasst die Bereiche „BauEcoIndex", „BauEcoProfil", „U-Wert" und „Kosten". Im BauEcoIndex wird quantitativ und wissenschaftlich, im BauEcoProfil qualitativ und eher baupraktisch ausgerichtet bewertet. Aus beiden Komponenten wird eine Gesamtbeurteilung abgeleitet. Die ökologische Bewertung umfasst alle Lebensphasen des Gebäudes und der Baukonstruktionen, wobei die Herstellung der Baustoffe im BauEcoIndex quantifiziert wird. Die übrigen Lebensphasen werden im BauEcoProfil qualitativ berücksichtigt.

Ziel des BauEcoIndex ist die Beurteilung von 1 m² Baukonstruktion bei vergleichbaren Leistungen bezüglich Wärme und Schall, bezogen auf einen bestimmten Nutzungszeitraum. Um das zu erreichen, werden Emissionen, die bei der Herstellung durch den Einsatz von Rohstoffen, Primärenergie, Transporten und technischen Hilfsmitteln anfallen, und die Inhaltsstoffe der Baumaterialien aus möglichst verschiedenen Quellen zusammengetragen und durch Nachforschungen bei Herstellern ergänzt. Dann werden die jeweils entstehenden Emissionen addiert und auf 1 m² Baukonstruktion und die Nutzungszeit bezogen. Daraus ermittelt der Index vier Werte zu Versauerung, Treibhauseffekt, erneuerbare Primärenergie und nicht erneuerbare Primärenergie.

Das BauEcoProfil umfasst dagegen die mehr qualitativen Gesichtspunkte, da nicht über alle Umweltwirkungen und Lebensphasen quantitative Daten vorliegen. Die Profilkriterien wurden in Anlehnung an das SIA-Deklarationsraster (vgl. Kapitel 2.4.2.3.3) festgelegt. Sie umfassen die Verarbeitung, Nutzung und Entsorgung. Aus den Index-Daten und den Profil-Informationen entsteht eine Gesamtbeurteilung. Verglichen werden nur Baukonstruktionen der gleichen Kategorie (z. B. Außenwände) bei vergleichbaren Leistungen (Wärme- und Schallschutz).

Weitere Informationen finden sich unter www.gibbeco.org.

2.4.2.4.4 Ökologischer Bauteilkatalog

Der Ökologische Bauteilkatalog (IBO, 1999) des Österreichischen Instituts für Baubiologie und -ökologie (IBO) und des Zentrums für Bauen und Umwelt der Donau-Universität Krems ist eine Sammlung von Hochbaukonstruktionen, die ökologisch bewertet werden.

Es werden Fundamente und erdberührte Fußböden, Kelleraußenwände, Außenwände, Decken, Dächer, Fänge, Öffnungen (Fenster) und Treppen vorgestellt. Zu jedem Bauteil wird ein ökologisches Datenprofil mit den Kennwerten „nicht erneuerbarer Primärenergieinhalt", „Treibhauspotenzial" und „Versauerung" erstellt. Der Bauteilkatalog liefert außerdem eine deskriptive Bewertung für jedes Bauteil. Diese umfasst ein bautechnisches, ein ökologisches und ein baubiologisches Profil, wobei der gesamte Lebenszyklus (Herstellung, Nutzung und Entsorgung) der Bauteile berücksichtigt wird. Es wird eine Übersicht über ökologische und baubiologische Charakteristiken zusammengestellt, die durch bautechnische Kennwerte und Vergleichsmerkmale ergänzt wird. Allerdings werden die bewerteten Bauteile nicht untereinander verglichen. Der einheitliche Bewertungsaufbau ermöglicht jedoch trotzdem einen Vergleich.

2.4.3   Gebäudebeurteilung

Bei baulichen Maßnahmen im Bestand ist eine Gebäudebeurteilung zu zwei verschiedenen Zeitpunkten sinnvoll. Vor der eigentlichen Erneuerungsplanung ist zunächst eine Bestandsaufnahme vorzunehmen. Daneben ist es möglich, das Gebäude nach Abschluss der Maßnahmen zu beurteilen und ggf. zu zertifizieren bzw. mit einem Gütesiegel zu versehen.

2.4.3.1   Bestandsbeurteilung

Für die Bestandsaufnahme des zu erneuernden Gebäudes werden einige Hilfsmittel vorgestellt.

2.4.3.1.1   EPIQR

EPIQR ist ein Softwareprogramm zur Ermittlung des baulichen Zustands von Wohnbauten und deren Kosten für die Instandsetzung. Es wurde von mehreren europäischen Forschungseinrichtungen, u. a. dem Fraunhofer-Institut für Bauphysik (IBP), entwickelt. Drei Bereiche werden bewertet:

- Grobdiagnose des Gebäudezustandes und der zu ergreifenden Erneuerungsmaßnahmen,
- Energieanalyse: Ermittlung des Heizenergieverbrauchs nach der europäischen Norm EN 832 (Basis der EnEV),
- Bewertung der Wohnraumqualität.

Zunächst werden die Gebäudekennwerte in das Programm eingegeben. Danach werden in einer Begehung die 50 kostenintensivsten Elemente nach dem vorgefundenen Zustand in eine der vier Kategorien eingeteilt:

a)   „in Ordnung",

b)   „leichte Mängel",

c)   „größere Mängel",

d)   „Sanierung erforderlich".

Für jede der vier Kategorien werden gleichzeitig Textbausteine geliefert, die eine Einteilung erleichtern und automatisch in den Berichtsteil übernommen werden. Im Anschluss an die Zustandsbewertung liegt eine grafische Auswertung sowie eine erste grobe Kostenübersicht vor. Darüber hinaus ist eine detailliertere Kostenanalyse möglich. Dafür können auch verschiedene Szenarien für Erneuerungsmaßnahmen generiert werden. Nach Eingabe der relevanten Werte wird der Heizenergiebedarf ermittelt. Wärmeschutztechnische Erneuerungsmaßnahmen werden sowohl energetisch als auch monetär bewertet. Außerdem werden Verbesserungspotenziale gezeigt.

Die Wohnraumqualität wird mit einem Fragebogen bewertet, der ca. zwei Wochen vor der Begehung an die Mieter verteilt werden kann. Nach Eingabe der Ergebnisse werden die Daten automatisch in die Zustandsbewertung und das Berichtswesen übernommen. Es ist ebenfalls möglich, die Kosten für Verbesserungsmaßnahmen der Wohnraumqualität abzuschätzen. Aus den eingegebenen bzw. ausgewählten Zustandsbewertungen und den Fragebögen wird automatisch ein Bericht erstellt. Es stehen verschiedene Berichtsformate zur Verfügung, der Umfang der Berichte liegt zwischen einer und 30 Seiten.

Weitere Informationen finden sich unter www.epiqr.de.

2.4.3.1.2   Checkliste Altbau

Das Architekturbüro Reinhard Müller GmbH, ein Tochterunternehmen der Wert-Konzept-Berlin KG, hat in Abstimmung mit dem TÜV Süddeutschland Bau und Betrieb GmbH (München) und Heinz Gerlach – Direkter Anlegerschutz (Oberursel) eine „Checkliste Altbau" entwickelt. Sie soll eine eindeutige Auskunft über die Bauqualität einer Immobilie geben.

Folgende Bereiche werden aufgelistet:

- Gesamtmietflächen,
- vorliegende Gutachten,
- Kurzbeschreibung vorgenommener Modernisierungsmaßnahmen,
- Haustechnische Anlagen,
- Bauwerk,
- Außenanlagen,
- Bauüberwachung,
- Genehmigungsstand/sonstige Angaben,
- Angaben zum Generalübernehmervertrag/Bauvertrag,
- Ausführungsvorschriften.

Zusätzlich zur Bewertung sind einzelne Merkmale gewichtet worden, so dass erkennbar ist, ob es sich um ein besonders gutes oder ein besonders bedenklichen Merkmal handelt.

Die „Checkliste Altbau" findet sich unter www.tuev-sued.de.

2.4.3.1.3   Checkliste zur Beurteilung von Gebäuden

Im Ratgeber 2 „Beurteilen von Schwachstellen im Hausbestand" des Ministeriums für Bauen und Wohnen des Landes NRW (MBW) (LB NRW, 1995) wird eine Checkliste vorgestellt, die die wesentlichen zu untersuchenden Gebäudebereiche und Beurteilungskriterien enthält. Folgende Konstruktionen werden beschrieben und bewertet:

- Außenwände, Fassaden,
- Außenfenster,
- Außentüren, Hauseingänge,
- Dachhaut, Dachaufbauten,
- Dachstuhl, Dachraum,
- Geschosstreppen, Treppenhaus,
- Geschossdecken, Fußböden,
- Innenwände, Innentüren,
- Keller, Hausanschlüsse,

- Haustechnische Installationen,

- Außenanlagen, Gebäudeumfeld.

Bewertet wird in drei Bereichen:

- Zustandsbewertung,

- Ausmaß einer möglichen Schädigung,

- Dringlichkeit von Instandsetzungsmaßnahmen.

Durch die Bewertung lässt sich ablesen, in welchen Bereichen besonderer Handlungsbedarf besteht. An der Beurteilung des Schadensausmaßes lässt sich ablesen, wie umfangreich die notwendigen Maßnahmen und wie hoch die zu erwartenden Baukosten sind.

2.4.3.2   Beurteilung des erneuerten Objektes

In den letzten Jahren wurden im Baubereich Gebäudepässe, Umweltpässe und Zertifizierungen entwickelt, um die Transparenz zu erhöhen. Ziel ist die Darstellung des Gebäudestandards. In einer Urkunde werden die Eigenschaften einer Immobilie nach einem standardisierten Raster erfasst. Unterschieden wird zwischen rein deskriptiven Gebäudepässen und Gebäudezertifikaten, die auf Grund einer Bewertung verliehen werden. Diese Pässe sind sowohl für den Neubau als auch für bestehende Gebäude möglich. Im Folgenden werden beispielhaft drei Zertifikate für bestehende Gebäude vorgestellt. Weitere Informationen über Gebäudepässe und -zertifikate finden sich in (Getto, 2002, S. 28ff).

2.4.3.2.1   ImmoPass

Der ImmoPass wurde auf Initiative der Bayrischen Hypo- und Vereinsbank AG mit dem Beratungsunternehmen Intep und der DEKRA Gruppe entwickelt. Er wird von DEKRA vergeben. Es handelt sich um ein Qualitätszertifikat, mit dem dem Immobiliennutzer die gewünschten Qualitätseigenschaften bescheinigt werden. In der Planungs- und Bauphase werden sowohl quantitativ ermittelte Gebrauchswerte als auch qualitativ erfassbare Gestaltungswerte ermittelt. In den sechs Themenfeldern

- Gebäude,

- Freiraum,

- Gesundes Wohnen,

- Umwelt,

- Haustechnik und

- Bauausführung

werden rund 100 Kriterien bewertet. Es können sowohl Neubauten als auch bauliche Maßnahmen im Bestand beurteilt werden. Bei Maßnahmen im Bestand werden allerdings einige Kriterien, die durch die vorhandene Bausubstanz bereits festgelegt sind, nicht angewendet. Die Bewertung orientiert sich an den Bauphasen „Zustandserfassung", „Sanierungsplanung mit Bestandsaufnahme", „Vorbereiten der Bauausführung" und „Bauausführung" (Bild 23).

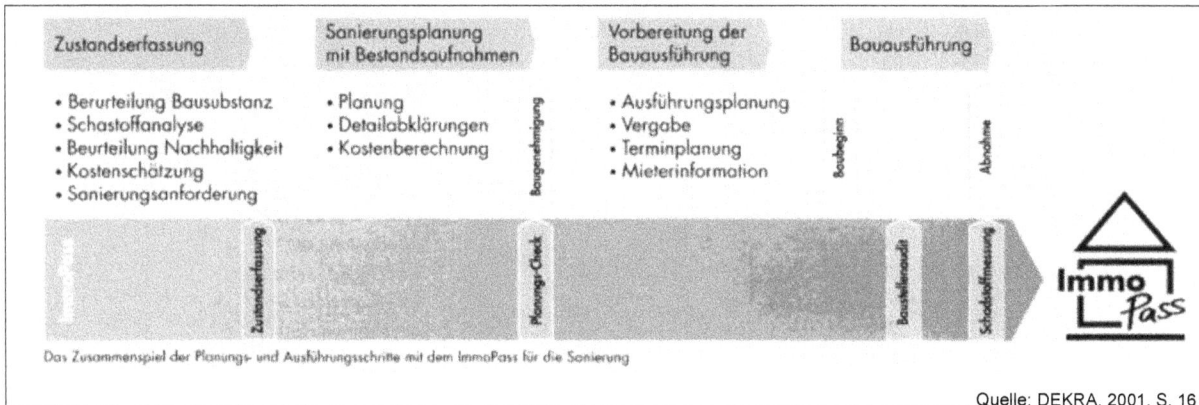

Quelle: DEKRA, 2001, S. 16

Bild 23: Typischer Erneuerungsablauf und die jeweiligen Schritte des ImmoPass

Die Ergebnisse des Planungs-Checks und der Baustellenaudits werden grafisch dargestellt. Erfüllt ein Gebäude die Mindestanforderungen in allen Bereichen zu 100 %, wird es mit dem ImmoPass ausgezeichnet. Weitere Informationen finden sich in (DEKRA, 2001) und unter www.dekra-immopass.de.

2.4.3.2.2 „Das Plus für Arbeit und Umwelt"

„Das Plus für Arbeit und Umwelt" ist ein Gütesiegel für die Modernisierung des Gebäudebestandes. Es wird von Greenpeace und der Industriegewerkschaft Bauen-Agrar-Umwelt (IG BAU) an fortschrittliche Wohnungsunternehmen vergeben. Betrachtet werden Modernisierungsmaßnahmen, die den Heizenergieverbrauch bestehender Gebäude verringern. Für ein positives Ergebnis muss der Endenergieverbrauch $\leq$ 100 kWh/m²a sein. Außerdem müssen bestimmte stoffliche Aspekte (keine Dämmstoffe mit schwer abbaubaren, langlebigen Zusätzen, keine FCKW/HFCKW-haltige Materialien, kein PVC, kein Urwaldholz, möglichst Holz mit FSC-Zertifikat[9] oder heimisches Holz) berücksichtigt werden. Erklärt ein Unternehmen verbindlich, die genannten Vorgaben in Zukunft bei allen anstehenden energetischen Modernisierungsmaßnahmen zu berücksichtigen (Ausnahmen sind für denkmalgeschützte Gebäude und in Härtefällen möglich), wird das Gütesiegel „Das Plus für Arbeit und Umwelt" vergeben. Einzelne nach diesen Kriterien erneuerte Gebäude erhalten ein Gütesiegel „Umweltfreundlich saniert". Der Erfolg der Modernisierungsmaßnahmen wird zwei und fünf Jahre nach Vergabe des Siegels durch eine Analyse des Energieverbrauchs überprüft. Weitere Informationen finden sich unter www.arbeit-und-umwelt.de sowie bei Greenpeace e. V. oder der Industriegewerkschaft Bauen-Agrar-Umwelt.

---

[9] Holz mit FSC-Zertifikat: Holz, dessen naturverträgliche, ökologische Erzeugung von FSC (Forest Stewardship Council) oder von Naturland zertifiziert worden ist. Der Forest Stewardship Council ist eine internationale nicht-kommerzielle Organisation, die 1993 gegründet wurde, um eine umwelt- und sozialverträgliche, aber auch ökonomisch angemessene Bewirtschaftung der Wälder auf der Erde zu unterstützen.

2.4.3.2.3 TQ Gebäude-Qualitäts-Zertifikat

Das Instrument der TQ-Gebäudebewertung wurde im Projekt „Ecobuilding - Optimierung von Gebäuden durch Total Quality Assessment" vom Österreichischen Ökologie-Institut und der Kanzlei Dr. Bruck erarbeitet. Es handelt sich hierbei um ein Dokumentations- und Bewertungssystem, das die Grundlage für die Ausstellung eines Gebäudeausweises und die Vergabe eines TQ-Gebäude-Qualitätszertifikats darstellt. Es beruht einerseits auf den Ergebnissen des österreichischen Projektes GBC '98 (Geissler, 1999) und der ersten und zweiten Phase des weltweiten Projektes Green Building Challenge[10] (GBC) und andererseits auf der Umsetzung dieser Ergebnisse im GBC-Handbuch der Ziegelindustrie (BVZ, VÖZ, VSZ, 2000).

Das System besteht aus einem TQ-Leitfaden und einem TQ-Tool. Der TQ-Leitfaden gibt eine allgemeine Hilfestellung, um Planungsziele zu erarbeiten und umzusetzen. Darüber hinaus wird die Datenerfassung und Bewertung zur Erlangung des TQ-Gebäude-Qualitätszertifikats unterstützt. Die Daten werden im TQ-Tool erfasst und bewertet. Es handelt sich um ein Excel-Sheet, in das die Daten zu den Planungs- und Bewertungskriterien planungsbegleitend eingegeben werden. Bewertet wird in zwei Schritten: im Planungsstadium und nach Fertigstellung des Gebäudes. Das TQ-Tool wurde zunächst für Neubauten erstellt. Darauf aufbauend wurde ein eigenes Tool für Erneuerungsmaßnahmen entwickelt. Bewertet wird nicht das erneuerte Gebäude, sondern die Erneuerung selbst. Der Umfang der Bewertung ist abhängig vom Ausmaß der gewählten Erneuerungsmaßnahmen. Das System gibt vier Varianten vor: „Kompletterneuerung", „umfassende Erneuerung", „Teilerneuerung Wärmedämmung" und „Teilerneuerung Neue Heizanlage".

Betrachtet werden die folgenden Bereiche:

- Projektbeschreibung,

- Ressourcenschonung,

- Verminderung der Belastungen für Mensch und Umwelt,

- NutzerInnenkomfort,

- Langlebigkeit,

- Sicherheit,

- Planungsqualität,

- Qualitätssicherung bei der Errichtung.

Wurden alle erforderlichen Daten erhoben, kann auf der Basis des ausgefüllten TQ-Tools ein Gebäudeausweis bzw. ein Gebäude-Qualitätszertifikat ausgestellt werden.

Weitere Informationen finden sich unter www.grazer-ea.at/thermoprofit und www.argetq.at.

2.4.3.2.4 LEGOE

Ziel des durch die Deutsche Bundesstiftung Umwelt geförderten Projektes zur Erfassung, Beschreibung und Bewertung des Lebenszyklus' von Gebäuden unter ökologischen

---

[10] vgl. www.greenbuilding.ca

Gesichtspunkten LEGOE ist eine Planungs- und Bewertungshilfe für Architekten und Ingenieure. Grundlage ist die von den Universitäten Karlsruhe und Weimar entwickelte Methode zur kombinierten Berechnung von Energiebedarf, Umweltbelastung und Baukosten in frühen Planungsstadien. LEGOE ist eine Software, die in das sirAdos-Programm der Edition AUM GmbH eingebettet ist. Sie orientiert sich am Planungsprozess von Gebäuden. Das Gebäude wird dazu in verschiedene Elemente zerlegt, die mit allen notwendigen Informationen ausgestattet sind.

LEGOE stellt eine Plattform bereit, die den Datenaustausch zwischen verschiedenen Softwareprogrammen ermöglicht. Dadurch wird die mehrfache Eingabe gleicher Daten in mehreren Anwendungen vermieden. Der Anwender greift von einer zentralen Projektdatenbank aus auf verschiedene Planungsprogramme (CAD und AVA) zu. Gleichzeitig ist eine Nutzung der Daten in Interpretationsprogrammen für die Bereiche „Kosten", „Ökologie", „Energie" und „Komfort" möglich.

Folgende Werte werden berechnet:

- Baukosten (Erstinvestition, Unterhalts- und Erneuerungskosten),

- Energieverbrauch für Heizung, Warmwasseraufbereitung und Stromverbrauch,

- Energieverbrauch für die Erstellung, Erneuerung und Entsorgung der Gebäude,

- Umweltbelastung durch Luft- und Wasserbelastung,

- Bauschuttaufkommen.

Die ermittelten Kennzahlen werden nicht bewertet. LEGOE richtet sich in erster Linie an Architekten und Ingenieure, die bereits mit den verschiedenen Arbeitsprogrammen (CAD, AVA etc.) arbeiten. Für Neueinsteiger entstehen erhebliche Kosten, weil die notwendige Software beschafft werden muss. Außerdem muss der Anwender zunächst mehrtägig geschult werden. Derzeit ist das Programm nur auf Neubauten anwendbar. Eine Erweiterung für Erneuerungsmaßnahmen ist 2004 geplant.

Weitere Informationen finden sich unter www.legoe.de.

2.4.4   Zusammenfassende Beurteilung

Erneuerungsprojekte werden meist mit Kennzahlen ökonomisch bewertet. Einerseits verfügen viele Architektur- und Ingenieurbüros über eigene Kennzahlen, andererseits gibt es auch einige professionelle Anbieter. Das Baukosteninformationszentrum (BKI) Deutscher Architektenkammern veröffentlicht regelmäßig Kosten abgerechneter Bauten im Altbaubereich. Diese sind in die Kostengruppen der DIN 276 gegliedert. Das Private Institut für Baupreisforschung gibt mit den SirAdos Baudaten ebenfalls Baupreisinformationen auf Grundlage von Preisspiegeln aus ganz Deutschland heraus. Die Gliederung ist gewerkeorientiert. Die Normalherstellungskosten 2000 können bei Bedarf herangezogen werden, um den Wert der bestehenden Gebäudesubstanz zu ermitteln.

Die vorgestellten ökologischen Planungshilfen sind meist Hilfsmittel für einzelne Bereiche. So bieten Leitfäden und Checklisten Hintergrundinformationen für eine ökologische Planung von baulichen Maßnahmen im Bestand. Energiedatenbanken helfen, geeignete Maßnahmen auszuwählen und das Energieeinsparpotenzial zu ermitteln. Mit Hilfen zur Baustoffauswahl sowie zur Bauteilbewertung können geeignete Baustoffe und Konstruktionen für geplante Erneuerungs-maßnahmen ausgewählt werden.

Von den vorgestellten Bewertungshilfen zur Bestandsbeurteilung ist das Programm EPIQR ein gutes Werkzeug zur Beurteilung des Gebäudezustands vor der Planung. Es handelt sich hierbei jedoch lediglich um eine Grobdiagnose. Die Checkliste Altbau und die Checkliste zur Beurteilung von Gebäuden bieten weitere Hilfsmittel, um den Bauzustand zu beurteilen. Für die Dokumentation des erneuerten Objektes existieren verschiedene Gebäudezertifikate wie der ImmoPass oder „Das Plus für Arbeit und Umwelt".

Die Planungshilfe LEGOE stellt ökonomische und ökologische Kennwerte umfassend dar. Die ermittelten Kennwerte werden jedoch nicht bewertet. Derzeit ist eine Anwendung außerdem nur bei Neubauten möglich. Eine Erweiterung auf Erneuerungsmaßnahmen ist für 2004 geplant.

Das TQ-Tool bewertet wie ÖÖS die Erneuerungsplanung. Jedoch werden nur ökologische und soziale Kriterien betrachtet. Eine ökonomische Bewertung wird nicht vorgenommen.

Daraus folgt, dass es derzeit kein umfassendes Bewertungssystem für Erneuerungsmaßnahmen gibt, das ökonomische und ökologische Kriterien gleichermaßen berücksichtigt und bewertet. Die vorgestellten Planungs- und Bewertungshilfen können jedoch für einzelne Bereiche der Bewertung und als Hilfsmittel für die Bewertung des Gebäudezustands sowie für die Wahl geeigneter baulicher Maßnahmen und Baustoffe herangezogen werden.

Zunächst sollte mit dem Programm EPIQR entschieden werden, ob und in welchem Umfang Erneuerungsmaßnahmen durchgeführt werden sollen. Mit dem Bewertungssystem ÖÖS können dann im Anschluss die gewählten Maßnahmen ökonomisch und ökologisch beurteilt werden.

Für die Kalkulation von Erneuerungsmaßnahmen ist grundsätzlich eine gewerkeorientierte Gliederung empfehlenswert. Zum Vergleich mit Referenzwerten müssen jedoch die Werte gebündelt werden. Deshalb werden im Bewertungssystem ÖÖS wie bei der Neubaubewertung ÖÖB die Kennwerte des BKI nach den Kgr. 300 und 400 für die Bewertung verwendet.

Um den Ressourcenverbrauch zu ermitteln, eignet sich das MIPS-Konzept. Der Ressourcenverbrauch wird deshalb bei ÖÖS mit den MIPS-Werten bewertet. Die BauBioDataBank und der Ökologische Bauteilkatalog geben an, wie viele Schadstoffemissionen in der Herstellungsphase entstehen. Dies wird im Kapitel „Schadstoffemissionen" berücksichtigt.

2.5   Bewertungssystem ÖÖB

Das Bewertungssystem für die ökonomische und ökologische Erneuerung von Wohnungs-beständen (ÖÖS) wird auf Grundlage des Bewertungssystems für ökonomisches und ökologisches Bauen und gesundes Wohnen (ÖÖB) entwickelt. Es wurde Ende 2000 unter Mitarbeit der Verfasserin mit Förderung des Bundesministeriums für Verkehr, Bau- und Wohnungswesen fertiggestellt (vgl. Diederichs, Getto, Streck, 2000a).

Das Bewertungssystem ÖÖB bewertet die Vor-, Entwurfs- und Ausführungsplanungen von Wohnungs- und Verwaltungsneubauten. Zielgruppe sind Bauplaner und fachkundige Bauherren sowie Bauträger von Wohn- und Verwaltungsgebäuden. Durch die einheitliche Bewertung anhand eines Kriterienkatalogs werden die Vor- und Nachteile der Planung transparent gemacht, und es wird eine Entscheidungshilfe geboten.

Auf Grundlage einer Nutzwertanalyse (vgl. Kapitel 3.3) werden 14 Hauptkriterien (Bild 24) mit 56 Teil- und 101 Unterkriterien bewertet, die Gebäude in ökonomischer und ökologischer Hinsicht beeinflussen. Bei den Kriterien sind externe (vom Bauherrn nur schwer beeinflussbare), ökonomische und ökologische Kriterien zu unterscheiden. Die Verbindung zwischen Ökonomie und Ökologie bildet das Kriterium „Gebäudekonzept". Jedes Hauptkriterium wird in einer eigenen Bewertungsmatrix (Bild 25) mit Unterkriterien bewertet. Bewertet wird mit Erfüllungspunktzahlen von 1 (sehr schlecht) bis 10 (sehr gut).

Das Bewertungssystem ist in drei Stufen aufgebaut. Nach Abschluss der Vorplanung wird zum ersten Mal bewertet. Zu diesem Zeitpunkt werden hauptsächlich die Projektbedingungen und der Standort betrachtet. Außerdem können in dieser Stufe bereits fundierte Aussagen zum Gebäudekonzept, der Vorbereitung der Objektplanung sowie der ökologischen Relevanz des Vorhabens für Boden und Luft gemacht werden.

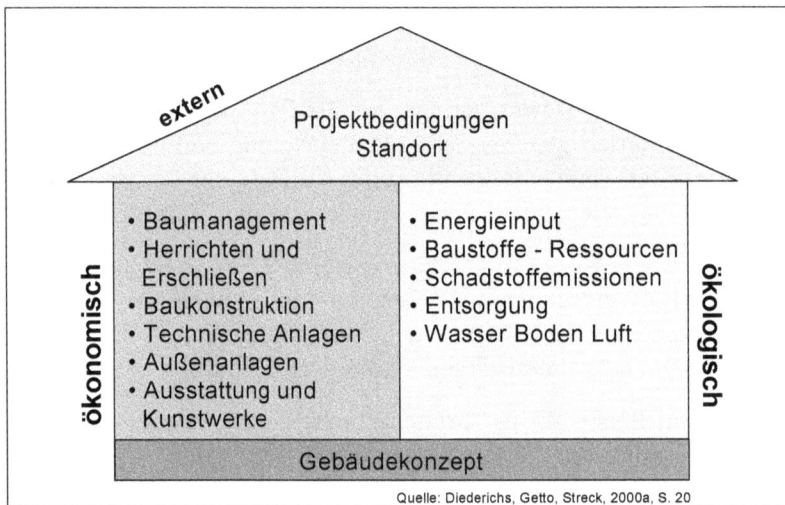

Quelle: Diederichs, Getto, Streck, 2000a, S. 20

Bild 24: Übersicht über die 14 Hauptkriterien des Bewertungssystems ÖÖB

Nr.	Teilkriterien der Projektbedingungen	PD	Referenzwerte[1]			EZ	G	E=EZxG
			Min.		Max.			
1.1	**Marktchancen**						5	50
	Wohnungsmarkt	8	0	6	8	10	3	30
	Baumarkt	7	0	6	7	10	2	20
1.2	**Timing**	**12**	**< 5**	**9**	**12**	**10**	**5**	**50**
1.3	**Finanzierung und Wirtschaftlichkeit**						15	120
	Kapitalbedarf	8	0	6	8	10	5	50
	Wirtschaftlichkeit[2]	7 %	1	6	10	7	10	70
	Summe					9,0	25	220

PD = Projektdaten; EZ = Erfüllungspunktzahl von 1 bis 10; G = Gewichtungspunkte; E = Ergebnis

[1] Anzahl der positiv beantworteten Bewertungsfragen
[2] Referenzwert ist die Annuität nach Steuern in % des Eigenkapitals

vgl. Diederichs, Getto, Streck, 200a, S. 29

Bild 25: ÖÖB-Bewertungsmatrix für das Kriterium „Projektbedingungen"

In der zweiten Bewertungsstufe am Ende der Genehmigungsplanung vor der Beantragung der Baugenehmigung sind fast alle Angaben für die Bewertung vorhanden. Die Bewertungen der ersten Stufe werden übernommen bzw. aufgrund der nun vorliegenden genaueren Informationen angepasst.

Vor Baubeginn ist die Ausführungsplanung zu überprüfen. Die Bewertungen der vorherigen Stufen werden wiederum übernommen oder angepasst.

Die Ergebnisse der Hauptkriterien werden als erreichte Punkte aus den Bewertungsmatrizen der einzelnen Hauptkriterien in einer Ausgangsmatrix (Bild 26) sowie als durchschnittliche Erfüllungspunktzahl und gewichtete Ergebnisse in separaten Diagrammen (Bild 27, Bild 28) dargestellt. Die Nutzenstiftung eines Projekts wird ermittelt, indem die erreichten Punkte entweder mit der maximal möglichen Punktzahl oder mit dem Bewertungsergebnis eines Alternativprojektes verglichen werden. Die durchschnittlichen Erfüllungspunktzahlen für die einzelnen Hauptkriterien werden grafisch dargestellt, so dass die Kriterien einfach verglichen werden können (Bild 27). So kann gezielt nach dem Verbesserungspotenzial einer Planung gesucht werden (vgl. Diederichs, Getto, Streck, 2000a, S. 27).

Ausgangsmatrix vor Baubeginn

1. Projektbedingungen / 2. Standort

#	1. Projektbedingungen	Wert	2. Standort	Wert
1	Marktchancen	50	Lage	144,9
2	Finanzierung und Wirtschaftlichkeit	200	Rechtliche	50
3	Timing	50	Grundstück	185
4				
5				
Σ		300		379,9

3. Gebäudekonzept

3. Gebäudekonzept	Wert
Soziale Qualität	286
Geometrie	333
Brandschutz	25
Gebäudeelementierung	84
Bauunterhaltung	130

Ergebnis gesamt	6.546
mögliche Punktzahl	10.000
durchschnittliche Erfüllungspunktzahl	6,5

4. Energieinput / 5. Baustoffe Ressourcen / 6. Schadstoffemissionen / 7. Entsorgung / 8. Boden Wasser Luft

#	4. Energieinput	Wert	5. Baustoffe Ressourcen	Wert	6. Schadstoffemissionen	Wert	7. Entsorgung	Wert	8. Boden Wasser Luft	Wert
1	Herstellungsenergie	50	MIPS abiotisch	250	Baustoffherstellung	154	Abfallvermeidung	208	Boden	180
2	Nutzung	245	MIPS biotisch	225	Gebäudeerstellung	144	Altsubstanz Grundstück	82	Luft	78
3			MIPS Wasser	175	Nutzung	120	Baustellenorganisation	135	Wasser	160
4			MIPS Luft	225						
5										
Σ		295		875		418		425		418

9. Baumanagement / 10. Herrichten und Erschließen Kgr. 200 / 11. Baukonstruktion Kgr. 300 / 12. Technische Anlagen Kgr. 400 / 13. Außenanlagen Kgr. 500 / 14. Ausstattung, Kunstwerke Kgr. 600/700

#	9. Baumanagement	Wert	10. Herrichten und Erschließen Kgr. 200	Wert	11. Baukonstruktion Kgr. 300	Wert	12. Technische Anlagen Kgr. 400	Wert	13. Außenanlagen Kgr. 500	Wert	14. Ausstattung, Kunstwerke Kgr. 600/700	Wert
1	720 Vorbereitung	24	Herrichten	80	310 Baugrube	28	410 Abwasser, Wasser, Gas	168	510 Geländeflächen	36	610 Ausstattung	20
2	Objektplanung / Arch.-/Ing.-Leistungen / Gutachten / Beratung	85	Ausgleichsabgaben	20	320 Gründung	42	420 Wärmeversorgungsanlagen	140	520 befestigte Wege	48	621, 622, 623 Kunstobjekte, künstl. gestaltete Bauteile	32
3	710 Bauherrenaufgaben	504	Erschließen	84	330 Außenwände	216	430 Lufttechn. Anlagen	84	530 Baukonstruktionen	28	Wettbewerbe / Honorare	40
4					340 Innenwände	132	440 Starkstromanlagen	70	540, 550, 590 T. Anlagen, Einbauten, Sonstiges	20		
5					350 Decken	154	450 Fernmelde- / Informationstechnik	49				
6					360 Dächer	108	460 Fördertechnik	70				
7					370 Bauk. Einbauten	6	470 Nutzungssp. Anlagen	14				
8					380 sonstige	40	480 Gebäudeautomation	25				
9					Mengenoptimierung	210						
Σ		613		184		936		620		132		92

Quelle: Diederichs, Getto, Streck, 2000b

Bild 26: ÖÖB-Ausgangsmatrix – vor Baubeginn

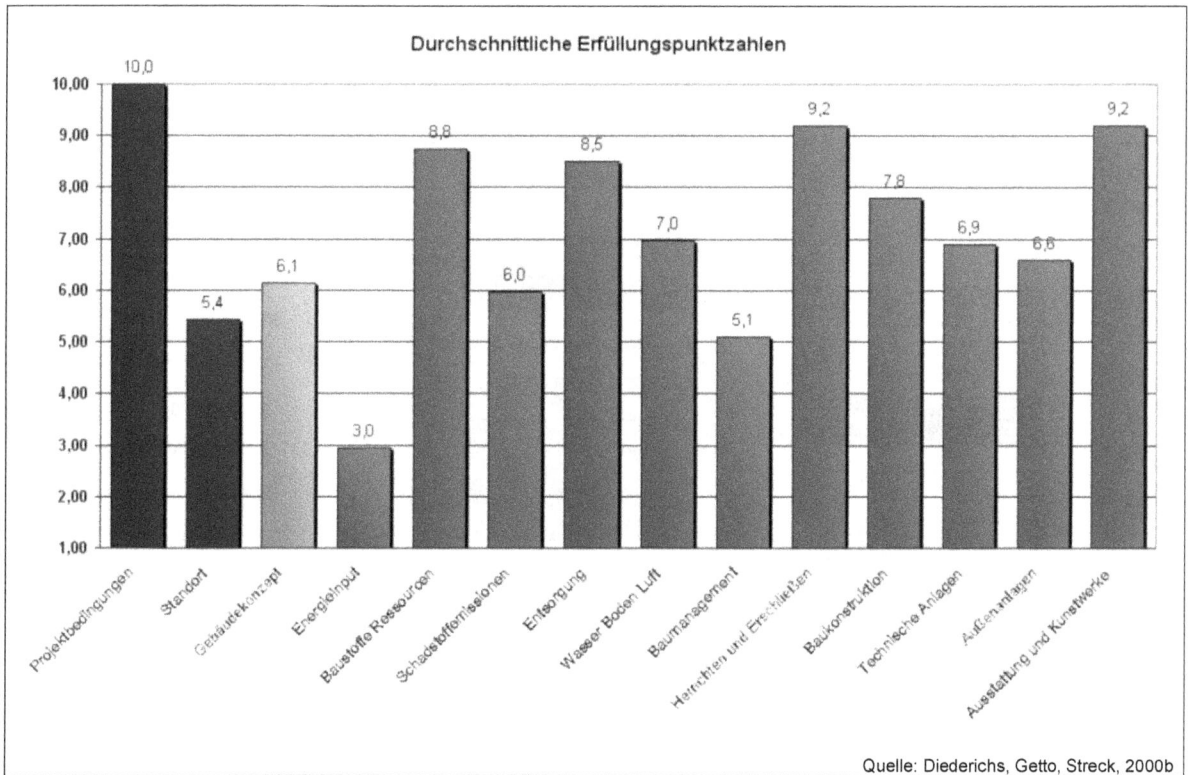

Bild 27: Beispiel für eine Ergebnisdarstellung in ÖÖB

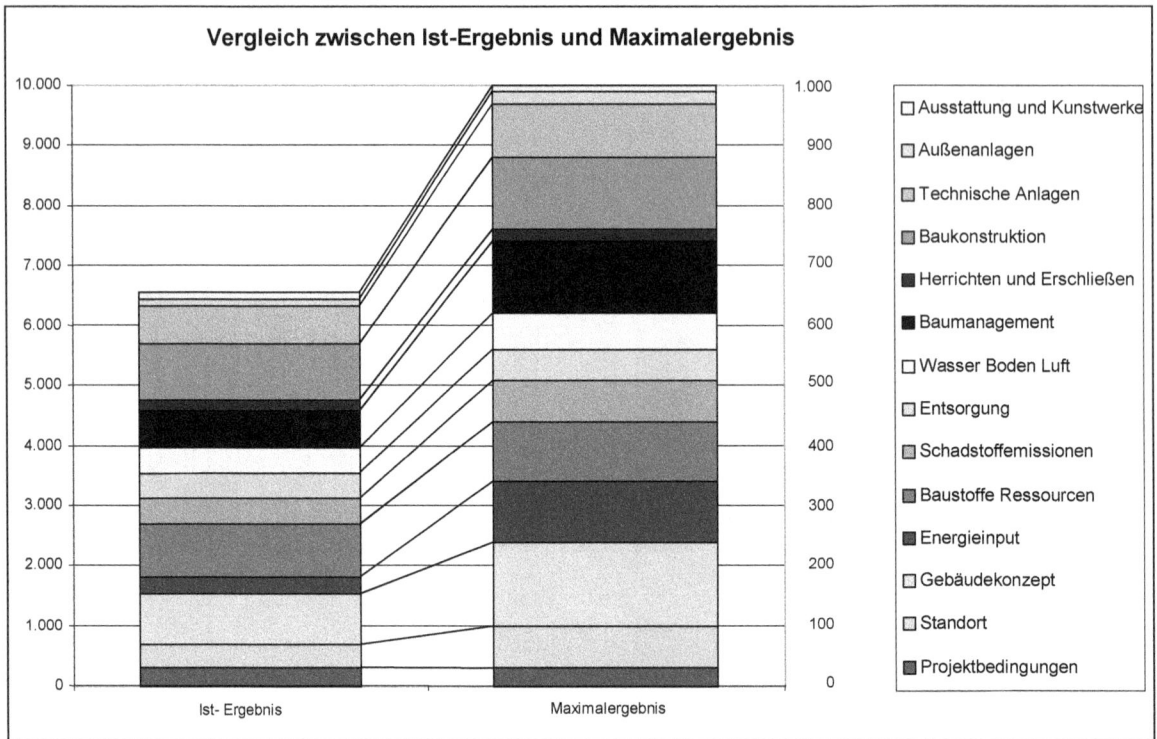

Bild 28: Vergleich der erreichten und der maximalen Ergebnispunkte in ÖÖB

3 Modellentwicklung

Zunächst werden die Systemgrenzen und die Anforderungen an das Bewertungssystem definiert. Grundlage für das zu entwickelnde System ist die Nutzwertanalyse, die im Folgenden vorgestellt wird. Ausgehend von dem Bewertungssystem für Neubaumaßnahmen ÖÖB werden anschließend die Bewertungskriterien festgelegt. Einen Überblick über die Vorgehensweise gibt Bild 29.

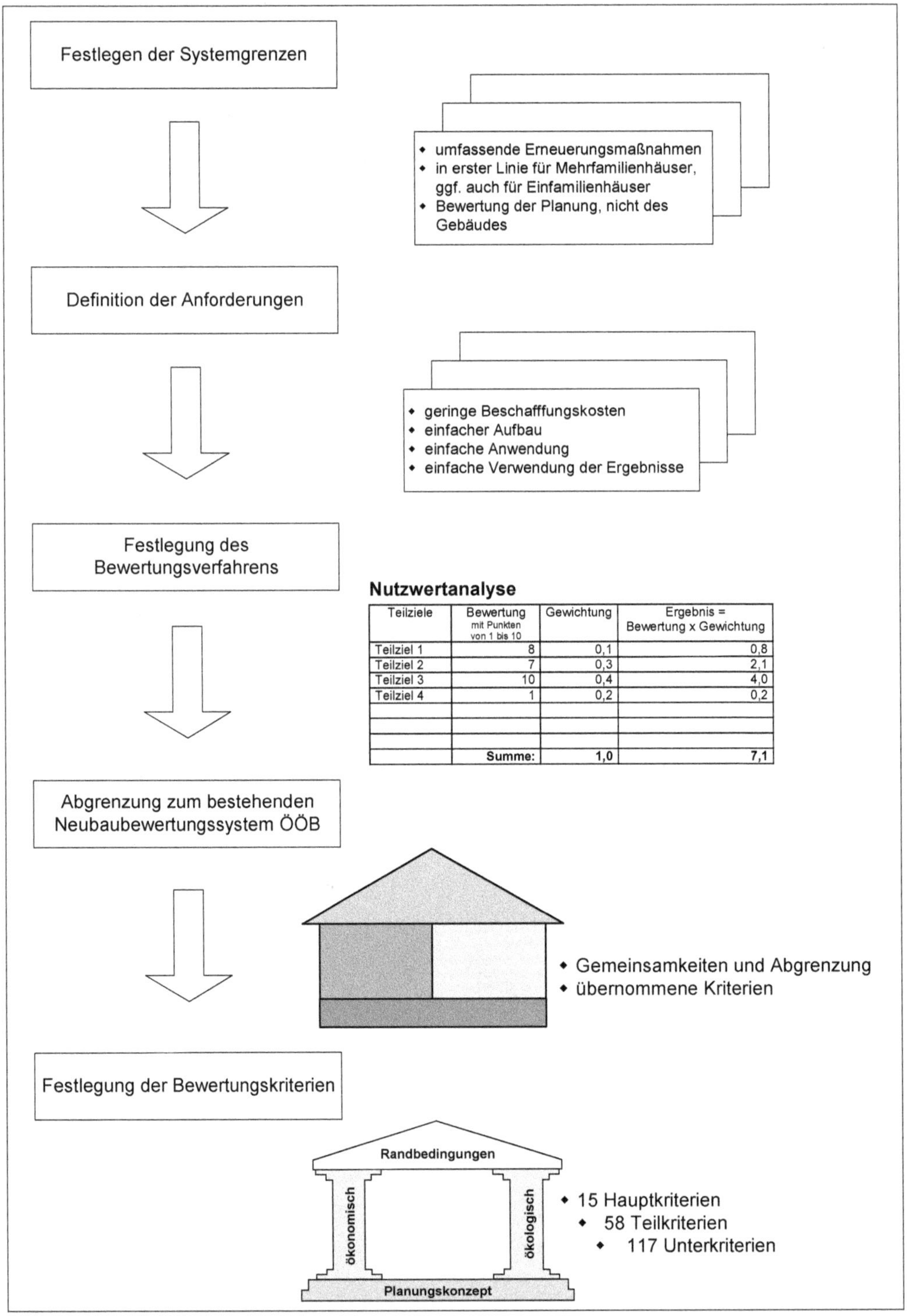

Festlegen der Systemgrenzen

* umfassende Erneuerungsmaßnahmen
* in erster Linie für Mehrfamilienhäuser, ggf. auch für Einfamilienhäuser
* Bewertung der Planung, nicht des Gebäudes

Definition der Anforderungen

* geringe Beschaffungskosten
* einfacher Aufbau
* einfache Anwendung
* einfache Verwendung der Ergebnisse

Festlegung des Bewertungsverfahrens

Nutzwertanalyse

Teilziele	Bewertung mit Punkten von 1 bis 10	Gewichtung	Ergebnis = Bewertung x Gewichtung
Teilziel 1	8	0,1	0,8
Teilziel 2	7	0,3	2,1
Teilziel 3	10	0,4	4,0
Teilziel 4	1	0,2	0,2
Summe:		**1,0**	**7,1**

Abgrenzung zum bestehenden Neubaubewertungssystem ÖÖB

* Gemeinsamkeiten und Abgrenzung
* übernommene Kriterien

Festlegung der Bewertungskriterien

Randbedingungen

ökonomisch

ökologisch

* 15 Hauptkriterien
* 58 Teilkriterien
* 117 Unterkriterien

Planungskonzept

Bild 29: Vorgehensweise bei der Modellentwicklung

3.1   Systemgrenzen

Wie bereits im Kapitel 2.3.1 dargestellt, unterscheiden sich Erneuerungsmaßnahmen im Wohnungsbestand stark voneinander. In Abhängigkeit von der vorhandenen Bausubstanz, dem Instandsetzungsbedarf, den zur Verfügung stehenden Finanzierungsmöglichkeiten und nicht zuletzt den Wünschen und Zielen des Bauherrn setzt sich jede Erneuerungsmaßnahme aus individuellen Einzelmaßnahmen zusammen. Deshalb ist es nicht möglich, ein einheitliches Bewertungssystem für jede Art von Erneuerungsmaßnahmen zu schaffen. Das Bewertungssystem ÖÖS konzentriert sich deshalb auf umfassende Erneuerungsmaßnahmen (vgl. Kapitel 2.3.3.1), bei denen sowohl Instandsetzungs- als auch umfassende Modernisierungsmaßnahmen durchgeführt werden. Teilerneuerungsmaßnahmen werden dabei nicht abgedeckt. Im Einzelfall ist zu prüfen, ob hierfür ein eigenes Bewertungssystem auf Grundlage des Bewertungssystems ÖÖS entwickelt werden kann.

Das Bewertungssystem ÖÖS wird in erster Linie für die Bewertung von konventionell errichteten Mehrfamilienhäusern entwickelt. Industriell gefertigte Mehrfamilienhäuser (Plattenbauten) können ebenfalls bewertet werden. Die Bewertung muss jedoch ggf. an die Besonderheiten dieser Gebäude angepasst werden. Informationen zu Plattenbauten liefert z. B. das Institut für Erhaltung und Modernisierung von Bauwerken e. V. an der TU Berlin (IEMB) unter www.iemb.de. Die Bewertung von Einfamilienhäusern ist grundsätzlich ebenfalls möglich. Dazu sind im Einzelfall Kriterien zu streichen, die bei Einfamilienhäusern nicht relevant sind. Tabelle 7 zeigt, welche Kriterien bei der Bewertung von Einfamilienhäusern im Einzelfall wegfallen können.

Bewertet wird nicht das zu erneuernde oder das erneuerte Gebäude, sondern die Planung der Erneuerungsmaßnahmen.

3.2   Anforderungen an das Bewertungssystem

Das Bewertungssystem soll Bauherren, Architekten und Bauplaner, Projektentwickler, Bauträger sowie Investoren und Fördermittelgeber ansprechen. Um einen großen Verbreitungsgrad zu erreichen, muss der Aufwand für den Anwender gering sein. Das bedeutet im Einzelnen:

- geringe Beschaffungskosten
  Um die Anwendung nicht nur auf wenige finanzstarke Anwender zu beschränken, darf der Beschaffungspreis nicht zu hoch liegen. Dadurch wird eine größere Verbreitung gefördert.

- einfacher Aufbau des Bewertungssystems
  Das Bewertungssystem muss übersichtlich, d. h. einfach strukturiert, und leicht verständlich aufgebaut sein. Speziell für die ökologischen Kriterien ist es wichtig, dass auch Kriterien berücksichtigt werden können, die nicht in Geldeinheiten bewertbar sind. Außerdem muss es möglich sein, die unterschiedliche Bedeutung der einzelnen Kriterien mit einzubeziehen. Besonderer Wert wird darauf gelegt, dass die einzelnen Bewertungskriterien und ihre Gewichtung transparent dargestellt werden, damit die Bewertung gut nachvollziehbar ist.

Kapitel	Kriterium	Zeitpunkt der Bewertung
Gebäudebeurteilung	Zieldefinition • Nutzung • Standard	nach Abschluss der Vorplanung
Bewohner	alle	nach Abschluss der Vorplanung
Planungskonzept	Nutzungskonzept • Soziale Qualität	nach Abschluss der Vorplanung
Finanzierung und Wirtschaftlichkeit	Mietwirksamkeit	nach Abschluss der Vorplanung
Baumanagement	Bauherrenaufgaben	vor Baubeginn
	weitere Baunebenkosten • Umzug und Umsetzung von Bewohnern	nach Abschluss der Eingabeplanung

Tabelle 7: Kriterien, die bei der Bewertung von Einfamilienhäusern ggf. wegfallen können

- einfache Anwendung des Bewertungssystems
  Der Anwender soll das Bewertungssystem ohne intensive Schulung anwenden können. Die Bewertung selbst darf nicht viel Zeit in Anspruch nehmen. Zur besseren Verständlichkeit soll das Bewertungssystem zusätzliche Informationen zu den einzelnen Bewertungskriterien über die eigentliche Bewertung hinaus liefern. Eine Bewertung muss aber auch ohne Abrufen der weiteren Informationen möglich sein. Das System muss außerdem bei Bedarf an die individuellen Bedürfnisse des Anwenders angepasst werden können. Es muss deshalb möglich sein, die vorgegebene Gewichtung zu ändern, Kriterien zu streichen oder neue Kriterien hinzuzufügen und die verwendeten Referenzwerte an die fortschreitende Entwicklung des Standes der Technik anzupassen.

- stufenweise Verwendung der Ergebnisse
  Ziel der Bewertung ist die Optimierung der Planung. Die Beeinflussbarkeit nimmt jedoch mit fortschreitender Planung immer weiter ab. Deshalb ist die Bewertung möglichst früh anzusetzen. Gleichzeitig ist jedoch zu beachten, dass zu Beginn der Planung meist noch nicht alle relevanten Informationen vorliegen. Deshalb muss die Bewertung zu einem möglichst frühen Zeitpunkt beginnen, jedoch gleichzeitig die allmähliche Verdichtung der Informationen im Planungsprozess berücksichtigen. Dazu ist stufenweise zu bewerten. Die Bewertungsergebnisse müssen übersichtlich dokumentiert werden. Verschiedene Entwurfsalternativen müssen mit dem System gegeneinander abgewogen werden können. Außerdem müssen die Stärken der Planung sowie die Optimierungspotenziale hervorgehoben werden.

3.3   Nutzwertanalyse

Da bei der Bewertung auch Kriterien Berücksichtigung finden sollen, die nicht in Geldeinheiten zu bewerten sind, ist eine reine Wirtschaftlichkeitsbetrachtung nicht möglich. Zur Beurteilung muss statt dessen eine Nutzen-Kosten-Untersuchung herangezogen werden. Es gibt im Wesentlichen drei Möglichkeiten:

- die Kosten-Nutzen-Analyse, für die alle Nutzen- und Kostenfaktoren in Geldeinheiten bewertbar sein müssen;

- die Nutzwertanalyse, die zur Anwendung kommt, wenn einige Zielkriterien nicht in Geldeinheiten, sondern nur mit Nutzenpunkten bewertet werden können;

- die Kostenwirksamkeitsanalyse, bei der die Kostenfaktoren in Geldeinheiten, die Nutzenfaktoren dagegen in gewichteten Nutzenpunkten bewertet werden. Das Kriterium der relativen Vorteilhaftigkeit ist das mit dem höchsten Nutzen bei gleichen Kosten oder das mit gleicher Gesamtwirksamkeit bei den niedrigsten Kosten (vgl. Diederichs, 1999, S. 170ff).

Die Kosten-Nutzen-Analyse scheidet aus, da nicht alle Kriterien monetär bewertbar sind. Da das Bewertungssystem möglichst einfach zu handhaben sein soll, bietet sich die Nutzwertanalyse an, da hierbei, im Gegensatz zur Kostenwirksamkeitsanalyse, alle Kriterien auf die gleiche Art über Nutzenpunkte bewertet werden.

Mit der Nutzwertanalyse können monetäre und nicht-monetäre Kriterien bewertet und eine Vielzahl voneinander unabhängiger und abhängiger Kriterien berücksichtigt werden. Es müssen Bewertungskriterien definiert werden, die je nach ihrer Bedeutung für den Entscheider gewichtet werden. Die Kriterien werden nun zunächst für jede Bewertungsalternative gemessen und mit Nutzenpunkten bewertet. Anschließend werden die Nutzenpunkte mit der Gewichtung multipliziert. Es ergeben sich gewichtete Nutzenpunkte. Die Ergebnisse aller Kriterien werden zu einem Gesamtnutzwert addiert. So können Alternativen miteinander verglichen, aber auch Stärken und Schwächen, die die Gesamtbewertung positiv und negativ beeinflussen, leicht erkannt werden (vgl. Diederichs, Getto, Streck, 2000a, S. 19). Den Ablauf einer Nutzwertanalyse zeigt Tabelle 8.

Der **Vorteil** der Nutzwertanalyse liegt darin, dass sie auch multivariable Zielsysteme erlaubt. Alle Teilziele, sowohl die monetär als auch die nicht monetär bewertbaren, werden durch eine Bewertung mit Nutzenpunkten gleichnamig gemacht. Außerdem können sie entsprechend ihrer Bedeutung für das gesamte Projekt gewichtet werden. Sie gewährleistet eine systematische Entscheidungsfindung und macht die Entscheidung transparent und nachvollziehbar.

1. Zielprogramm aufstellen

Teilziele
1   GFZ
2   Geschosse

2. Ziele gewichten

Teilziele	Gewichtung [%]
1 GFZ	70
2 Geschosse	30

3. Auswahl der Alternativen

Musterhaus (MH) A   **Musterhaus (MH) B**
GFZ = 1,1   GFZ = 0,8
2 Geschosse   4 Geschosse

4. Zielerreichung messen und bewerten

Transformationsfunktion GFZ   Transformationsfunktion Geschosse

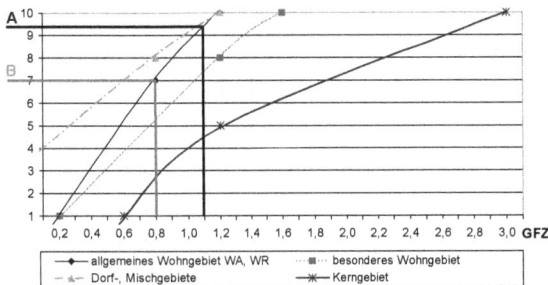

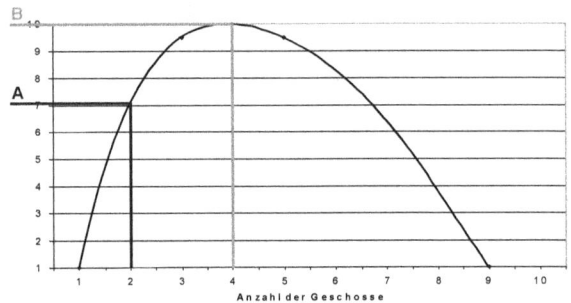

Teilziele	Gewichtung [%]	Bewertungspunkte	
		MH A	MH B
1 GFZ	70	9	7
2 Geschosse	30	7	10

5. Gewichtete Teilnutzwerte berechnen und addieren

Teilziele	Gewichtung [%]	Bewertungspunkte		Teilnutzwerte	
		MH A	MH B	MH A	MH B
1 GFZ	70	9	7	630	490
2 Geschosse	30	7	10	210	300
Summe:				**840**	**790**

7. Vergleich der gewichteten Gesamtnutzwerte

Musterhaus A ist nach den gewählten Teilkriterien mit der gewählten Gewichtung vorzuziehen (840 > 790)!

Tabelle 8: Ablauf einer Nutzwertanalyse

Die Erfüllung der Teilziele wird kardinal, ordinal oder nominal gemessen. Die Festlegung der Teilzielgewichtung sowie das Ergebnis bei ordinaler oder nominaler Bewertung sind subjektiv. Darin liegt der **Nachteil** der Nutzwertanalyse. Um die Subjektivität zu minimieren, ist eine abschließende Sensitivitätsanalyse durchzuführen. Damit und durch die große Transparenz der Bewertung werden Manipulationsmöglichkeiten soweit wie möglich verringert. Mit einer Nutzwertanalyse kann nur die relative Vorteilhaftigkeit beim Vergleich alternativer Maßnahmen ermittelt und eine Rangfolge bestimmt werden. Statt alternativer Maßnahmen kann das Ergebnis auch mit der maximal erreichbaren Punktzahl oder einer festgelegten Mindestpunktzahl verglichen werden (vgl. Diederichs, 1999, S. 171-176).

Da die Durchführung einer Nutzwertanalyse relativ aufwändig ist, sollte sich der Zielkatalog auf die relevanten Probleme beschränken. Die Anwendung ist durch geeignete Aufbereitung und Hilfsmittel, z. B. eine Bewertungssoftware (vgl. Kapitel 5.1), soweit wie möglich zu vereinfachen. Damit ist die Durchführung mit einem vertretbaren Aufwand möglich.

3.4 Abgrenzung zum Bewertungssystem für Neubaumaßnahmen ÖÖB

Ausgangsbasis für die Entwicklung des Bewertungssystems ÖÖS ist das Bewertungssystem für Neubauten ÖÖB. Im Folgenden werden zunächst die Gemeinsamkeiten dargestellt, und es wird eine Abgrenzung zu ÖÖB vorgenommen. Anschließend wird konkret aufgezeigt, welche Kriterien aus ÖÖB übernommen und welche überarbeitet bzw. zusätzlich entwickelt werden.

3.4.1 Gemeinsamkeiten und Abgrenzung

Im Vorwort zum Abschlussbericht des Forschungsvorhabens „Entwicklung eines Bewertungssystems für ökonomisches und ökologisches Bauen und gesundes Wohnen" heißt es: „Ziel des Forschungsvorhabens war [...] die Entwicklung eines ganzheitlichen Bewertungssystems unter Berücksichtigung der Wechselwirkungen zwischen Kostenoptimierung einerseits sowie Umweltbelastungen andererseits. Bauherren, Bauträgern sowie Architekten und Bauplanern soll mit dem Bewertungssystem ein leicht handhabbares Werkzeug zur Beurteilung der Qualität ihrer Planungen an die Hand gegeben werden. Es soll den Alternativenvergleich erleichtern, Transparenz in die Entscheidungsfindung bringen und damit zum unerlässlichen Bestandteil des Abschlusses der Vor- und Entwurfsplanungen von Wohnungsbauten im Neubau werden" (Diederichs, Getto, Streck, 2000a, S. 1).

Ökologische und ökonomische Anforderungen beschränken sich aber nicht auf den Neubaubereich. Gerade im Baubestand liegt ein großes Potenzial zum ökologischen Bauen, da das bereits vorhandene Stofflager genutzt werden kann und damit Ressourcen geschont werden. Die Zielsetzung des abgeschlossenen Forschungsprojektes für den Wohnungsneubau wird deshalb für die Bewertung von Erneuerungsmaßnahmen übernommen.

Da sich die Planung im Bestand gravierend von der eines Neubaus unterscheidet (vgl. Kapitel 2.3.1), können die Bewertungskriterien für eine Neubauplanung nicht ohne Weiteres auf die Erneuerung übertragen werden. Der Schwerpunkt bei der ökologischen und ökonomischen Bewertung im Neubau liegt darin, den Entwurf und die Randbedingungen zu optimieren. Bei baulichen Maßnahmen im Bestand sind dagegen die Randbedingungen größtenteils schon vorgegeben. Die vorhandene Substanz muss unter ökologischen und ökonomischen Gesichtspunkten aufgewertet bzw. verwertet werden.

Einen großen Unterschied zur Bewertung der Neubauplanung bildet die Berücksichtigung der vorhandenen Bausubstanz. Bei der Bewertung der Neubauplanung spielt evtl. vorhandene Altsubstanz auf dem zu bebauenden Grundstück lediglich eine untergeordnete Rolle. Bei der Planung im Bestand stellt sie dagegen die Planungsgrundlage dar. Dadurch werden weniger Ressourcen verbraucht. Andererseits wird die Wahl der Baustoffe durch die bereits vorhandenen Gebäudeteile meist eingeschränkt. Bei der Bewertung der Schadstoffemissionen und der Entsorgung liegt der Schwerpunkt bei Erneuerungsmaßnahmen auf der optimalen Weiterverwendung der vorhandenen Bausubstanz bzw. der Entsorgung anfallender Schadstoffe und Abfälle. Beim Neubau steht dagegen die Vermeidung von Schadstoffen und Abfällen im Vordergrund. Hinzu kommt, dass die anfallenden Abfälle bei baulichen Maßnahmen im Bestand anders zusammengesetzt sind als beim Neubau. Da eine Erneuerungsmaßnahme meist mit einem Teilrückbau einhergeht, fallen hier mehr Abfälle an als beim Neubau. Der Anteil an belasteten Abfällen ist bei baulichen Maßnahmen im Bestand ebenfalls höher.

Diese Unterschiede rechtfertigen die Entwicklung eines eigenen Bewertungssystems für die Erneuerung. In Anbetracht des hohen Erneuerungspotenzials bei bestehenden Gebäuden ist die Entwicklung dringend geboten.

3.4.2   Kriterienvergleich

Im ersten Schritt wird geprüft, welche ÖÖB-Kriterien bei Erneuerungsmaßnahmen angewendet werden können (vgl. Tabelle 9). Es zeigt sich, dass die Hauptkriterien „Herrichten und Erschließen Kgr. 200" und „Ausstattung und Kunstwerke Kgr. 600/700" bei Erneuerungsmaßnahmen nicht sinnvoll sind. Alle übrigen Hauptkriterien werden soweit wie möglich in das neue Bewertungssystem eingearbeitet.

Die Bewertung der Projektbedingungen und des Standorts spielt bei Erneuerungsmaßnahmen im Gegensatz zur Neubauplanung eine sehr viel geringere Rolle, da viele Randbedingungen bereits vorgegeben sind. Deshalb werden die beiden Kriterien zusammengefasst. Die Unterkriterien werden übernommen und teilweise überarbeitet. Das Kriterium „Grundstück" muss geändert und an die Erfordernisse von Erneuerungsmaßnahmen angepasst werden. Die rechtlichen Randbedingungen sind umfangreicher, da die Überlegungen zur Denkmalpflege hinzu kommen. Um den besonderen Anforderungen von Erneuerungsmaßnahmen gerecht zu werden, werden zwei neue Hauptkriterien aufgenommen. Es handelt sich um die Kriterien „Gebäudebeurteilung" und „Bewohner".

Das ÖÖB-Kriterium „Gebäudekonzept" wird durch das Kriterium „Planungskonzept" ersetzt. Die Unterkriterien müssen zu einem großen Teil neu entwickelt werden. Neu hinzu kommen die Kriterien „Erneuerungsstrategie", „Grundrissorganisation und „Nutzerverhalten". Im Kriterium „Soziale Qualität" wird das Unterkapitel „Architektur und Städtebau" übernommen und das „Nutzerverhalten" neu hinzugefügt.

Im ökologischen Bereich wird das Kapitel „Energieinput" fast komplett überarbeitet und erneuert. Im Kapitel „generelles Energiekonzept" werden unter „Einsparung Beheizung und Warmwasser" Inhalte übernommen, die Bewertung wird jedoch geändert. Weitere Inhalte werden im Kapitel „Nutzerverhalten" übernommen.

Im Kapitel „Baustoffe" wird die Anwendung des MIPS-Konzeptes übernommen. Im Gegensatz zum Neubau werden aber hier nur die neu hinzukommenden Schichten für die Bauteile Außenwand, Dach, oberste Geschossdecke, Kellerdecke und Fenster bewertet. Das Kapitel wird diesbezüglich vollständig überarbeitet und die Bewertung an die Erfordernisse von Erneuerungsmaßnahmen angepasst.

Das Kapitel Schadstoffemissionen wird teilweise übernommen. Die Kriterien „Bauliche Maßnahmen" und „Nutzung" werden nur geringfügig angepasst. Neu hinzu kommt im Kapitel „Bauliche Maßnahmen" das Unterkapitel „Schutz der Bewohner bei Arbeiten in bewohnten Räumen". Das Kapitel „Baustoffherstellung" wird teilweise übernommen, die Bewertung jedoch an die Erfordernisse der Erneuerung angepasst. Neu hinzu kommt das Unterkriterium „vorhandene Gebäudesubstanz".

Im Bereich „Verwertung und Entsorgung" werden die Kriterien „Abfallvermeidung" und „Baustellenorganisation" übernommen und teilweise aktualisiert. Die Inhalte des Kapitels „vorhandene Gebäudesubstanz" werden teilweise aus ÖÖB übernommen.

Das Kapitel „Wasser Boden Luft" wird aus dem entsprechenden ÖÖB-Kriterium entwickelt.

Das Kriterium „Finanzierung und Wirtschaftlichkeit" wird aus dem gleichnamigen ÖÖB-Unterkriterium abgeleitet und zu einem eigenen Hauptkriterium erweitert. Übernommen werden die Inhalte für das Kriterium „Finanzierungsmodell". Teile fließen auch in die Kriterien „Fördermöglichkeiten" und „Wirtschaftlichkeit" ein. Das Kapitel „Mietwirksamkeit" kommt neu hinzu.

Im Kapitel „Baumanagement" wird das Kriterium „Bauherrenaufgaben" aus ÖÖB übernommen. Das Kriterium „Vorbereiten der Objektplanung" wird komplett erneuert, das Kapitel „Architekten-/Ingenieurleistungen" wird teilweise übernommen. Neu hinzu kommt das Kapitel „weitere Baunebenkosten".

Die Kapitel „Erneuerungskosten Bauwerk" und „Erneuerungskosten Technische Anlagen" werden analog zu den entsprechenden ÖÖB-Kapiteln gemäß der 2. Ebene der Kostengruppen 300 und 400 der DIN 276 untergliedert. Die Referenzwerte beziehen sich hierbei jedoch auf Erneuerungsmaßnahmen, deshalb wird die Bewertung vollständig überarbeitet. Übernommen wird lediglich der begleitende Text.

Das Kriterium „Außenanlagen" wird aus dem entsprechenden ÖÖB-Kriterium entwickelt. Hierbei ist jedoch zu beachten, dass es für Erneuerungsmaßnahmen eine geringere Rolle spielt als bei Neubauten. Ist keine Erneuerung der Außenanlagen vorgesehen, wird das Kriterium nicht betrachtet. Werden nur bestimmte Erneuerungsmaßnahmen geplant, werden nur die entsprechenden Unterkriterien bewertet.

Ebenfalls neu ist das Hauptkriterium „Nutzungskosten". Hier werden Teile aus dem ÖÖB-Unterkriterium „Bauunterhaltung" des Kapitels „Gebäudekonzept" übernommen und an die Erfordernisse von Erneuerungsmaßnahmen angepasst. Der größere Teil der Kriterien „Betriebskosten" und „Bauunterhaltung" wird jedoch neu erstellt.

		Kapitel aus ÖÖB übernommen (ggf. geringfügig angepasst bzw. aktualisiert)	Inhalte teilweise aus ÖÖB übernommen	neu	
Randbedingungen	Gebäudebeurteilung		Zieldefinition	Bauzustandserfassung Bauzustandsbewertung Beschädigungen	
	Projektbedingungen und Standort	Marktchancen Timing Lage	Grundstück	rechtliche Randbedingungen	
	Bewohner			Mieterinformation und -beteiligung Vorgehensweise Terminrahmen	
PK*	Planungskonzept		Soziale Qualität	Erneuerungsstrategie Grundrissorganisation Nutzerverhalten	
ökologische Kriterien	Energieinput		generelles Energiekonzept Nutzerverhalten	Wärmeschutz Technische Anlagen	
	Baustoffe	Einführung in das MIPS-Konzept		Materialintensität Außenwand Materialintensität Dach Materialintensität oberste Geschossdecke Materialintensität Kellerdecke Materialintensität Fenster vorhandene Gebäudesubstanz	
	Schadstoffemissionen	Bauliche Maßnahmen	Baustoffherstellung Nutzungsphase	Unterkriterium Schutz vorhandener Bewohner	
	Verwertung und Entsorgung	Abfallvermeidung durch Planung Baustellenorganisation	vorhandene Gebäudesubstanz		
	Wasser Boden Luft	Wasser Bodenversiegelung Zu- und Abluft			
ökonomische Kriterien	Finanzierung und Wirtschaftlichkeit	Finanzierungsmodell	Fördermöglichkeiten Wirtschaftlichkeit	Mietwirksamkeit	
	Baumanagement	Bauherrenaufgaben	Architekten-/ Ingenieurleistungen	Vorbereiten der Objektplanung weitere Baunebenkosten	
	Erneuerungskosten Bauwerk		Außenwände Kgr. 330 Innenwände Kgr. 340 Decken Kgr. 350 Dächer Kgr. 360		Texte übernommen, Bewertung neu
	Erneuerungskosten Technische Anlagen		Abwasser, Wasser, Gas Kgr. 410 Wärmeversorgungsanlagen Kgr. 420 Lufttechnische Anlagen Kgr. 430 Starkstromanlagen Kgr. 440 Fernmelde- und Informationstechnische Anlagen Kgr. 450		
	Erneuerungskosten Außenanlagen	Geländeflächen Kgr. 510 Befestigte Wege Kgr. 520 Baukonstruktionen in den Außenanlagen Kgr. 530 Technische Anlagen, Einbauten und sonstige Maßnahmen Kgr. 540, 550, 590			
	Nutzungskosten		Betriebskosten Bauunterhaltungskosten		

* PK = Planungskonzept

Tabelle 9: Überblick über die übernommenen Kriterien aus ÖÖB und die neuen Kriterien

3.5   Bewertungskriterien

Zur umfassenden Bewertung von Erneuerungsmaßnahmen werden 15 Hauptkriterien festgelegt (vgl. Bild 30). Sie werden in Randbedingungen, ökonomische und ökologische Kriterien sowie das Planungskonzept unterteilt. Die Hauptkriterien werden in 58 Teilkriterien untergliedert, die sich wiederum in insgesamt 117 Unterkriterien aufteilen.

Zu den Randbedingungen eines Erneuerungsprojektes gehört in erster Linie das vorhandene Gebäude. Zur optimalen Planung muss zunächst das Gebäude beurteilt werden. Projektbedingungen und Standort spielen bei Erneuerungsmaßnahmen nur bedingt eine Rolle. Gegebenenfalls sind sie jedoch mit in die Bewertung einzubeziehen, wenn z. B. zwei Erneuerungsprojekte zur Auswahl stehen, oder das Gebäude als Renditeobjekt genutzt werden soll. Ein weiteres wichtiges Kriterium bei Erneuerungsmaßnahmen ist der Umgang mit evtl. vorhandenen Bewohnern. Deshalb werden die Kriterien „Gebäudebeurteilung", „Projektbedingungen und Standort" und „Bewohner" gewählt.

Das Kriterium „Planungskonzept" ist weder nur den ökonomischen noch nur den ökologischen Faktoren zuzuordnen, sondern verbindet beide miteinander. Es berücksichtigt außerdem soziale Aspekte.

Durch die ökologischen Faktoren werden die Auswirkungen der geplanten Erneuerung auf die Umwelt berücksichtigt. Als Kriterien werden „Energieinput", „Baustoffe/Ressourcenverbrauch", „Schadstoffemissionen", „Verwertung und Entsorgung" sowie die Beeinträchtigung von „Wasser Boden Luft" gewählt.

Die ökonomischen Faktoren orientieren sich an der DIN 276 und der DIN 18960 und decken die Fragen der wirtschaftlichen Erneuerung ab. Betrachtet werden die Kriterien „Finanzierung und Wirtschaftlichkeit", „Baumanagement", „Erneuerungskosten Bauwerk (Kgr. 300)", „Erneuerungskosten Technische Anlagen (Kgr. 400)", „Erneuerungskosten Außenanlagen (Kgr. 500)" und „Nutzungskosten".

Im Folgenden werden die einzelnen Kriterien erläutert. Die Teilkriterien der zweiten Ebene werden im Text **fett**, die Unterkriterien der dritten Ebene *kursiv* gedruckt. In jedem Kapitel wird außerdem ein tabellarischer Überblick über die Teil- und Unterkriterien gegeben. Eine Übersicht über alle Kriterien gibt Anhang 1.

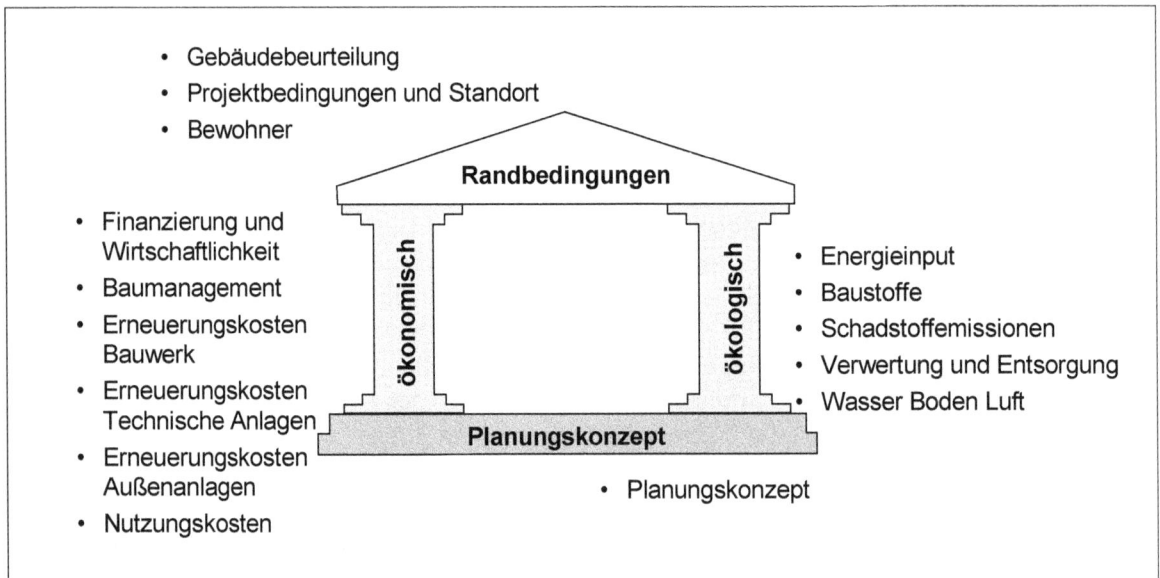

- Gebäudebeurteilung
- Projektbedingungen und Standort
- Bewohner

Randbedingungen

- Finanzierung und Wirtschaftlichkeit
- Baumanagement
- Erneuerungskosten Bauwerk
- Erneuerungskosten Technische Anlagen
- Erneuerungskosten Außenanlagen
- Nutzungskosten

ökonomisch

ökologisch

- Energieinput
- Baustoffe
- Schadstoffemissionen
- Verwertung und Entsorgung
- Wasser Boden Luft

Planungskonzept

- Planungskonzept

Bild 30: Übersicht über die 15 Hauptkriterien des Bewertungssystems ÖÖS

3.5.1 Randbedingungen

Zu den Randbedingungen einer Erneuerungsmaßnahme gehören das vorhandene Gebäude, Projektbedingungen und Standort sowie evtl. vorhandene Bewohner.

3.5.1.1 Gebäudebeurteilung

Ausgangsbasis bei baulichen Maßnahmen im Bestand ist die vorhandene Bausubstanz. Eine gründliche Auseinandersetzung mit dem Gebäude und seinen Details muss jeder Erneuerungsplanung zugrunde liegen. Die optimale und ressourcenschonende Planung kann nur durchgeführt werden, wenn man die vorhandene Bausubstanz genau kennt. Dadurch kann außerdem eine höhere Kostensicherheit erreicht werden. Wiechmann (1981) schätzt die Kostenerhöhung durch eine unterbliebene oder nicht ausreichend ausgeführte Bestandsaufnahme auf 10-30 % der Bausumme. Rau und Braune (1997) schätzen, dass sich durch eine gründliche Voraberfassung des Bestandes bis zu 25 % der Baukosten einsparen lassen. Die Gebäudebeurteilung gliedert sich in Bauzustandserfassung, Bewertung des Bauzustands, Zieldefinition und Vorerfassung möglicher Beschädigungen bei der Durchführung (vgl. Tabelle 10).

Ziel der **Bauzustandserfassung** ist eine bessere Kenntnis des Bestands, die zu besser abgestimmten Planungskonzepten und einer genaueren Kostenschätzung führt. Es werden die konstruktiven, materialspezifischen, statischen und gestalterischen Merkmale eines Gebäudes ermittelt.

Hauptkriterium	Teilkriterien	Unterkriterien
Gebäudebeurteilung	1 Bauzustandserfassung	1.1 Baugeschichte 1.2 Bauaufnahme 1.3 Baulicher Zustand
	2 Bauzustandsbewertung	
	3 Zieldefinition	3.1 Nutzung 3.2 Standard 3.3 Kostenrahmen
	4 Beschädigungen	

Tabelle 10: Bewertungskriterien zur Gebäudebeurteilung

Zur Analyse des Baubestands zählen sowohl maßliche Aufnahmen als auch Untersuchungen zum baulichen Zustand des Gebäudes. Darüber hinaus ist es hilfreich, Baugeschichte und bisherige Nutzung zu kennen. Der Umfang der maßlichen Aufnahmen wächst im Allgemeinen mit Alter und mangelnder Qualität des Gebäudes, der Umfang der Untersuchungen zum baulichen Zustand wird weitgehend vom Schadensbild bestimmt.

Mit der Erfassung der *Baugeschichte* wird die Vergangenheit des Gebäudes beleuchtet. Ziel ist es, Konstruktion, Nutzung, evtl. vorhandene Schadstoffe etc. möglichst genau zu kennen. Dazu werden vorhandene Unterlagen über die Entstehung und Entwicklung des Gebäudes erfasst und verarbeitet. Die wichtigsten Quellen sind Pläne. Darüber hinaus werden bildliche Darstellungen (insbesondere Fotografien) sowie schriftliche Quellen wie Akten, Bautagebücher, statische Berechnungen, Grundbücher, Briefe oder Urkunden ausgewertet. Eine weitere Quelle sind mündliche Überlieferungen über das Gebäude. Diese Angaben sind jedoch subjektiv und deshalb zu überprüfen (vgl. Kastner, 2000, S. 2-6).

Da in den meisten Fällen keine vollständigen Planungsunterlagen vorhanden sind, muss eine *Bauaufnahme* durchgeführt werden. Liegen bereits Pläne vor, müssen diese überprüft und ergänzt werden. Dabei ist zunächst zu prüfen, ob sich eine Prüfung und Ergänzung lohnt oder eine Neuerstellung sinnvoller ist. Um Aussagen über die Verwendbarkeit und Belastbarkeit machen zu können, muss der *bauliche Zustand* aller wichtigen Teile des Gebäudes erfasst werden. Dazu wird zunächst das Konstruktionssystem des Hauses ermittelt. Anschließend kann bestimmt werden, an welchen Stellen weitergehende Untersuchungen vorgenommen werden sollen. Die Tiefe der Schadensermittlung richtet sich nach den geplanten Maßnahmen, dem gewählten Standard und den Erfordernissen der Planerstellung und Massenermittlung. Die gebäudetechnischen Anlagen müssen ebenfalls erfasst werden. Dazu zählen Elektroinstallationen, Heizungsinstallationen und Sanitärinstallationen. Die Erfassung der gebäudetechnischen Anlagen erfordert einen speziellen Sachverstand. Es muss deshalb ggf. ein Sachverständiger hinzugezogen werden. Statische Berechnungen müssen bei Schäden an Tragwerken, die die Standsicherheit gefährden, oder bei Veränderungen an der Grundkonstruktion des Gebäudes (z. B. Adaptierungen) durchgeführt werden. Sie dienen dazu zu prüfen, ob die bestehenden Tragwerke im Hinblick auf Belastbarkeit, Beanspruchung und Formänderung ausreichend sind. Dazu sollte ein Statiker eingeschaltet werden, der die gesamte Konstruktion des Gebäudes und dessen Substanz beurteilt. Es sollte sich auch hier um einen altbauerfahrenen Fachmann handeln.

Ist das zu erneuernde Gebäude bewohnt, sind die Bewohner in die Bestandsaufnahme einzubinden. Hierdurch werden die Mieter von vornherein über die geplanten Maßnahmen informiert. Außerdem können langjährige Nutzer oft über im Vorfeld vorgenommene Eingriffe in die

Bausubstanz Auskunft geben, die im Rahmen der Begehung nicht oder nur schwer zu ermitteln sind.

Um die Auswirkungen der Missstände auf die Standsicherheit und Funktionsfähigkeit der Bauteile bzw. des gesamten Bauwerks zweifelsfrei beurteilen zu können, müssen die Schadensursachen unbedingt ermittelt werden. Bei der **Bauzustandsbewertung** wird grundsätzlich detailliert geprüft, ob alle konstruktiven Bestandteile des Gebäudes eine sichere Lastabtragung (Standfestigkeit) garantieren und die bauordnungsrechtlichen Forderungen aus den Bereichen Holz-, Wärme-, Feuchte-, Brand- und Schallschutz einhalten. Hieraus leiten sich Instandsetzungsdringlichkeiten für Gebäudeteile ab. In der Summe ergibt sich daraus eine Gesamteinschätzung für das Gebäude. Es sollte auch geprüft werden, inwieweit eine Erneuerung in mehreren Stufen sinnvoll und ohne Kostenerhöhung durchgeführt werden kann. Neben dem Zustand der Baukonstruktion ist auch der funktionale Zustand wie die Organisation der Wohneinheiten sowie die Zuordnung der Räume zu bewerten. Dabei ist die Größe der einzelnen Wohn- und Arbeitsbereiche zu beachten.

Bevor mit der Planung begonnen wird, müssen die **Ziele** der Erneuerungsmaßnahme **definiert** werden. Dazu werden die zukünftige Nutzung, der zukünftige Standard sowie ein Kostenrahmen festgelegt. Die zukünftige *Nutzung* sollte in Abhängigkeit von der bisherigen Nutzung und dem zukünftigen Bedarf festgelegt werden. Es empfiehlt sich, die gegenwärtige Nutzung des Gebäudes bei der Bauaufnahme zu ermitteln.

Damit ein Wohngebäude von den Nutzern akzeptiert wird, ist der entsprechende *Standard* von erheblicher Bedeutung. Kostengünstiges Bauen bedeutet nicht billiges Bauen auf niedrigem Niveau, sondern die Errichtung eines Gebäudes, das den Ansprüchen der Bewohner zu einem entsprechenden Preis gerecht wird. Das heißt, dass nicht am Standard gespart wird, wenn dies nicht gewünscht ist. Statt dessen wird auf unnötige Details verzichtet.

Die Deckelung der Kosten ist sehr wichtig, um das benötigte Kapital bereitstellen zu können und Kostensteigerungen zu vermeiden. Dabei muss die Kostenobergrenze realistisch abgeschätzt werden. Eine alle Planungs- und Bauphasen begleitende Kostenermittlung und -kontrolle muss gewährleisten, dass der *Kostenrahmen* eingehalten wird. Soll-/Ist-Vergleiche und die rechtzeitige Einleitung notwendiger Anpassungsmaßnahmen sind dafür eine wichtige Aufgabe.

Neben der Erfassung von vorhandenen Missständen muss außerdem abgeschätzt werden, welche unvermeidbaren **Beschädigungen** der Bausubstanz durch die geplanten baulichen Maßnahmen auftreten und welche Bauteile besonders geschützt werden müssen. Da Beschädigungen nicht völlig vermieden werden können und der Umfang der Arbeiten zu ihrer Beseitigung im Vorfeld nur schwer abschätzbar ist, empfiehlt es sich, bei den Leistungsbeschreibungen fast aller Gewerke entsprechende Positionen zum Ausbessern von Beschädigungen aufzunehmen. Auch die erforderlichen Schutzvorkehrungen und ggf. ihre Beseitigung sind im Leistungsverzeichnis als Position zu beschreiben bzw. in den Vorbemerkungen anzugeben.

3.5.1.2 Projektbedingungen und Standort

Zunächst wird die Projektidee im Hinblick auf ihre Marktchancen bewertet. Außerdem wird der Bereich Timing betrachtet. Ebenfalls untersucht werden die Lage des Standortes, die Qualität des Grundstücks sowie die rechtlichen Randbedingungen (vgl. Tabelle 11).

„Der Markt ist der ökonomische Ort des Tausches, auf dem sich [...] durch den [Ausgleich von Angebot und Nachfrage] die Preisbildung vollzieht" (Diederichs, 1999, S. 2). Unter dem Stichwort **Marktchancen** sind der Markt der Bauleistungen und des Baumaterials und der Wohnungsmarkt zu unterscheiden. Beide Märkte sind als Ausgangsparameter bei der Projektentwicklung sowohl regional als auch überregional zu beachten. Um die Wirtschaftlichkeit einer Projektidee zu beurteilen, ist eine Marktanalyse unabdingbar. Mit Hilfe von Statistiken, Meinungsumfragen und Marktbeobachtungen wird auf Grundlage der voraussichtlichen Nachfrage und des voraussichtlichen Angebotes eine Marktprognose entwickelt. Da Wohngebäude nachträglich nur schwer durch Umnutzung an einen sich verändernden Markt angepasst werden können, ist eine sorgfältige Marktanalyse und Prognose besonders wichtig.

Zur Bewertung des *Wohnungsmarktes* müssen alle wesentlichen Faktoren der Marktanalyse und -prognose berücksichtigt werden. Handelt es sich um ein Gebäude, das vom Eigentümer selbst bewohnt und nicht als reines Renditeobjekt betrachtet wird, kann die Bewertung des Wohnungsmarktes übersprungen werden.

Ebenfalls zu betrachten ist der *Baumarkt*. Es kann nicht generell gesagt werden, dass das Bauen mit Unternehmen aus der Region günstiger ist. Bei manchen Projekten ist es von Vorteil, wenn die Beteiligten sich untereinander kennen, kurze Anfahrtswege haben und schnell verfügbar sind. Bei anderen Projekten können schon vorhandene Erfahrungen durch ähnliche Projekte und speziell ausgehandelte Konditionen durch eine hohe Nachfrage mehr im Vordergrund stehen. Die jeweiligen Vor- und Nachteile gilt es, projektbezogen abzuwägen.

Unter **Timing** wird die Wahl des Baubeginns im Hinblick auf Konjunktur und Jahreszeit verstanden. Die Frage, ob in einem konjunkturellen Hoch gebaut werden muss, lässt sich in der Baupraxis meist schwer beeinflussen. Es ist jedoch offensichtlich, dass Bauunternehmen, die nicht voll ausgelastet sind, günstigere Angebote unterbreiten. Außerdem ist die Bauzeit von erheblicher Bedeutung. Eine um einen Monat verlängerte Bauzeit verursacht nach Bredenbals und Hullmann

Hauptkriterium	Teilkriterien	Unterkriterien
Projektbedingungen und Standort	1 Marktchancen	1.1 Wohnungsmarkt 1.2 Baumarkt
	2 Timing	
	3 Lage	3.1 Versorgung mit Dienstleistungen 3.2 Anbindung an Verkehrsnetze
	4 Grundstück	4.1 Baugrund 4.2 Grundstücksgröße und –form
	5 Rechtliche Randbedingungen	5.1 Bauplanungsrecht und Stellplatzverpflichtung 5.2 Bauordnungsrecht 5.3 Denkmalschutz 5.4 Brandschutzrechtliche Bestimmungen

Tabelle 11: Bewertungskriterien zu Projektbedingungen und Standort

(1998) Mehrkosten von 0,5 bis 3,0 % der Investitionskosten (vgl. Bredenbals, Hullmann, 1998, S. 10).

Die **Lage** eines Wohngebäudes hat erheblichen Einfluss auf seine Attraktivität. Deshalb muss der Makro-Standort (d. h. Region, Kreis, Gemeinde) ebenso geprüft werden wie der Mikro-Standort, der das Grundstück sowie das direkte Umfeld in fußläufiger Entfernung umfasst. Bei der Standortanalyse wird zwischen den harten (messbaren) Faktoren, den sozioökonomischen (wie z. B. die Bevölkerungsentwicklung) und den weichen Faktoren (wie Wohn- und Freizeitqualität) unterschieden. Bei baulichen Maßnahmen im Bestand ist die Lage meist durch das vorhandene Objekt vorgegeben. Eine Bewertung ist jedoch dann sinnvoll, wenn zwischen zwei oder mehr möglichen Erneuerungsobjekten gewählt werden soll.

Ein wichtiges Kriterium für die Lage ist die *Versorgung mit Dienstleistungen*. Relevante Dienstleister sind Geschäfte, ärztliche Versorgung, Post, Banken, aber auch kirchliche und soziale Einrichtungen, öffentliche Verwaltungsgebäude und Freizeit- und Sporteinrichtungen. Wichtig für Familien mit Kindern sind Kindergärten, Schulen und Kinderspielplätze. Für jedes Projekt ist abzuwägen, welche Bedeutung die einzelnen Dienstleitungen für die geplante Mieterstruktur haben. Eine gute Erreichbarkeit des Gebäudes ist von erheblicher Bedeutung für seine Attraktivität. Aus diesem Grund ist die *Anbindung an Verkehrnetze* zu prüfen. Hierzu gehören die Erreichbarkeit von überregionalen Straßen mit dem PKW, die Fußwegzeit zu Bushaltestellen und Bahnhöfen und die Taktfolgen von Bussen und Bahnen. Außerdem ist zu klären, ob Radwege oder für Radfahrer geeignete Straßen vorhanden sind.

Neben der Lage ist das **Grundstück** selbst zu bewerten. Kriterien dafür sind die Beschaffenheit des Baugrundes, Größe und Zuschnitt. In der Regel kann davon ausgegangen werden, dass der *Baugrund* für das bestehende Gebäude tragfähig ist. Sind adaptive Maßnahmen (Aufstockungen oder Anbauten) geplant, muss die Tragfähigkeit des Baugrundes überprüft werden.

Grundstücksgröße und -form beeinträchtigen das Projekt ebenfalls. Es ist zu prüfen, ob das Gebäude auf dem vorhandenen Grundstück erweitert werden kann, die Sonneneinstrahlung ausreichend und das Gebäude wind- und wettergeschützt ist und ob Aussicht und Sonnenbestrahlung vor Verdeckung durch Nachbarhäuser geschützt sind.

Bei den **rechtlichen Randbedingungen** wird unterschieden zwischen Bauplanungs- und Bauordnungsrecht. Das *Bauplanungsrecht* ist Bundesrecht. Rechtsgrundlagen sind das Baugesetzbuch (BauGB) und die Baunutzungsverordnung (BauNVO). Sie sorgen dafür, dass die Bodennutzung durch bauliche Anlagen den Grundsätzen der städtebaulichen Ordnung entspricht. Sind bei der Erneuerung adaptive Maßnahmen, bspw. der Ausbau des Dachgeschosses oder ein Anbau, geplant, so ist bereits vor der Planeingabe zu prüfen, ob für das Grundstück ein gültiger Bebauungsplan vorliegt. Ist dies der Fall, muss kontrolliert werden, ob die festgesetzten Maximalwerte (überbaute Fläche, Geschossfläche, Anzahl der Vollgeschosse) eingehalten werden. Wenn die Nutzung geändert oder die Anzahl der Wohneinheiten erhöht wird, ist außerdem zu überprüfen, ob sich daraus neue Anforderungen an die Anzahl der PKW-Stellplätze ergeben. Oft können beträchtliche wirtschaftliche Belastungen entstehen, da die notwendige Fläche meist nicht vorhanden ist und statt dessen Ablösesummen gezahlt werden müssen. Neue *Stellplatzanforderungen* können sich auch ergeben, wenn der Bestandsschutz erlischt.

Auf Landesebene wird durch das *Bauordnungsrecht* (Landesbauordnungen und örtliche Vorschriften) vorrangig die öffentliche Sicherheit und Ordnung im Bereich baulicher Anlagen sowie deren Zugänglichkeit und Erschließung gewährleistet. Das Bauordnungsrecht regelt jedoch in erster Linie die Planung und Errichtung neuer Bauten. Gebäude, die aufgrund früherer Baubestimmungen und -genehmigungen errichtet wurden, genießen Bestandsschutz, müssen also nicht generell geänderten Bauvorschriften angepasst werden. Eine Anpassung ist nur dann erforderlich, wenn dies wegen der Sicherheit oder Gesundheit erforderlich ist oder wesentliche Änderungen vorgenommen werden (vgl. MBO 1997, § 83, BauO NW, 2000, § 87). Verliert ein Gebäude seinen Bestandsschutz, so wird der Altbau wie ein Neubau behandelt, und alle verbleibenden Bauteile müssen den Neubauvorschriften genügen.

Steht ein Gebäude unter *Denkmalschutz*, so sind alle baulichen Veränderungen, auch reine Instandhaltungsmaßnahmen, genehmigungspflichtig. Ist das Vorhaben auch baurechtlich genehmigungspflichtig, wird das Denkmalschutzrecht in das Genehmigungsverfahren integriert. Bei genehmigungsfreien Vorhaben muss die denkmalschutzrechtliche Genehmigung gesondert eingeholt werden. Um Konflikte zu vermeiden, empfiehlt es sich, sich frühzeitig mit der zuständigen Denkmalbehörde oder dem Amt für Denkmalpflege in Verbindung zu setzen.

Brandschutzbestimmungen gelten prinzipiell für Altbau und Neubau gleichermaßen. Es gelten die einschlägigen Bestimmungen, vor allem die Landesbauordnungen und ihre Durchführungs- verordnungen, die Verordnung über Feuerungsanlagen und Heizräume (FeuV) sowie die VDE- Vorschriften. Da der Brandschutz ein wichtiger Teil jeder baurechtlichen Vorschrift ist, finden sich diesbezüglich viele Vorschriften in den Landesbauordnungen. Die Anforderungen für den Brandschutz betreffen bspw. die Abstände zwischen den Gebäuden mit Zugängen und Zufahrten, tragende Wände und Decken, Außen- und Trennwände sowie ihre mögliche Funktion als Brandwände, Dächer, Verkleidungen und Dämmschichten, Rettungswege, Treppen, Flure, Aufzugsanlagen sowie Lüftungs- und Feuerungsanlagen (vgl. Arendt, 1993, S. 211). Für die geplanten baulichen Maßnahmen ist eine Lösung zu suchen, die mit möglichst geringem Eingriff einen optimalen Brandschutz gewährleistet. Im Einzelfall kann für bestimmte Brandschutzmaßnahmen „Dispens[11]" beantragt werden. Ein solcher Dispens kann jedoch nur für einen konkreten Erneuerungsfall erteilt werden, da er sonst die geltenden rechtlichen Bestimmungen außer Kraft setzen würde (vgl. Arendt, 1993, S. 211, 215).

3.5.1.3 Bewohner

Ein großer Unterschied zwischen Neubau- und Erneuerungsplanungen liegt darin, dass bei Erneuerungen das Gebäude häufig bewohnt ist. Es ist also zunächst zu prüfen, inwieweit diese Bewohner während und nach den Baumaßnahmen in ihren Wohnungen verbleiben.

Das Kapitel Bewohner gliedert sich in die Bereiche Mieterinformation und -beteiligung, Vor- gehensweise und Terminrahmen (vgl. Tabelle 12).

---

[11] Befreiung von Geboten oder Verboten im Einzelfall durch eine ausdrückliche Ausnahmebewilligung (vgl. z. B. § 31 Abs. 2 BauGB)

Hauptkriterium	Teilkriterien	Unterkriterien
Bewohner	1 Mieterinformation und -beteiligung	1.1 Mieterbeteiligung
		1.2 Mieterinformation
	2 Vorgehensweise	2.1 Freimachungs- und Umsetzungssysteme
		2.2 Arbeiten in bewohnten Räumen
	3 Terminrahmen	

Tabelle 12: Bewertungskriterien zu Bewohnern

Um einen reibungslosen Ablauf der baulichen Maßnahmen zu gewährleisten, sind die Bewohner frühzeitig und ausführlich über die geplanten Maßnahmen zu informieren. Darüber hinaus sind die Meinungen und Wünsche der Bewohner zu erkunden sowie Möglichkeiten zur Selbsthilfe zu erwägen. Der zusätzliche Aufwand für eine Beteiligung der Mieter wird im Bestand auf ca. 1 % der Baukosten geschätzt (vgl. Projektverbund Nachhaltiges Sanieren im Bestand, 2001, S. 25). Dem steht jedoch gegenüber, dass durch die intensivierte **Mieterinformation und -beteiligung** das Vorhaben eher akzeptiert wird und somit die Kosten für Rechtsstreitigkeiten verringert werden. Langfristig werden die Mieter gebunden und die Fluktuation geht zurück (vgl. Projektverbund Nachhaltiges Sanieren im Bestand, 2001, S. 26).

Bereits im Vorfeld der baulichen Maßnahmen im Bestand liefert die Erkundung von Mieter-wünschen und -meinungen wichtige Erkenntnisse, die zur Bestandsaufnahme und zur Ermittlung des Erneuerungsbedarfs herangezogen werden können. Zu diesem Zweck werden die Haushalte schriftlich oder telefonisch befragt, bei kleinen Vorhaben kann die Befragung auch persönlich erfolgen. Ist eine *Mieterbeteiligung* vorgesehen, ist vor Beginn der Baumaßnahmen zu klären, inwieweit die Bewohner Leistungen als Selbst- oder Nachbarschaftshilfe übernehmen. Durch Eigenleistungen können sich einerseits die Bewohner besser mit der Wohnung identifizieren, und andererseits können Kosten verringert werden. In der Regel kann jedoch nur der Lohnanteil der Handwerkerleistungen eingespart werden. Bei Erneuerungsmaßnahmen macht er ca. 60 % der reinen Baukosten aus. Die übrigen 40 % sind Materialkosten. Da meist jedoch nur einige Gewerke in Eigenleistung erbracht werden können, liegen die Einsparungen bei ca. 20-30 % der reinen Baukosten (vgl. Schmitz u. a., 1981, S. 188f).

Zunächst werden die *Bewohner* frühzeitig und ausführlich durch ein Mieteranschreiben *informiert*. Es stellt die baulich-technischen Grundzüge sowie den groben Zeitrahmen des Erneuerungsvorhabens vor. Ergänzend können Gespräche mit der Mietervertretung oder engagierten Mietern stattfinden. Anschließend empfiehlt sich eine Mieterversammlung, auf der die geplanten Maßnahmen mit Ziel, Umfang, Art, Intensität und Dauer vorgestellt werden. Neben der gemeinsamen Information aller Mieter sind gruppenspezifisch ausgerichtete Angebote anzubieten. Sinnvoll sind bspw. zusätzliche Informationstreffen mit Bewohnern, deren Wohnungen von Grundrissveränderungen (z. B. zur Wohnungsvergrößerung) betroffen sind. Für ältere Mieter bietet sich eine Informations- und Beratungsveranstaltung über Vorrichtungen, Hilfsmittel und Finanzierung einer seniorengerechten Wohnraumanpassung an.

Ist das zu erneuernde Gebäude bewohnt, gibt es verschiedene Möglichkeiten und Systeme zur **Vorgehensweise**. Einerseits können die Wohnungen im Vorfeld der baulichen Maßnahmen geräumt werden, entweder durch Kündigung oder Umzug der Bewohner oder durch zeitweises Auslagern. Andererseits besteht die Möglichkeit, in bewohnten Räumen zu arbeiten. Dabei ist jedoch einiges zu beachten. Neben dem Arbeiten in bewohnten Räumen, bei denen die Bewohner während der gesamten Bauzeit in ihren Wohnungen verbleiben, gibt es folgende *Freimachungs-. und Umsetzungssysteme*:

- Rotationssystem im Haus,
- Umzug in Ausweichwohnungen während der gesamten Arbeiten,
- Umzug in Ausweichwohnungen während einer kurzen Kernbauzeit,
- Freimachen durch Kündigung (vgl. Schmitz u. a., 1981, S. 180).

Für jedes Vorhaben muss individuell abgeschätzt werden, welches System am wirtschaftlichsten ist. Außerdem ist der Koordinationsaufwand zu ermitteln und zu überlegen, ob die bisherige Mieterstruktur erhalten bleiben soll. Ist dies der Fall, ist die Meinung der Bewohner einzuholen. Häufig sind diese bereit, Belästigungen während der Bauphase in Kauf zu nehmen, wenn sie dafür ihre Wohnung nicht verlassen müssen.

Sollen die Bewohner in ihren Wohnungen bleiben, müssen die geplanten Maßnahmen in bewohnten Räumen durchgeführt werden. Dabei wird entweder in einem freigeräumten Teil der Wohnungen oder in den vollständig bewohnten Zimmern gearbeitet. Das *Arbeiten in bewohnten Räumen* erfordert einen hohen Koordinationsaufwand, der zusammen mit den beengten Arbeitsverhältnissen für hohe Baukosten sorgt. Da die Bewohner in der Regel diese Art der Erneuerung bevorzugen, spielt das Kapitel eine immer wichtigere Rolle.

Arbeiten in bewohnten Räumen sind nur vertretbar, wenn bestimmte Bedürfnisse der Bewohner erfüllt werden. Zu den Grundwohnfunktionen zählen:

- Erreichbarkeit einer Toilette (nicht unbedingt in der Wohnung, evtl. zu bestimmten Zeiten) und Möglichkeiten zur Körperpflege (Waschbecken, warmes Wasser),
- abgeschlossene Schlafplätze,
- Kochmöglichkeiten (evtl. nur bauseits gestellte Kochplatten),
- ständige Stromversorgung und (je nach Jahreszeit) Beheizbarkeit der bewohnten Räume,
- gefahrloser Zugang zu den Räumen und
- Lagermöglichkeiten für die Möbel der freizumachenden Räume (vgl. Schmitz u. a., 1981, S. 171f).

Die Belästigungen durch die baulichen Maßnahmen müssen möglichst gering gehalten werden. Eine belästigungsarme Bauausführung soll die mit den baulichen Maßnahmen verbundenen Belästigungen wie Schmutz, Lärm, Beschädigungen und Erschütterungen reduzieren. Dazu sind klare Anforderungen an die beteiligten Handwerker zu stellen, damit sie belästigungsarme Technik und Verfahren einsetzen.

Bei baulichen Maßnahmen im Bestand ist zunächst der **Terminrahmen** abzustecken. Bei vorhandenen Bewohnern muss geklärt werden, ob die Erneuerung aller Wohnungen in einem Zug durchgeführt werden soll oder abschnittsweise bzw. Wohnung für Wohnung vorgegangen wird (Rotationssystem). Um die Bauzeit nicht zu sehr in die Länge zu ziehen, sind sinnvolle Abschnitte zu wählen. Werden die baulichen Maßnahmen nicht in einem Zug durchgeführt, ist es wichtig, einen sehr genauen, wohnungsweisen Ablaufplan zu erstellen. Bauliche Maßnahmen in bewohnten Gebäuden führen immer zu einer Belästigung der Bewohner. Diese Belästigung ist nicht bei sämtlichen Maßnahmen und über den gesamten Zeitraum der Arbeiten gleich. Durch genaue Planung und Koordination der Arbeiten muss erreicht werden, dass entweder Spitzenbelastungen zu Zeiten auftreten, wo die Bewohner die Wohnung verlassen, oder die Auswirkungen dadurch gemindert werden, dass in freigemachten Räumen gearbeitet wird. Bei der Zeitplanung ist die Urlaubsplanung der Bewohner ebenfalls zu berücksichtigen. Dazu ist bei der Bestandsaufnahme ein Urlaubsplan zu erstellen, der den geplanten Urlaub der Bewohner erfasst und evtl. Terminvorschläge für die Urlaubszeit macht. Werden Arbeiten mit einem starken Belästigungsgrad während der Urlaubszeit der Bewohner durchgeführt, können Kosten für Ausweichwohnungen eingespart werden.

Damit die Erneuerung möglichst reibungsfrei und kurz abläuft, müssen sich die Gewerke untereinander präzise abstimmen. Die beteiligten Handwerksfirmen sollen sich deshalb mit den Arbeitsabläufen der anderen Gewerke und dem Gesamtablauf vertraut machen. Außerdem ist zu prüfen, in welcher Form Kooperationen bis hin zu institutionalisierten Handwerkerkooperationen sinnvoll sind.

3.5.2   Planungskonzept

Das Planungskonzept bietet die Chance und auch die Verpflichtung, den Charakter des Projektes entscheidend zu gestalten. Mit dem Konzept wird die Richtung vorgegeben, die in den folgenden Kriterien weiter verfolgt wird. Hier sind wirtschaftliche und ökologische Aspekte eng miteinander verknüpft. Außerdem werden soziale Faktoren berücksichtigt. Neben der gewählten Erneuerungsstrategie und der sozialen Qualität eines Gebäudes ist die Grundrissorganisation wesentliches Merkmal des Planungskonzeptes. Außerdem wird das Nutzerverhalten betrachtet (vgl. Tabelle 13).

Die **Erneuerungsstrategie** ist darauf anzulegen, die vorhandene Substanz soweit wie möglich zu erhalten. Außerdem muss entschieden werden, ob die baulichen Maßnahmen in einem Zug oder in Stufen durchgeführt werden. Bei einer stufenweisen Erneuerung müssen geeignete Stufen gewählt werden.

Hauptkriterium	Teilkriterien	Unterkriterien
Planungskonzept	1 Erneuerungsstrategie	1.1 Erhalt vorhandener Substanz 1.2 Erneuerungsstufen 1.3 Kombination von Sanierung und Modernisierung
	2 Soziale Qualität	2.1 Architektur und Städtebau 2.2 Nutzungskonzept
	3 Grundrissorganisation	
	4 Nutzerverhalten	

Tabelle 13: Bewertungskriterien zum Planungskonzept

Darüber hinaus bietet es sich an, Modernisierungsmaßnahmen mit ohnehin fälligen Sanierungsmaßnahmen zu koppeln. Im Gegensatz zur Neubauplanung muss bei baulichen Maßnahmen im Bestand die vorhandene Bausubstanz in die Planung integriert werden. Wird vorhandene Bausubstanz unnötig erneuert, entstehen zusätzliche Kosten, originale Bausubstanz geht verloren, gestalterische Qualität wird eingebüßt und unnötiger Bauschutt erzeugt. Der Planer muss deshalb bei seinen Entscheidungen ein möglichst umfassendes *Erhalten vorhandener Bausubstanz* anstreben.

Die Bildung von *Erneuerungsstufen* ist eine organisatorische Maßnahme, um eine umfassende Erneuerungsmaßnahme in einzelnen, aufeinanderfolgenden Abschnitten zu realisieren. Dadurch werden der Mittelbedarf gestreckt und die Finanzierbarkeit erleichtert, allerdings ist mit höheren Gesamtkosten der Baumaßnahmen zu rechnen. Vor der Festlegung, ob die geplanten baulichen Maßnahmen in mehreren Stufen durchgeführt werden sollen, müssen zunächst die Vor- und Nachteile gegeneinander abgewogen werden (vgl. Kapitel 2.3.3.1). Leistungspakete einzelner Erneuerungsstufen müssen so gewählt werden, dass später folgende Maßnahmen problemlos realisiert und die im ersten Schritt durchgeführten Maßnahmen weiterverwandt werden können. In der erste Stufe muss zunächst die Bausubstanz gesichert und erhalten werden. Die Behebung von Schäden und Mängeln hat Vorrang gegenüber wertverbessernden Maßnahmen.

Stufenlösungen müssen sowohl im Hinblick auf die Kosten als auch auf die Vermarktbarkeit von Immobilien wirtschaftlich sein. Neben einer wirtschaftlichen Finanzierung kann dies auch die Minimierung von Verlusten bedeuten (vgl. Krings, 2000, S. 8).

Durch die *Kombination von Sanierungs- und Modernisierungsmaßnahmen* lassen sich gegenüber nachträglich ausgeführten Maßnahmen erhebliche Kosten einsparen. Der Ratgeber zur energie- und kostenbewussten Altbausanierung der Stadt Dresden spricht von Ohnehin-Kosten bei Modernisierungsmaßnahmen, insbesondere bei Maßnahmen an der Außenwand, von bis zu 75 %, so dass bei kombinierten Maßnahmen für die Modernisierung lediglich 25 % Mehrkosten anfallen (vgl. Landeshauptstadt Dresden, 1999, S. 13). Einige Modernisierungsmaßnahmen sind sogar nur in Verbindung mit ohnehin fälligen Instandsetzungsarbeiten rentabel (Bild 31). Deshalb ist bei der Festlegung des Planungskonzepts zu prüfen, welche Modernisierungsmaßnahmen im Zuge einer Sanierung mit durchgeführt werden sollen.

Ob das Gebäude von den Bewohnern akzeptiert wird, hängt von dessen **sozialer Qualität** ab. Da diese erheblich für den Erhaltungszustand des Bauwerks verantwortlich sind, muss der soziale Faktor schon in der Planung berücksichtigt werden, um die Bausubstanz und den Immobilienwert zu erhalten. Der Themenbereich *Architektur und Städtebau* umfasst die städtebauliche Einfügung und die Architektur des Gebäudes. Ob sich das Gebäude in sein Umfeld einfügt, hängt wesentlich von der Gebäudetypenmischung ab. Hier ist insbesondere die Maßstäblichkeit der Baukörper von hoher Bedeutung. Das Gebäude muss sich nicht nur in die Nachbarbebauung einpassen, die Proportionen müssen auch in sich stimmig sein. Wird ein Anbau, eine Aufstockung bzw. ein Rückbau einzelner Stockwerke oder eine Veränderung der Fassade, also eine Änderung des äußeren Erscheinungsbildes, geplant, müssen der Stil und die Historie des vorhandenen Gebäudes berücksichtigt werden.

Die Energiekosteneinsparungen ermöglichen eine Amortisation der
Investitionskosten ...

... bereits ohne Koppelung   ... nur bei Koppelung mit
mit Sanierungsmaßnahmen   Sanierungsmaßnahmen

Wärmedämmung der obersten Geschossdecke

Wärmedämmung im geneigten Dach

Wärmedämmung der Kellerdecke von unten

Austausch von Fenstern gegen wärmeschutz-verglaste Fenster, bzw. nur der Verglasung gegen Wärmeschutz-verglasung

Wärmedämmung von Heizleitungen in unbeheizten Räumen sowie von Warmwasserleitungen

Wärmedämmung der Außenwände von außen

Austausch eines Heizkessels gegen einen Brennwert-Kessel

Quelle: Berliner ImpulsE, 2001, S. 8

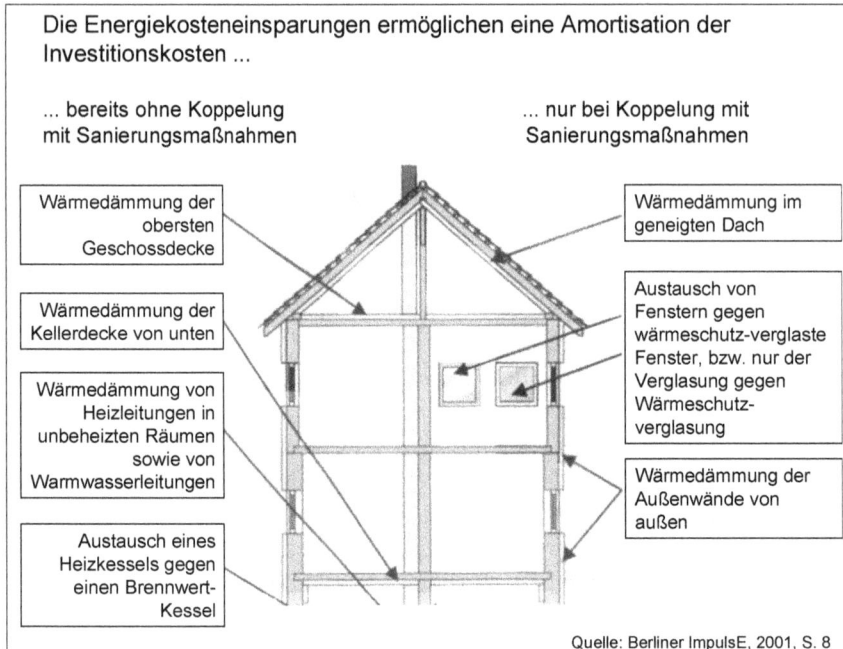

Bild 31: Amortisation der Investitionskosten durch Energiekosteneinsparung

Für den Entwurf des Planungskonzeptes muss der Nutzerwille in einem *Nutzungskonzept* möglichst genau festgehalten werden. Im Kapitel 3.5.1.1 „Gebäudebeurteilung" wurde bereits auf die Berücksichtigung der bisherigen Nutzung hingewiesen. Nach der Feststellung der bisherigen Nutzung bei der Bestandsaufnahme ist zu prüfen, ob die vorhandene Nutzung weiter möglich und gewünscht ist. Ist das Gebäude zum Zeitpunkt der baulichen Maßnahmen bewohnt und soll die Bewohnerstruktur erhalten bleiben, ist zu prüfen, ob die geplante neue Nutzung mit den vorhandenen Bewohnern möglich ist. Außerdem ist zu klären, ob die geplante Nutzung an den voraussichtlichen Bedarf der nächsten Jahre angepasst ist. Das Gebäude sollte flexibel für spätere Nutzungsänderungen sein.

Die Beeinflussung der Gebäudegeometrie ist bei Erneuerungsmaßnahmen bei weitem nicht so einfach wie bei Neubaumaßnahmen, da viele Randbedingungen durch die vorhandene Bausubstanz schon vorgegeben sind. Ein wichtiges Kriterium bei geplanten Grundrissänderungen ist jedoch die **Grundrissorganisation**. Sie hat erhebliche Auswirkungen auf die Wohnqualität. Allerdings beträgt bei baulichen Maßnahmen im Bestand der Anteil der Kosten, die durch Grundrissveränderungen bedingt werden, nach Schmitz, Meisel und Fleischmann im Durchschnitt etwa 25 % der Gesamtmaßnahme, häufig sogar mehr als 35 % (Schmitz u. a., 1981, S. 105). Deshalb sind der bestehende Grundriss möglichst geschickt zu nutzen und keine tiefgreifenden Veränderungen vorzunehmen. Durch gute Ausnutzung der vorhandenen Bausubstanz werden die Ressourcen geschont. Das ist auch ökologisch sinnvoll.

Neben einer guten Erneuerungsplanung muss gesichert sein, dass das geplante ökologische Konzept in der Nutzungsphase beibehalten wird. Hierfür muss der Nutzer ausführlich informiert werden, da das **Nutzerverhalten** einen großen Einfluss hat. Hilfreich ist ein Gebäudehandbuch, das Angaben über die ökologischen Zielsetzungen, die Beschaffenheit der eingesetzten Bauteile, Materialien und Anlagen sowie Informationen über die durchgeführten Inspektionen, Wartungen und Instandsetzungen, Wartungspläne, Adressen der mitwirkenden Firmen und Hinweise zum Sollverbrauch von Energie und Stoffen enthält. Darüber hinaus sind eine Dokumentation der Gebäudetechniksysteme sowie Betriebsanweisungen sinnvoll. Hilfreich sind auch Leitfäden für Wartung und Instandhaltung.

Um ein umweltbewusstes Verhalten des Nutzers zu fördern, sind objektspezifische Hinweise für den Nutzer zu erstellen, die die wichtigsten Maßnahmen zur Energie- und Wassereinsparung im Haushalt enthalten. Darüber hinaus müssen die Nutzer regelmäßig geschult werden.

3.5.3 Ökologische Kriterien

Ökologisches Bauen umfasst zwei Komponenten:

- Schutz des Menschen in seiner baulichen und natürlichen Umgebung und

- Schutz der Umwelt vor negativen Auswirkungen baulichen Handelns des Menschen (vgl. Fachkommission Bauplanung, 1999, S. A 1/3).

Um den Menschen zu schützen, sind in erster Linie Schadstoffemissionen auszuschließen. Zum Schutz der Umwelt gehört, dass der Energie- und Ressourcenverbrauch sowie zu entsorgende Materialien minimiert werden. Außerdem sind Wasser, Boden und Luft so wenig wie möglich zu beeinträchtigen.

Die ökologische Betrachtung muss immer den gesamten Lebenszyklus einbeziehen. Belastungen des Menschen und der Umwelt entstehen nicht nur durch die Erstellung, sondern auch in der Nutzungsphase und durch die anschließende Entsorgung eines Gebäudes.

3.5.3.1 Energieinput

Die lebenszyklusweite Betrachtung des Energieinputs von Gebäuden umfasst die Phasen Herstellung der Baumaterialien, Transport des Materials zur Baustelle, Bauausführung, Nutzung des Gebäudes und schließlich Demontage und Abbruch. Bei baulichen Maßnahmen im Bestand ist die Nutzungsphase besonders bedeutsam, da dort beträchtliche Einsparpotenziale bestehen. In dem Bewertungssystem wird deshalb das Energiekonzept inkl. der Einsparungen in der Nutzungsphase betrachtet. Darüber hinaus werden die Bereiche Wärmeschutz, Technische Anlagen sowie Nutzerverhalten bewertet (vgl. Tabelle 14).

Hauptkriterium	Teilkriterien	Unterkriterien
Energieinput	1 generelles Energiekonzept	1.1 Allgemeines 1.2 Einsparung Beheizung und Warmwasser
	2 Wärmeschutz	2.1 Wärmedämmkonzept 2.2 Bauliche Maßnahmen
	3 Technische Anlagen	3.1 Heizung 3.2 Warmwasserbereitung 3.3 Solarthermieanlage
	4 Nutzerverhalten	

Tabelle 14: Bewertungskriterien zum Energieinput

Der Bereich Herstellung spielt bei baulichen Maßnahmen im Bestand eine geringe Rolle, da der Großteil des Gebäudes bereits vorhanden ist. Im Vergleich zum Neubau werden nur wenige neue Baumaterialien eingesetzt. Außerdem ist der Bedarf an Baumaterialien sehr stark von der bereits vorhandenen Bausubstanz abhängig und schwankt in Abhängigkeit von den gewählten Baumaßnahmen. Aus diesem Grund werden die eingesetzten Baumaterialien nicht gesondert bzgl. ihres Energieinputs bewertet, sondern generell im Kapitel 3.5.3.2 „Baustoffe - Ressourcenverbrauch" betrachtet.

Das **Energiekonzept** wird mit den Kriterien *Allgemeines* und *Energieeinsparung Beheizung und Warmwasser* bewertet.

Erneuerungsmaßnahmen werden häufig in Abhängigkeit von den Instandhaltungserfordernissen abschnittsweise geplant. Daher ist es sinnvoll, eine langfristige Strategie für die energetische Verbesserung zu entwickeln. Dadurch können auch Fördermittel und günstige Marktsituationen besser genutzt werden. Das Energiekonzept muss die Gebäudekonzeption, die wärme- und lufttechnischen Anlagen und die Warmwasserbereitung mit einbeziehen (vgl. Veit u. a., 2001, S. 56). Die Handlungsmöglichkeiten konzentrieren sich also darauf, die Wärmedämmung der Gebäudehülle und der Fenster zu optimieren und die Heizung und Warmwasserbereitung anzupassen oder zu erneuern (vgl. Ladener, 1997, S. 23).

Durch die Verbesserung des baulichen Wärmeschutzes, speziell den Einbau moderner, luftdichter Fenster und Türen, wird das Gebäude dichter. Dadurch wird der Luftaustausch reduziert. Ohne Öffnen der Fenster oder selbstregelnde Lüftungsöffnungen in den Fensterrahmen findet fast kein Luftaustausch mehr statt. Tauwasser und Schimmelbildung nach dem Einbau neuer Fenster zählen nach dem Dritten Bauschadensbericht des Bundes mit einem Anteil von fast 13 % zu den bedeutendsten Bauschäden durch mangelhafte Erneuerungsmaßnahmen (vgl. BMBau, 1996, S. 96). Deshalb ist durch das Energiekonzept ein ausreichender Luftaustausch sicherzustellen. Dafür gibt es zwei Möglichkeiten, natürliche Lüftung und mechanische Lüftung mit einer Lüftungsanlage. Bei der natürlichen Lüftung muss der Luftwechsel durch konsequentes, regelmäßiges Öffnen der Fenster sichergestellt werden. Es ist sinnvoll, die Mieter jährlich über sachgerechtes Lüftungsverhalten unter hygienischen, ökonomischen und ökologischen Gesichtspunkten zu informieren. Durch eine mechanische Lüftung kann die Belüftung dem Bedarf besser angepasst werden. Darunter versteht man reine Abluft- oder Zu- und Abluftanlagen (ggf. mit Wärmerückgewinnung). Lüftungsanlagen mit Heizung oder Klimaanlagen sind grundsätzlich zu vermeiden, da sie zusätzlichen Strom verbrauchen und hygienische und gesundheitsrelevante Probleme auftreten können (vgl. Kapitel 3.5.3.3).

Eine Lüftungsanlage kann jedoch nur sinnvoll betrieben werden, wenn die Außenhülle ausreichend luftdicht ist. Ob eine zentrale Lüftungsanlage nachträglich in einen Altbau eingebaut werden soll, muss im Einzelfall geprüft werden. Dazu ist ein Fachplaner hinzuzuziehen. Wichtig ist, dass die geplante Anlage mehr Heizenergie einspart als sie an Strom verbraucht. Außerdem müssen Lüftungsanlagen regelmäßig gewartet werden. Kann ein ausreichender Luftwechsel durch natürliche Lüftung erzielt werden, ist in der Regel auf eine mechanische Lüftungsanlage zu verzichten.

Die größte Heizenergieeinsparung wird im Gebäudebestand mit einer Verbesserung des **Wärmeschutzes** erzielt (vgl. Berliner ImpulsE, 2001, S. 18). Darunter fallen die Dämmung der

Außenwände, der obersten Geschossdecke und der Kellerdecke sowie der Einsatz von wärmeschutzverglasten Fenstern. Eine gute Wärmedämmung senkt nicht nur den Energieverbrauch und die Energiekosten, sondern bewirkt durch eine höhere Temperatur der Wandflächen eine positive subjektive Wahrnehmung des Raumklimas. Die höhere Wandflächentemperatur verringert darüber hinaus das Risiko von Bauschäden und Schimmelbefall. Außerdem werden durch guten Wärmeschutz Wärmebrücken reduziert. Wichtig für eine hohe Energieeinsparung ist, dass alle Bauteile lückenlos gedämmt werden (vgl. Ladener, 1997, S. 22). Deshalb wird zunächst geprüft, ob das *Wärmedämmkonzept* alle Bereiche des Wärmeschutzes umfasst.

Das größte Energieeinsparpotenzial durch *bauliche Maßnahmen* bietet die Dämmung der Außenwände, da diese bei Altbauten den größten Anteil an der Gesamtfläche der Gebäudehülle haben (vgl. Berliner ImpulsE, 2001, S. 22). Die oberste Geschossdecke ist einfach zu dämmen. Das ist auch dann wirtschaftlich, wenn sie nicht mit anderen Maßnahmen kombiniert wird. Außerdem müssen nicht begehbare, aber zugängliche oberste Geschossdecken, die Teil der wärmetauschenden Hülle sind, nach EnEV in jedem Fall bis zum 31.12.2006 nachträglich gedämmt werden. Das Dach ist nur zu dämmen, wenn das Dachgeschoss zu Wohnzwecken ausgebaut wird oder ein Ausbau geplant ist. Die Dämmung der Kellerdecke ist in der Regel ebenfalls wirtschaftlich, auch wenn sie den geringsten Anteil an den Wärmeverlusten hat. Zudem wird die Wohnqualität im Erdgeschoss erhöht, weil der Fußboden deutlich wärmer ist. Die Fenster weisen bei den meisten Wohnhäusern den schlechtesten Wärmeschutz auf. Ist die Erneuerung der Fenster ohnehin geplant, sollte eine Wärmeschutzverglasung eingesetzt werden. Nach der Fenstermodernisierung müssen die Wände in jedem Fall einen deutlich besseren U-Wert aufweisen als die Fenster, sonst kann es zu Tauwasserausfall im Mauerwerk kommen. Die Dämmung der Fenster ist deshalb mit einer Dämmung der Außenwand zu kombinieren.

Neben einem optimalen Wärmeschutz zur Minimierung der Energieverluste ist die effiziente Energiebereitstellung durch **technische Anlagen** ein wichtiger Aspekt. Dabei spielt die Effizienz des Heizsystems bzw. der Wärmebereitstellung eine entscheidende Rolle. Eine Möglichkeit zur Nutzung regenerativer Energien bietet eine thermische Solaranlage.

Zunächst ist die vorhandene *Heizungsanlage* zu bewerten. Heizkessel, die vor dem 01.10.1978 eingebaut oder aufgestellt worden sind, müssen nach EnEV bis zum 31.12.2006 außer Betrieb genommen werden, wenn sie nicht bereits über Brennwert- oder Niedertemperaturkessel verfügen oder ihre Nennleistung weniger als 4 oder mehr als 400 Kilowatt beträgt. Wurde der Brenner der Heizkessel nach dem 01.01.1996 erneuert oder wurde der Kessel anderweitig so ertüchtigt, dass er die geltenden Abgasgrenzwerte einhält, verlängert sich die Austauschfrist bis zum 31.12.2008 (vgl. EnEV, 2001, § 9 (1)). Für Heizungsanlagen, die nicht unter diese Regelung fallen, ist zunächst durch eine Fachfirma zu prüfen, ob die bestehende Heizungsanlage in Bezug auf den Jahresnutzungsgrad, die Abgasverluste und -temperaturen sowie die Emissionen als „betriebsbereit" und „abgasarm" eingestuft werden kann (vgl. Niedersächsisches Sozialministerium, 1997. S. 24). Ist dies der Fall, ist der Einbau einer neuen Heizungsanlage oder der Austausch des Kessels nicht notwendig. Durch hohe Kesselverluste und Überdimensionierungen haben alte Kessel jedoch oft einen Nutzungsgrad unter 70 %. In diesem Fall sollte die Kesselanlage ausgetauscht werden. Eingesetzt werden heute Niedertemperatur- oder Brennwertkessel. Niedertemperaturkessel erreichen Nutzungsgrade von 85 % bis 92 %. Brennwertkessel entziehen den Abgasen neben der fühlbaren Wärme auch teilweise die im Wasserdampf des Abgases enthaltene Verdampfungswärme und führen sie dem Heizungssystem zu. Dadurch werden Nutzungsgrade zwischen 95 % und 107 % erreicht. Gasbrennwertkessel sind deutlich wirtschaftlicher als Ölbrennwertkessel. Liegt kein Gasanschluss vor, so wird in der Regel ein Öl-Niedertemperaturkessel eingesetzt.

Eine dezentrale *Warmwasserbereitung* mit elektrischen Durchlauferhitzern oder Boilern ist teurer und verursacht mehr CO_2-Emissionen als eine zentrale Warmwassererwärmung, da zur Erzeugung des benötigten Stroms nur ca. ein Drittel der eingesetzten Energie genutzt und der Rest ungenutzt als Abwärme in die Luft abgegeben wird. Außerdem werden zur Stromerzeugung vielfach CO_2-reiche Brennstoffe wie Kohle verwendet (vgl. Berliner ImpulsE, 2001, S. 41). Darüber hinaus kann eine zentrale Warmwassererzeugung ggf. mit einer thermischen Solaranlage kombiniert werden. Deshalb ist sie der dezentralen Warmwasserbereitung vorzuziehen. Die Nutzung der Solarenergie trägt wesentlich zur Verringerung der CO_2-Emissionen und zur Energieeinsparung bei. Aus diesem Grund ist nach Möglichkeit eine *Solarthermieanlage* zur Warmwassererwärmung vorzusehen. Es ist jedoch im Einzelfall zu prüfen, ob der Einbau einer Solaranlage wirtschaftlich ist. Dabei sind neben den Investitionskosten die höheren Betriebskosten zu betrachten und mit den Heizkosteneinsparungen für die Warmwassererwärmung zu vergleichen.

Das **Nutzerverhalten** bestimmt den Energieverbrauch eines Gebäudes entscheidend mit. Ein guter Wärmeschutz und eine gute Heizungs- und Lüftungstechnik sind die Voraussetzungen für einen niedrigen Heizenergieverbrauch. Dieser kann jedoch nur erreicht werden, wenn sich die Nutzer richtig verhalten. Dazu muss der Nutzer möglichst weitgehend auf seine Energieeinsparmöglichkeiten aufmerksam gemacht werden. Er muss z. B. auf den Einfluss der mittleren Raumtemperatur auf den Heizenergieverbrauch hingewiesen und über eine energiesparende Bedienung der technischen Anlagen aufgeklärt werden. Ebenso ist der Einfluss nutzungsangepasster Beheizung darzustellen. Auch die richtige Lüftungstechnik ist den Nutzern in regelmäßigen Abständen, z. B. jährlich, aufzuzeigen.

3.5.3.2 Baustoffe – Ressourcenverbrauch

Dieses Kapitel beschäftigt sich mit den eingesetzten Baustoffen und ihrer ökologischen Bedeutung. Als ökologisches Kriterium wird der Ressourcenverbrauch gewählt. Dieser wird durch die Materialintensitäten der einzelnen Bauteile dargestellt (vgl. Tabelle 15).

Hauptkriterium	Teilkriterien	Unterkriterien
Baustoffe - Ressourcenverbrauch	1 Materialintensität Außenwand	1.1 Total Material Requirement (TMR)
		1.2 Materialinput (MI) Wasser
		1.3 Materialinput (MI) Luft
	2 Materialintensität Dach	2.1 Total Material Requirement (TMR)
		2.2 Materialinput (MI) Wasser
		2.3 Materialinput (MI) Luft
	3 Materialintensität oberste Geschossdecke	3.1 Total Material Requirement (TMR)
		3.2 Materialinput (MI) Wasser
		3.3 Materialinput (MI) Luft
	4 Materialintensität Kellerdecke	4.1 Total Material Requirement (TMR)
		4.2 Materialinput (MI) Wasser
		4.3 Materialinput (MI) Luft
	5 Materialintensität Fenster	

Tabelle 15: Bewertungskriterien zu Baustoffen - Ressourcenverbrauch

Darüber hinaus werden die Baustoffe in diesem Kapitel nicht betrachtet. Hier sei auf die einschlägige Literatur verwiesen, z. B. Adriaans u. a. (1998), König (1998), Schulze Darup (1996). Die Schadstoffemissionen der Baustoffe werden im Kapitel 3.5.3.3 „Schadstoffemissionen" betrachtet, Eigenschaften wie lange Lebensdauer und einfache Recyclingfähigkeit werden im Kapitel 3.5.3.4 „Verwertung und Entsorgung" untersucht.

Als Kriterium für den Ressourcenverbrauch wird das MIPS-Konzept ausgewählt, das von der Abteilung „Stoffströme und Strukturwandel" am Wuppertal Institut[12] entwickelt wurde. MIPS bedeutet **M**aterial-**I**ntensität **p**ro **S**erviceeinheit. Dieses Maß drückt aus, welche Auswirkungen Produkte und Dienstleistungen von der Rohstofferzeugung über die Produktion und Nutzung bis zur Entsorgung auf die Umwelt haben. Dem Konzept liegt der Ansatz zugrunde, dass Umweltbelastungspotenziale näherungsweise durch ihren systemweiten Ressourcenverbrauch abgeschätzt werden können. Betrachtet werden sämtliche Stoffströme, die das Erzeugnis innerhalb seines Lebenszyklus´ auslöst. Dieser Materialinput wird zur besseren Vergleichbarkeit auf den insgesamt geleisteten Nutzen, den Service (z. B. m² Wohnfläche), bezogen.

Erster Schritt bei der Ermittlung des Ressourcenverbrauchs ist die Massenermittlung der eingesetzten Rohstoffe. Im zweiten Schritt werden die Materialintensitäten ermittelt. Die Materialintensität (MI) drückt aus, wie viel Material ein Produkt oder eine Dienstleistung in seinem Lebenszyklus benötigt. Das Wuppertal Institut hat Materialintensitätswerte (MI-Werte) berechnet, die sich auf 1 kg oder 1 t Material beziehen. Die MI-Werte werden durch produktlinienbezogene Analysen ermittelt, die alle eingesetzten Stoffe und die benötigte Herstellungsenergie erfassen. Dabei werden alle Bereiche eines Produktlebens berücksichtigt, in denen Material verbraucht wird. Abfallströme stellen einen Output und keinen Input dar und werden deshalb nicht einbezogen. Bei der Ermittlung der Materialintensitäten wird auch das Material berücksichtigt, das bewegt oder verbraucht wurde, aber nicht selbst Bestandteil des Produkts ist. Die Auflistung und Addition dieses Materialverbrauchs bezeichnet Schmidt-Bleek als „ökologischen Rucksack[13]" eines Produktes. Es werden alle Materialien bzw. Rohstoffe des

---

[12] Wuppertal Institut für Klima, Umwelt und Energie GmbH, Wuppertal
[13] für weitere Ausführungen siehe Ritthoff u. a., 2002, S. 11 und Schmidt-Bleek, 1997, S. 39ff

gesamten Lebenszyklus' erfasst, die der Umwelt aktiv entnommen oder dort bewegt wurden, um das Produkt oder die Dienstleistung zu erzeugen (z. B. anfallender Abraum, abgepumptes Grundwasser, gerodete Bäume, mit dem Transport verbundene Ressourcenverbräuche).

Bei der Erfassung der Inputs eines Produkts nach dem MIPS-Konzept werden die Stoffe in folgende fünf Bereiche eingeteilt (vgl. Ritthoff u. a., 2002, S. 14f):

- Abiotische Rohmaterialien
  Unter abiotischen Rohmaterialien versteht man nicht nachwachsende Rohstoffe. Darunter fallen mineralische Rohstoffe wie Erze, Sand und Kies, fossile Energieträger wie Kohle, Erdöl und Erdgas, nicht verwertbare Rohförderung (Abraum) und bei der Gewinnung der Rohstoffe bewegte Erde, z. B. Aushub von Erde oder Sediment.

- Biotische Rohmaterialien
  Unter biotischen Rohmaterialien versteht man pflanzliche Biomasse aus Bewirtschaftung und Biomasse aus nicht bewirtschafteten Bereichen (Pflanzen, Tiere etc.).

- Wasser
  Wasser geht nur dann als Input ein, wenn es der Natur aktiv entnommen, aufgestaut oder im betrachteten Prozess chemisch verändert wird. Unterschieden wird nach Oberflächenwasser, Grundwasser und Tiefengrundwasser.

- Luft
  Luft wird zum Materialinput gezählt, wenn sie vom Menschen verbrannt, chemisch umgewandelt oder physikalisch verändert (Beeinflussung des Aggregatzustands) wird.

- Bodenbewegungen in der Land- und Forstwirtschaft
  Darunter fallen mechanische Bodenbearbeitung und Erosion.

Durch die Unterscheidung in die fünf Kategorien wird die klassische Trennung zwischen Boden, Wasser und Luft berücksichtigt. Der Boden als Ressource wird dabei in drei Kategorien aufgeteilt: abiotische Rohstoffe, biotische Rohstoffe und Bodenbewegungen. Die Kategorie „Bodenbewegung" berücksichtigt den Verbrauch und die Veränderung von Boden durch Ackerbau und Forstwirtschaft auch ohne Ressourcenentnahme. Im Baubereich spielen diese Bodenbewegungen nur eine untergeordnete Rolle und werden deshalb hier nicht berücksichtigt. Die Kategorien abiotische und biotische Rohmaterialien werden zusammengezogen und als TMR (Total Material Requirement) bezeichnet. Die Maßeinheit für den Materialinput ist die Masse in kg. Zur Vereinfachung wird für die Ermittlung der Materialintensitäten auf bereits vom Wuppertal Institut ermittelte Materialintensitäten zurückgegriffen[14]. Neben den Materialintensitäten der Herstellungsverfahren aus Primär- und Sekundärrohstoffen werden teilweise auch deren typische Mischungsverhältnisse berücksichtigt. Im dritten Schritt wird der Materialinput in Beziehung zu einer Serviceeinheit, z. B. m² Wfl., gesetzt. Die so ermittelten Materialintensitäten pro Serviceeinheit (MIPS) können dann verglichen und bewertet werden.

Es wird der eingesetzte Materialinput für die geplanten baulichen Maßnahmen an **Außenwand**, **Dach**, **oberster Geschossdecke** und **Kellerdecke** bewertet. Betrachtet werden jeweils *Total*

---

[14] zur Methodik und Durchführung der Materialintensitätsanalysen vgl. Ritthoff u. a., 2002, S. 17ff

Material Requirement (TMR), Materialintensität (MI) Wasser und *Materialintensität (MI) Luft.* Die Referenzwerte wurden so gewählt, dass mit den dargestellten Materialinputs eine Verbesserung des Wärmedämmstandards auf ein Niveau mit einem Jahresheizwärmebedarf von 40-80 kWh/(m²a) erreicht werden kann. Bewertet wird das neu eingesetzte Baumaterial, die vorhandene Gebäudesubstanz wird nicht berücksichtigt.

Ein Vergleich von **Fenstern** unterschiedlicher Materialien zeigt einen steigenden Ressourcenverbrauch von Kunststofffenstern über Holzfenster und Holz-Aluminium-Konstruktionen zu Aluminiumfenstern (vgl. Lehmann, Stanetzky, 2000, S. 220-230). Stahl- und Aluminiumfenster werden i. d. R. im Wohnungsbau nicht mehr verwendet.

3.5.3.3 Schadstoffemissionen

Schadstoffe treten während des gesamten Lebenszyklus´ eines Gebäudes auf. Der Begriff „Schadstoffe" ist eine Sammelbezeichnung für Stoffe, die die Gesundheit des Menschen und seine Umwelt negativ beeinträchtigen (vgl. BMBau, BMVg, 1998, S. 13; Buurmann, 2003). Oft sind Schadstoffe Gefahrstoffe im Sinne der Gefahrstoffverordnung (GefStoffV) bzw. des Chemikaliengesetzes (ChemG).

Unter „Gefahrstoffen" versteht man im Sinne des § 4 Abs. 1 der GefStoffV gefährliche Stoffe und Zubereitungen, die eine oder mehrere der folgenden Eigenschaften aufweisen:

- explosionsgefährlich, brandfördernd, entzündlich,

- giftig, gesundheitsschädlich, ätzend, reizend, sensibilisierend, krebserzeugend,

- fortpflanzungsgefährdend, erbgutverändernd oder

- umweltgefährlich.

Nach § 19 Abs. 2 des ChemG sind Gefahrstoffe auch Stoffe und Zubereitungen, die explosionsfähig oder auf sonstige Weise chronisch schädigend sind. Unter den Begriff „Gefahrstoffe" fallen ebenfalls alle Stoffe, Zubereitungen und Erzeugnisse, aus denen bei der Herstellung oder Verwendung gefährliche Stoffe oder Zubereitungen entstehen oder freigesetzt werden können. „Störstoffe" bergen keine Gesundheits- oder Umweltgefahren. „Sie behindern oder verhindern jedoch die Verwertung von Abfällen. Die Entsorgung derartiger Abfälle ist mit deutlich höheren Kosten verbunden" (BMBau, BMVg, 1998, S. 13).

In diesem Kapitel werden die Schadstoffemissionen bewertet, die durch die vorhandene Gebäudesubstanz und während der Baustoffherstellung durch die neu einzubauenden Materialien und die baulichen Maßnahmen sowie bei der späteren Nutzung auftreten (vgl. Tabelle 16).

Hauptkriterium	Teilkriterien	Unterkriterien
Schadstoffemissionen	1 vorhandene Gebäudesubstanz	1.1 Prüfen des Bestandes
		1.2 Vorgehen bei der Schadstoffsanierung
	2 Baustoffherstellung	2.1 Treibhauspotenzial (GWP)
		2.2 Versauerung (AP)
	3 Bauliche Maßnahmen	3.1 Gefahrstoffermittlung
		3.2 Ersatz schadstoffhaltiger Baustoffe
		3.3 Technische und persönliche Schutzmaßnahmen
		3.4 Schutz der Bewohner
	4 Nutzung	4.1 Heizungsanlage
		4.2 Klima und Lüftung
		4.3 Emissionen der Materialien
		4.4 Emissionen im Brandfall

Tabelle 16: Bewertungskriterien zu Schadstoffemissionen

Bei baulichen Maßnahmen im Bestand muss grundsätzlich mit Schadstoffen in der **vorhandenen Gebäudesubstanz** gerechnet werden. Da bei Erneuerungsmaßnahmen damit gerechnet werden muss, dass derartige Schadstoffe erhöht freigesetzt werden, ist vor Beginn der Arbeiten das Gefährdungspotenzial für Bewohner und Handwerker festzustellen. Dazu sind geeignete Fachleute zu Rate zu ziehen. Ziel muss es sein, eine Gesundheitsbelastung von Bewohnern und Handwerkern während und nach der Erneuerung sicher auszuschließen (vgl. Projektverbund Nachhaltiges Sanieren im Bestand, 2001, S. 13-14).

Bei Erneuerungsmaßnahmen muss zunächst im Rahmen einer Begehung, ggf. in Verbindung mit Materialuntersuchungen eine *Prüfung des Bestands* durchgeführt werden. Es ist zu klären, ob Baustoffe eingebaut worden sind, die gesundheits- und umweltschädigende Materialien enthalten können. Tabelle 17 zeigt eine Übersicht, welche Schadstoffe in welchen Bauteilen vorkommen können. Bei Verdacht auf Schadstoffbelastung sind Schadstoffmessungen zu beauftragen. Aufgrund der Komplexität der Materie, der Vielzahl der möglichen Materialien und Inhaltsstoffe sowie der vielfältigen gesundheitlich relevanten Wechselwirkungen der Schadstoffe mit- und untereinander ist ein Sachverständiger für Innenraumschadstoffe hinzuzuziehen (vgl. Stache u. a., 2000, Kap. 3-4). Dieser führt entsprechende Untersuchungen und Messungen durch, beurteilt die weitere Vorgehensweise und schlägt Sanierungsmöglichkeiten vor. Er sollte auch die Bewohner persönlich befragen.

Es wird weiterhin das *Vorgehen bei der Schadstoffsanierung* betrachtet. Werden Schadstoffe festgestellt, ist zunächst zu prüfen, welche gesetzlichen Vorschriften und Richtlinien beim Umgang mit den Gefahrstoffen einzuhalten sind. Neben den Anforderungen der Gefahr-stoffverordnung (GefStoffV) sind die Technischen Regeln für Gefahrstoffe (TRGS) sowie weitere Arbeits- und Gesundheitsschutzrichtlinien einzuhalten. Welche Vorschriften für die geplanten Erneuerungsmaßnahmen relevant sind, muss in Abhängigkeit von den entdeckten Gefahrstoffen im Einzelfall geprüft werden. Gegenwärtig bestehen nur für wenige in Innenräumen vorkommende Schadstoffe Richtwerte. Diese müssen bei der Bewertung berücksichtigt werden. Der Erfolg der Schadstoffsanierung bzw. die Wirksamkeit vorläufiger Maßnahmen sind durch Messungen zu überprüfen.

Substanz	Mögliches Vorkommen	Mögliche Symptome
Asbest	Dach- und Fassadenplatten „Eternit" bis ca. 1991 PVC-Bodenbeläge Asbestpappen oder -platten an hölzernen Heizkörperverkleidungen oder asbesthaltige Dämmplatten Nachtspeicheröfen (vor 1977) Dichtungsschnüre an Öfen, Dichtungen und Klebemassen, Asbestpappe Brandschutzverkleidungen Fliesenkitte bis Anfang der 80er Jahre Trinkwasserrohre aus Asbestfaserzement (vor 1995) „In praktisch jedem größeren Gebäude, das vor 1982 errichtet oder umgebaut wurde, ist mit schwachgebundenen Asbest-Produkten zu rechnen." (Zwiener, 1995, S. 22)	akute Schäden sehr selten Spätschäden nach 20-60 Jahren: Fibrotische Lungenveränderungen bei sehr hohen Atemluftkonzentrationen, Lungenkrebs, bösartige Geschwülste am Bauch- und Rippenfell (Mesotheliom)
Blei	Trinkwasserrohre bis Anfang der 60er Jahre	chronisches Gift, Beeinträchtigung des Nervensystems, (speziell bei Kindern Intelligenz-, Lern- und Konzentrationsstörungen), Störung der Immunabwehr
Formaldehyd	Bindemittel für Holzwerkstoffe, insbesondere Spanplatten, Sperrholz, Tischlerplatten, Fertigparkett Mineralwolledämmstoff Fußboden – und Teppichkleber, Produkte zur Parkettversiegelung Einsatz vor allem im Innenausbau	meist keine Geruchsbelästigung! Reizungen der Augen und oberen Atemwege, Kopfschmerzen, Erkältungen, Depressionen, Schlafstörungen, Allergien, Mattigkeitsgefühle begründeter Verdacht auf krebserzeugendes Potenzial
Holzschutzmittel, meist Pentachlorphenol (PCP) und Lindan	Anstriche von Massivhölzern im Innenraum PCP vor allem in den 60er bis 70er Jahren, seit 1989 verboten Lindan seit Anfang der 50er Jahre, vor allem bis 1985	Mattigkeit, Lustlosigkeit, Allergien, Schädigung des Immunsystems, Störungen der Nieren- und Leberfunktion, Schlafstörungen, Kopfschmerzen, Schleimhautreizungen, Unruhe PCP wurde als eindeutig krebserregend eingestuft
PAK Polycyklische aromatische Kohlenwasserstoffe	vor allem in Parkettklebern (Bitumenklebern), die vor 1970 eingebaut wurden (gelblicher, brauner, schwarzer Parkettkleber), i. d. R. steinkohleteerhaltige Kleber	Geruchsbelästigung (dumpfmuffig) einige PAK sind krebserzeugend
PCB Polychlorierte Biphenyle	Zusätze (bis 1972) in Kunststoffen, Papierbeschichtungen, Klebstoffen, Imprägnierungs- und Flammschutzmitteln (z. B. Türfurnieren oder Teppichböden), Kitten, Spachtelungs-, Dichtungs- und Vergussmassen, Parkettfugen	chronische Symptome: erhöhte Infektanfälligkeit, Störung des Immunsystems, fruchtschädigendes Potenzial, Verdacht auf krebserzeugendes Potenzial

Radon	Erdreich (Radon diffundiert durch Bauwerkssohle, Mauerwerk, Bruchspalten, Abwasserkanäle etc. in den Wohnraum) Baustoffe: Bodenschüttungen, Granit, Fliesen, Ziegel	mit den Sinnesorganen nicht wahrnehmbar nach dem Rauchen zweithäufigste Ursache für Lungenkrebs
Schimmelpilze	Feuchtigkeit im Außenwandbereich (meist mit der Haut nicht fühlbar): Putz, Tapeten, Anstriche, Silikondichtungen, teilweise verdeckt hinter Tapete/Holzverschalung oder abgehängter Decke; typischer Befall oft nicht sichtbar ggf. schwarze Flecken	Atembeschwerden, Schnupfen, Halskratzen, Hustenreiz, Bronchitis, Allergien, Neurodermitis, Nebenhöhlenentzündungen. Symptome auch bei Nicht-Allergikern möglich. Einige Pilzarten sind krankheitserregend und lösen bei empfindlichen Personen z. B. Lungenentzündung aus
Weichmacher Meist DEHP15 und DBP16	Zusatzstoff für PVC, Bestandteil von Fußbodenbelägen, Wandfarben, Lacken, Klebstoffen, Elektrokabeln, Vinyltapeten, Türdichtungen, Beschichtungen von Fenstern und Türen	Verdacht auf zentralnervöse Effekte, Störungen des Immunsystems und Fortpflanzungsstörungen DEHP wird von der amerikanischen Umweltbehörde EPA als wahrscheinliches Hautkarzinogen eingestuft
Quelle: Schadstoff-Lexikon des Ingenieurbüros Oetzel, 2002, Schadstoffliste des Umweltinstituts München e. V., 2002, Zwiener, 1995, Stache u. a., 2000,		

Tabelle 17: Mögliche Schadstoffe in vorhandener Gebäudesubstanz

Unter dem Stichwort **Baustoffherstellung** wird der Zeitraum von der Gewinnung der Rohstoffe bis zum fertig hergestellten Baustoff betrachtet. Es fließen die vorgelagerte Energiebereitstellung, die Aufbereitung der Rohstoffe, der Transport zum Produktionsstandort und der eigentliche Herstellungsprozess ein. Nicht berücksichtigt wird der Transport zur Baustelle und der Bauprozess selber, da die Variationsmöglichkeiten zu vielfältig und hierfür keine vereinfachenden Methoden bekannt sind.

Im *Treibhauspotenzial GWP* (Global Warming Potential) werden alle Gase berücksichtigt, die längerfristig zum global wirkenden Treibhauseffekt führen, z. B. Kohlendioxid, Methan und FCKW. Kohlendioxid (CO_2) kann nicht gefiltert werden und liegt deshalb in hohen Konzentrationen in der Luft vor. FCKWs liegen geringer konzentriert vor, allerdings trägt ein FCKW-Molekül sehr viel stärker zum Treibhauseffekt bei als ein CO_2-Molekül. Die unterschiedlichen Wirkungsgrade der berücksichtigten Gase werden mittels Wirkungsfaktoren berücksichtigt, indem sie auf Kohlendioxid umgerechnet werden. Es entstehen sogenannte CO_2-Äquivalente (CO_2 eq.). Je mehr g CO_2-Äquivalente ein Baustoff enthält, desto mehr Treibhausgase werden freigesetzt. Ein weiteres Kriterium zur Beurteilung der Verschmutzung der Atmosphäre ist die *Versauerung AP* (Acidification Potential). Durch die Verbindung von hauptsächlich Schwefeldioxid (SO_2) mit Wasser entsteht in der Atmosphäre ein saurer Niederschlag, der regional zu Schäden an Pflanzen, Lebewesen und Bauwerken führt. Die verursachenden Gase werden auf Schwefeldioxid umgerechnet, so dass SO_2-Äquivalente (SO_2 eq.) entstehen. Je mehr g SO_2-Äquivalente ein

---

[15] Di-2-(ethylhexyl)-phthalat
[16] Di-n-butyphthalat

Baustoff enthält, desto stärker fördert er die Versauerung und schadet der Umwelt. Die Gewichtung der berücksichtigten Emissionen bei Treibhauseffekt und Versauerung zeigt Tabelle 18.

Um Schadstoffemissionen während der **baulichen Maßnahmen** minimieren zu können, müssen zunächst alle auftretenden Gefahrstoffe ermittelt werden. Dabei sind sowohl die bereits vorhandenen Gefahrstoffe aus der Bausubstanz als auch Gefahrstoffe aus neu einzusetzenden Materialien zu berücksichtigen. Für die neu einzusetzenden Stoffe muss geprüft werden, welche Gefahrstoffe durch weniger gefährliche Stoffe ersetzt werden können. Für die verbleibenden Gefahrstoffe sind optimale technische und persönliche Schutzmaßnahmen zu treffen.

Zur Ermittlung der Gefahrstoffe wird zunächst eine Arbeitsstoffliste erstellt. Diese beinhaltet alle verwendeten Arbeitsstoffe, nicht nur gekennzeichnete Gefahrstoffe. Unter Arbeitsstoffen versteht man alle Stoffe, Zubereitungen und Erzeugnisse, mit denen im Betrieb bzw. auf der Baustelle umgegangen wird (vgl. Rühl, 1999, S. 17-18). Aus der Arbeitsstoffliste können nun die Gefahrstoffe (vgl. GefStoffV, § 4 Abs. 1, ChemG § 19 Abs. 2) ausgewählt und in einer Gefahr-stoffliste erfasst werden. Hilfe bei der Ermittlung von Gefahrstoffen bieten die Sicherheitsdatenblätter der Hersteller oder Vertreiber nach § 14 GefStoffV. Aus den Informationen des Gefahrstoffverzeichnisses und der Sicherheitsdatenblätter müssen nach § 20 Abs. 1 GefStoffV Betriebsanweisungen für den Umgang mit den betreffenden Stoffen erstellt werden. Sie sollen verständlich und übersichtlich in der Sprache der Beschäftigten eindeutige Verhaltensregeln und Hinweise zum sicheren Arbeiten geben und sind an geeigneter Stelle, z. B. durch Aushang, bekannt zu machen. Ebenfalls notwendig nach § 20 Abs. 2 GefStoffV ist eine mündliche und arbeitsplatzbezogene Unterweisung der Beschäftigten vor Aufnahme der Arbeit und danach mindestens einmal jährlich, wobei u. a. die Betriebsanweisungen erläutert und Gebote und Verbote begründet werden.

Nach Ermittlung der neu einzusetzenden Gefahrstoffe ist zunächst zu prüfen, inwieweit Gefahrstoffe durch weniger gefährliche Stoffe ersetzt werden können, um so die *Anzahl der Gefahrstoffe* zu senken. Hilfe bei der Suche nach Ersatzstoffen bieten TRGS[17] zu Ersatzstoffen der 600er Reihe, Branchenspezifische Empfehlungen wie z. B. Produkt-Codes, BG-/ BIA-Empfehlungen, LASI-Leitfäden u. a. Außerdem kann bei Innungen, Berufsgenossenschaften oder anderen Institutionen nach Ersatzlösungen für bestimmte Probleme gefragt werden.

---

[17] TRGS = Technische Regeln für Gefahrstoffe

Treibhauspotenzial		
Emissionen		**Gewichtung**
CO_2	Kohlendioxid	1
CH_4	Methan	24,5
N_2O	Lachgas	320
R134a	FKW	1300
R22	FCKW	1700
H 1301	Halon	5600
		kg CO_2 eq.
		Quelle: Steiger u. a., 1995, S. C-4

Versauerung		
Emissionen		**Gewichtung**
NO_x	Stickoxide als NO_2	0,70
HCl	Salzsäure	0,88
SO_x	als SO_2	1,00
HF	Fluorwasserstoff	1,60
NH_3	Ammoniak	1,88
		kg SO_2 eq.
		Quelle: Steiger u. a., 1995, S. C-4

Tabelle 18: Emissionen und Gewichtung für Treibhauseffekt und Versauerung

Die *technischen und persönlichen Schutzmaßnahmen* für die beauftragten Handwerker sind durch die Auswahl möglichst gefahrloser Stoffe zu minimieren.

Die Gefahrstoffverordnung bestimmt in § 19 folgende Rangfolge von Schutzmaßnahmen:

1. Das Arbeitsverfahren ist so zu gestalten, dass keine Gefahrstoffe freigesetzt werden und die Arbeitnehmer mit Gefahrstoffen nicht in Hautkontakt kommen.

2. Kann das Freisetzen von Gefahrstoffen nicht verhindert werden, sind sie an ihrer Austritts- oder Entstehungsstelle vollständig zu erfassen und ohne Gefahr für Mensch und Umwelt zu entsorgen.

3. Ist eine vollständige Erfassung nicht möglich, sind entsprechende Lüftungsmaßnahmen zu treffen.

4. Werden nach den Punkten 1 bis 3 die Maximale Arbeitplatzkonzentration[18] oder der Biologische Arbeitsplatztoleranzwert[19] nicht unterschritten, so sind

    *   von den Beschäftigten wirksame und geeignete persönliche Schutzausrüstungen zu tragen und

    *   die Arbeitnehmer nur so lange zu beschäftigen, wie es das Arbeitsverfahren unbedingt erfordert und es mit dem Gesundheitsschutz vereinbar ist.

Unter persönliche Schutzmaßnahmen fallen als Grundausrüstung Kopf-, Fuß-, Handschutz und Schutzkleidung. Enthält die Atemluft Gefahrstoffe in gesundheitsgefährdenden Konzentrationen oder zu wenig Sauerstoff, sind zusätzlich Atemschutzgeräte zu tragen. Außerdem kann bei bestimmten Schadstoffkonzentrationen ein zusätzlicher Körperschutz durch eine luft-undurchlässige Einwegschutzausrüstung oder einen Chemikalien-Schutzanzug erforderlich sein.

---

[18] MAK-Wert, Maximale Arbeitsplatzkonzentration: „Konzentration eines Stoffes in der Luft am Arbeitsplatz, bei der im Allgemeinen die Gesundheit der Arbeitnehmer nicht beeinträchtigt wird." (§ 3 Abs. 5 GefStoffV)
[19] BAT-Wert, Biologischer Arbeitsplatztoleranzwert: „Konzentration eines Stoffes oder seines Umwandlungs-produktes im Körper oder die dadurch ausgelöste Abweichung eines biologischen Indikators von seiner Norm, bei der im Allgemeinen die Gesundheit der Arbeitnehmer nicht beeinträchtigt wird." (§ 3 Abs. 6 GefStoffV)

Forderungen und Hinweise zu persönlichen Schutzausrüstungen sind sowohl in staatlichen als auch in berufsgenossenschaftlichen Vorschriften enthalten[20].

Bei Arbeiten in bewohnten Räumen muss neben dem Schutz der Handwerker auch auf den *Schutz der Bewohner* geachtet werden. Können Gefahrstoffe nicht vermieden oder vollständig erfasst und ohne Gefahr für Mensch und Umwelt entsorgt werden, müssen entsprechende Lüftungsmaßnahmen umgesetzt oder die Bewohner zumindest für die Zeit, in der die Gefahrstoffe freigesetzt werden, aus den betroffenen Wohnungen ausquartiert werden. Außerdem ist darauf zu achten, dass die Bewohner erst in ihre Wohnungen zurückkehren, wenn keine Gefahrstoffbelastung mehr vorliegt.

In der **Nutzungsphase** werden Heizungs- und Lüftungsanlagen bzgl. ihrer Emissionen betrachtet. Außerdem werden Emissionen der Materialien in der Nutzungsphase und im Brandfall beleuchtet.

Art und Umfang der Schadstoffe von *Heizungsanlagen* hängen von der Wahl des Brennstoffs und der Verbrennungstechnik ab. Am günstigsten sind die Energieträger Gas, trockenes Holz und Öl. Steinkohle, Koks und Braunkohle sind wegen der hohen Schadstoffbelastungen auszuschließen.

Ebenfalls zu betrachten ist der Bereich *Klima und Lüftung*. Wird auf eine mechanische Lüftung zurückgegriffen, kann man grundsätzlich folgende Anlagetypen unterscheiden:

- Abluftanlagen,

- Zu- und Abluftanlagen, ggf. mit Wärmerückgewinnung,

- Lüftungsanlagen mit Heizung und

- Klimaanlagen.

Bei Abluftanlagen wird mit einem Ventilator die Luft aus einzelnen Räumen abgesaugt. Gleichzeitig kann durch Lüftungseinlässe in Wohn- und Schlafräumen Frischluft nachströmen. Bei Zu- und Abluftanlagen wird zusätzlich die Frischluft mit einem Ventilator von draußen angesaugt und über Kanäle in die einzelnen Räume verteilt. Gegebenenfalls kann die Abluft aus Küche, Bad und Wohnräumen gesammelt und einer Wärmepumpe zugeführt werden. Dadurch ist eine Rückgewinnung der in der Abluft enthaltenen Wärme zur Warmwasserbereitung möglich (vgl. König, 1998, S. 213-214). Bei Lüftungsanlagen mit Heizung und Klimaanlagen können hygienische und gesundheitsrelevante Probleme durch verpilzte mechanische Filter, verkeimte Befeuchteranlagen, verschmutzte Zuluftleitungen, Schalldämpfer und Induktoren entstehen, deshalb ist auf raumlufttechnische Anlagen zur Gebäudeerwärmung und Klimatisierung zu verzichten. An Abluftkanäle bestehen aus hygienischer Sicht keine Anforderungen. Zuluftkanäle dagegen müssen so konzipiert sein, dass keine Verschmutzung und Staubablagerung möglich ist, um keinen Nährboden für mikrobielle Belastungen zu geben.

Baustoffe müssen grundsätzlich frei sein von gesundheitsschädigenden Absonderungen in fester, flüssiger, gasförmiger und/oder strahlender Form. Deshalb werden mögliche *Emissionen der Baumaterialien* betrachtet.

Holzwerkstoffe sind Produkte, die durch Zusammensetzung von Holzfasern, Holzspänen und Furnieren, meist unter Zugabe von Bindemitteln, hergestellt werden. Als Bindemittel können

---

[20] z. B. BGR 189 Regeln für den Einsatz von Schutzkleidung, April 1994 oder DIN EN 13034, Ausgabe 1998-01 Schutzkleidung gegen flüssige Chemikalien

Formaldehydharze, Polyurethanharze, Gips, Zement, Magnesit und neuerdings auch Lignin dienen. Die gesundheitliche Relevanz von Holzwerkstoffen ist abhängig vom verwendeten Bindemittel (vgl. Schadstoffberatung Tübingen, 2003). Formaldehyd wird nach § 4a der GefStoffV eingestuft als „kanzerogen, Kategorie 3, giftig (T)". Es handelt sich um ein stechend riechendes Gas, das nicht nur mit anderen Stoffen, sondern auch mit biologischem Material leicht reagiert. Unter Einwirkung von UV-Strahlung zersetzt es sich schnell und kann aus mit Formaldehyd hergestellten Produkten ausdiffundieren. Dadurch können Augen- und Schleimhautreizungen, Hustenreiz, Kopfschmerzen und Unwohlsein hervorgerufen werden. Längerfristig kann Formaldehyd allergische Reaktionen auslösen oder allergische Reaktionen gegenüber anderen Substanzen begünstigen (vgl. Schadstoffberatung Tübingen, 2003). Empfehlenswert ist die Wahl von Holzwerkstoffen, die mit den Umweltzeichen Blauer Engel RAL-UZ 38 oder 76 ausgezeichnet sind.

Holzschutzmittel sind ebenfalls zu beachten. Sie sollen aufgrund ihrer Zusammensetzung einen Befall von Holz durch holzzerstörende oder -verfärbende Pilze und Insekten verhindern oder vorhandene Organismen abtöten und anschließend für einen langanhaltenden Schutz vor Neubefall sorgen. Holzschutz ist nur für tragende oder aussteifende Bauteile notwendig. Wenn möglich, ist das Holz konstruktiv zu schützen, damit auf chemische Holzschutzmittel verzichtet werden kann. In Innenräumen ist grundsätzlich kein chemischer Holzschutz anzuwenden. Ist chemischer Holzschutz nicht zu vermeiden, sind die Mengenangaben in den allgemeinen bauaufsichtlichen Zulassungen genau einzuhalten. Bei Erneuerungsmaßnahmen werden ggf. auch Schutzmittel für Mauerwerk eingesetzt. Sie sollen die Bildung von Algen- und Schimmelrasen auf Steinen, Mörtel und Außenputz verhindern. Dazu zählen auch sogenannte Schwammsperrmittel, die eingesetzt werden, um das Durchwachsen von Hausschwamm durch das Mauerwerk zu verhindern. Für Bekämpfungsmittel gilt ebenfalls, dass zunächst geprüft werden muss, ob auf chemische Bekämpfungsmittel verzichtet werden kann. Ist das nicht möglich, sind die Mengenangaben in den allgemeinen bauaufsichtlichen Zulassungen genau einzuhalten (vgl. DIN-Fachbericht, 2002, S. 32ff).

Künstliche Mineralfasern können die Gesundheit ebenfalls gefährden. Seit 01.06.2000 dürfen künstliche Mineralfasern, die aus ungerichteten glasigen (Silikat-) Fasern mit einem Massengehalt über 18 % an Oxiden von Natrium, Kalium, Calcium, Magnesium und Barium bestehen, nicht mehr in Verkehr gebracht, hergestellt und verwendet werden (vgl. ChemVerbV Chemikalienverbotsverordnung, Anhang zu § 1, Abschnitt 23; GefStoffV, § 15 Abs. 1, Anhang IV Nr. 22). Mineralwolle-Dämmstoffe fallen nicht unter das Verbot, wenn sie über eine ausreichend hohe Biolöslichkeit verfügen. Dazu müssen sie nach GefStoffV mindestens eines der dort beschriebenen drei Freizeichnungskriterien erfüllen. Darüber hinaus können die als Bindemittel verwendeten Kunstharze Formaldehyd enthalten (vgl. ÖkoPlus AG, 2003). Es ist zu prüfen, ob bei den geplanten Erneuerungsmaßnahmen komplett auf Mineralfaser-Dämmstoffe verzichtet werden kann. Ist dies nicht möglich, sind Produkte mit dem RAL-Gütezeichen „Erzeugnisse aus Mineralwolle" zu verwenden.

In Farben, Lacken und Lasuren, aber auch in Leimen und Klebern finden sich meist Lösemittel. Lösemittel sind „flüchtige organische Stoffe sowie deren Mischungen mit einem Siedepunkt $\leq 200°C$, die bei Normalbedingungen (20°C und 1013 hPa) flüssig sind und dazu verwendet werden, andere Stoffe zu lösen oder zu verdünnen, ohne sie chemisch zu verändern" (TRGS 610, S. 3). Bei der Auswahl von Farben, Lacken und Lasuren können verschiedene Umweltzeichen hinzugezogen werden.

Im Sinne der Wiederverwendung und Verwertung ist der Einsatz von Recyclingprodukten zu begrüßen. Es muss jedoch davon ausgegangen werden, dass Abfälle stärker durch Schadstoffe belastet sind und ggf. mehr Schadstoffe freisetzen als vergleichbare Primärrohstoffe (vgl. DIN-Fachbericht, 2002, S. 39). So können Recyclinggipsprodukte z. B. eine höhere radioaktive Strahlung haben als neu hergestellte Gipsprodukte. Bei Recyclingprodukten sind deshalb Produkte zu wählen, die ein Umweltzeichen Blauer Engel RAL-UZ besitzen (z.B. 60 für Recyclinggipsprodukte, 36 für Baustoffe aus Recyclingpapier).

Emissionen gehen im Brandfall in erster Linie von Kunststoffen aus. Polyvinylchlorid (PVC) wird im Bausektor vielfältig angewendet, z. B. in Fensterrahmen, Leitungen, Rohren und Bodenbelägen. Es wird aus Vinylchlorid hergestellt und besteht zu ca. 57 % aus Chlor (vgl. Schulze Darup, 1996, S. 215). Vinylchlorid wird nach § 4 GefStoffV als hochentzündlich und giftig eingestuft. Durch Zusatz verschiedener Additive wie Weichmacher, Stabilisatoren und Flammschutzmittel erhält das Roh-PVC die gewünschten Eigenschaften, wobei je nach Weich-machergehalt Hart- und Weich-PVC unterschieden werden. Im Brandfall wird ab 100°C Chlor in Form von Salzsäure abgegeben. Bei 220°C sind bereits 50 % der Salzsäure abgegeben worden. Die Salzsäure schlägt sich an Oberflächen nieder.

Hauptzersetzungsprodukte aus PVC-Produkten sind insbesondere Kohlenmonoxid, Chlorwasserstoff und polychlorierte Dioxine und Furane. Weitere Emissionen entstehen in Abhängigkeit von den Additiven, besonders den Flammschutzmitteln. Bei bromhaltigen Flamm-schutzmitteln besteht z. B. die Gefahr, dass Dioxine und Furane entstehen. Dies sind stark toxische Substanzen. PVC kann in fast allen Einsatzgebieten durch umweltfreundlichere Stoffe ersetzt werden.

Polystyrol (PS), das sich z. B. in den Dämmstoffen EPS (Expandiertes Polystyrol) und XPS (Extrudiertes Polystyrol) befindet, zersetzt sich ab einer Temperatur von 110 bis 210° C vor allem in Styrol, aber auch in geringen Mengen in Ethylbenzol, Toluol und Xylol. Styrol ist ein starkes Nervengift mit Verdacht auf krebserregende und erbgutschädigende Wirkung und wird nach § 4 GefStoffV als gesundheitsschädlich eingestuft. Ethylbenzol, Toluol und Xylol sind ebenfalls gesundheitsschädlich nach § 4 GefStoffV, Toluol und Ethylbenzol zusätzlich leichtentzündlich. In Abhängigkeit von den Additiven, besonders den Flammschutzmitteln, kommen weitere Emissionen hinzu.

Polyurethan (PU oder PUR) findet sich ebenfalls in Wärmedämmstoffen, aber auch in Klebern oder Lacken. Es hat ein ungünstiges Brandverhalten, da es sich bei direkter Beflammung sehr schnell zersetzt. Hauptzersetzungsprodukte sind Blausäure, Kohlenmonoxid, Nitrile, Cyanate, PAKs, Amine und Ammoniak. Mit Blausäure wird Cyanwasserstoff bezeichnet. Dieser ist sehr giftig und hochentzündlich. Unter Cyanate fallen z. B. Isocyanate, die hochtoxisch sind. Unter PAKs versteht man polycyclische aromatische Kohlenwasserstoffe, die bei der Erhitzung bzw. Verbrennung von organischem Material unter Sauerstoffmangel entstehen (vgl. Zwiener, 1997, S. 389ff). Zahlreiche Vertreter sind krebserzeugend, mutagen und toxisch. Auch bei Polyurethan kommen weitere Emissionen in Abhängigkeit von den Additiven, besonders den Flammschutzmitteln, hinzu.

Weitere Kunststoffe sind Polyethylen (PE) und Polypropylen (PP). Sie werden meistens im Leitungsbereich oder als Folien bzw. in Bodenbeschichtungen eingesetzt. Neuerdings sind auch Polypropylen-Fenster erhältlich. PE- und PP-Produkte sind vergleichsweise umweltverträglich, da Emissionen nur in Abhängigkeit von den Additiven/Flammschutzmitteln entstehen.

3.5.3.4   Verwertung und Entsorgung

Die größten Potenziale zur Vermeidung von Bauabfällen liegen in einer entsprechenden Planung, Ausschreibung und Bauleitung, d. h. in der Auswahl von Materialien und Konstruktionen sowie in der Organisation der Bauwerkserstellung. Die Materialauswahl wurde bereits in den Kapiteln 3.5.3.2 „Baustoffe" und 3.5.3.3 „Schadstoffemissionen" behandelt, deshalb konzentriert sich dieses Kapitel auf die Planung und Organisation. Außerdem wird die vorhandene Gebäudesubstanz auf dem Grundstück betrachtet.

Bei der **vorhandenen Gebäudesubstanz** ist zunächst abzuwägen, welche Teile verbleiben und welche rückgebaut werden. Bei den rückzubauenden Bauteilen ist zu prüfen, ob sie weiterverwendet werden können. Ist keine Weiterverwendung möglich, muss die rückzubauende Substanz auf mögliche Kontaminationen geprüft und die Demontagetiefe bestimmt werden.

Bereits in der Planung von Erneuerungsmaßnahmen ist eine möglichst umfassende *Weiternutzung* der vorhandenen Gebäudesubstanz anzustreben. Daneben sind vorzunehmende Um- und Rückbauarbeiten so zu planen und durchzuführen, dass möglichst wenig Bausubstanz beeinträchtigt wird. Ausgebaute Bauteile sollen nach Möglichkeit entweder im gleichen Gebäude oder bei anderen Projekten wiederverwendet werden. Die Kosten für das Versetzen von Bauteilen sind abhängig von den Baustellengegebenheiten, dem Transportweg, dem Reparaturaufwand und den Anpassarbeiten an der neuen Einbaustelle. Sie können ggf. höher sein als der Abbruch und Ersatz durch ein Normbauteil, jedoch ist im Einzelfall auch der gestalterische Effekt zu bedenken. Bei Gebäuden, die unter Denkmalschutz stehen, ist bei der Wiederverwendung von Bauteilen an anderer Stelle die Abstimmung mit den Denkmalschutzbehörden vorgeschrieben.

Hauptkriterium	Teilkriterien	Unterkriterien
Verwertung und Entsorgung	1 vorhandene Gebäudesubstanz	1.1 Weiternutzung 1.2 Kontamination 1.3 Demontagetiefe
	2 Abfallvermeidung durch Planung	2.1 Werterhaltung 2.2 Recyclingfähigkeit 2.3 Abfallarme Herstellung
	3 Baustellenorganisation	3.1 Maßnahmen zur Abfallvermeidung 3.2 Abfalltrennung 3.3 Verwertungsmöglichkeiten 3.4 Schutz der Bewohner

Tabelle 19: Bewertungskriterien zu Verwertung und Entsorgung

Vor Beginn der Demontage müssen alle rückzubauenden Bauteile auf vorhandene *Kontaminationen* untersucht werden. Bewertet wird in Anlehnung an die Vorgehensweise für die Planung eines Gebäuderückbaus bei Verdacht auf Schadstoffe aus den Arbeitshilfen Altlasten des BMBau und BMVg (vgl. BMBau, BMVg, 1998, S. 23). Nach den Vorgaben des Kreislaufwirtschafts- und Abfallgesetzes soll ein Gebäude selektiv in mehreren *Demontagestufen* rückgebaut werden, damit die unterschiedlichen Materialien weitgehend getrennt erfasst und verwertet bzw. entsorgt werden können.

Ein wichtiger Aspekt ist die **Abfallvermeidung durch Planung.** Um Bauabfälle zu vermeiden und zu verringern, muss eine Erneuerungsmaßnahme detailliert geplant werden. Die wichtigsten Ziele sind eine lange Lebensdauer der Bauwerke, Bauteile und Baustoffe, die abfallfreie oder abfallarme Herstellung von Bauwerkskonstruktionen, die Auswahl von abfallarm hergestellten Baustoffen und Recycling-Baustoffen und die Einplanung späterer Recyclingmaßnahmen. Untersucht werden die Bereiche „Werterhaltung", „Recyclingfähigkeit" und „abfallarme Herstellung". Die Baustoffauswahl wird im Kapitel 3.5.3.2 „Baustoffe – Ressourcenverbrauch" bewertet und deshalb hier nicht berücksichtigt.

Ein wichtiges Ziel ist die *Werterhaltung.* Durch planerische Maßnahmen soll eine möglichst lange Lebensdauer des Bauwerkes erzielt werden. Ein wichtiges Kriterium hierzu ist eine flexible Planung, so dass das Gebäude auch bei Nutzungsänderungen an die neuen Anforderungen angepasst werden kann. Wichtig ist auch eine schadenssichere Ausführungsplanung. Besondere Beachtung verlangt die unterschiedliche Lebensdauer der einzelnen Bauteile. Damit Bauteilgruppen mit einer kürzeren Lebensdauer ausgetauscht werden können, ohne Bauteile mit langer Lebensdauer zu beschädigen, sind Bauteile mit unterschiedlicher Lebensdauer konstruktiv voneinander zu trennen. Auch eine Instandhaltung muss möglich sein, ohne andere Bauteile zu beschädigen. Bauteile, die voraussichtlich häufig ausgetauscht werden, sind möglichst recyclingfähig auszurichten (vgl. LB NRW, 2002, S. 28). Um Bauteile schadensfrei und abfallarm reparieren zu können, sind geometrisch unkomplizierte Strukturen und möglichst wenig unterschiedliche Materialien zu wählen. Funktionsschichten sind konstruktiv voneinander zu trennen.

Beim recyclinggerechten Konstruieren sind Baukonstruktionen so zu wählen, dass sie mit minimalem Abfallanfall leicht ausgetauscht bzw. demontiert werden können, also eine gute *Recyclingfähigkeit* garantieren. Dies ist vor allem für die Bauteile wichtig, die wegen ihrer geringeren Lebensdauer häufig ausgetauscht werden müssen. Auch aus diesem Grund sind unterschiedlich beanspruchte Bauteile mit unterschiedlicher Lebensdauer zu trennen. Damit wird auch das Material klarer getrennt, was wiederum eine spätere Verwertung ohne aufwändige Stoffsortierung ermöglicht.

Verbundbaustoffe sind generell kritisch, denn sie fördern eine Vermischung der Materialien. Das kann mit einer späteren Verwertung unvereinbar sein. Anstelle solcher Verbundbaustoffe sind homogene Bauteilaufbauten oder leicht trennbare Kombinationen von Baustoffen in einem Bauteil zu bevorzugen.

Ein weiterer Aspekt der Planung ist die Auswahl abfallfrei oder *abfallarm herstellbarer Konstruktionen.* Einfache, unkomplizierte Detaillösungen vermeiden Bauschäden und damit auch Abfälle. Durch entsprechende Bauverfahren und die Auswahl von materialoptimierten Konstruktionen lassen sich Material (z. B. Schalung) und Abfälle einsparen. Durch die Wahl von marktüblichen Abmessungen von Bauteilen und Halbzeugen, wie z. B. Plattenwerkstoffen, und mit projektbezogenen vorkonfektioniert lieferbaren Dimensionen, z. B. von Fertigteilen und Formsteinen, können Reststoffe und Verschnitt minimiert werden. Dazu zählt auch die Planung von Funktionsschichten, die einen reststofffreien Einsatz ermöglichen.

Ebenso wie in der Planungsphase können auch auf der Baustelle durch eine gute **Baustellenorganisation** Abfälle vermieden werden. Neben der Abfallreduzierung wird die Abfallverwertung und -trennung betrachtet und optimiert.

Die wichtigsten organisatorischen *Maßnahmen zur Abfallvermeidung* sind

- die Vermeidung von Reststoffen durch Beschädigung oder Zerstörungen bei Transport, Baustellenlagerung und Montage,

- die Minimierung von Verschnitt und

- die Vermeidung von Reststoffvermischungen und dadurch Behinderungen der Recyclingmöglichkeiten.

Ebenfalls betrachtet wird die *Abfalltrennung auf der Baustelle*. Nach § 11 des Kreislaufwirtschafts- und Abfallgesetz (KrW-/AbfG) sind die Abfälle mindestens in die drei Fraktionen „Baumischabfälle", „Wertstoffe" und „Problemabfälle" zu trennen. Um Bauabfälle optimal verwerten zu können, müssen grundsätzlich alle Abfälle auf Baustellen sortenrein erfasst werden. Ab der Trennung von 9 Fraktionen können die Fraktionen „Baumischabfälle" und „Kunststoffe" vollständig vermieden werden. Eine Abfalltrennung in möglichst viele Fraktionen ist auch aus ökonomischer Sicht vorzuziehen. Für eine Trennung in viele Fraktionen wird jedoch mehr Stellplatz benötigt als für eine Trennung in 3 Fraktionen. Dabei ist eine möglichst gute Abschätzung der zu erwartenden Reststoffmengen in den einzelnen Fraktionen und die Vermeidung unnötiger Standzeiten notwendig. Auch der zusätzliche Aufwand für eine Trennung der Abfallfraktionen muss mit berücksichtigt werden.

Bei den Bauabfällen ist auf eine gute *Verwertungsmöglichkeit* zu achten. Wesentlicher Bestandteil des Bauabfalls ist der mineralische Bauschutt. Einzelne unbeschädigte Steine können - evtl. nach Zwischenlagerung auf dem Bauhof - wiederverwendet werden. Der restliche Bauschutt wird in Recyclinganlagen verwertet. Dazu muss unbelasteter und belasteter Bauschutt sortenrein getrennt werden. Eine weitere Abfallgruppe ist die der Holzabfälle. Größere Balken und Bretter können in vielen Fällen mehrfach verwendet werden. Dabei ist auf eine getrennte Sammlung zu achten. Metallabfälle sind im Baubereich die problemlosesten Abfälle. Eine direkte Wiederverwendung ist so gut wie nicht möglich. Die Abfälle werden nach Abgabe an einen Altmetallhändler nach Sorten getrennt und zur verarbeitenden Industrie weitergeleitet. Dort werden nahezu alle Metalle eingeschmolzen und als Rohstoffersatz dem Neumaterial beigefügt.

Einen erheblichen Anteil am Abfallaufkommen haben Verpackungsabfälle. Vorrangiges Ziel ist der Einsatz von Mehrwegverpackungen. Ist die direkte Rücknahme und Verwertung durch den Hersteller nicht möglich, ist ein eigens für die Entsorgung von Verpackungsmaterialien eingerichtetes Sammelsystem wie z. B. Interseroh oder Duales System Deutschland (DSD) zu wählen.

Eine zusätzliche Abfallfraktion beim Rückbau sind asbesthaltige Baumaterialien. Für den Ausbau von asbesthaltigem Material ist ein Sachkundenachweis nach den „Technischen Regeln für gefährliche Stoffe - Asbest; Abbruch-, Sanierungs- oder Instandhaltungsverfahren" (TRGS 519) notwendig. Außerdem ist die Gefahrstoffverordnung zu beachten. Zusätzlich ist auf eine fachgerechte Entsorgung durch Sonderabfallentsorger zu achten.

3.5.3.5   Wasser Boden Luft

Gegenstand dieses Kapitels sind die Grundelemente Wasser, Boden und Luft, auf denen jedes Leben aufbaut (vgl. Tabelle 20). Untersucht werden soll, welche Auswirkungen das geplante Projekt auf diese Elemente hat und wie die Belastungen möglichst gering gehalten werden können.

Wasser ist für alles Leben auf der Erde von existentieller Bedeutung. Neben der Senkung des Wasserverbrauchs ist eine möglichst geringe *Beeinträchtigung des Wasserhaushaltes* der Umgebung anzustreben. Bei der *Wasserrückführung* wird zwischen der Misch- und der Trennkanalisation unterschieden. Das Mischwasser besteht aus dem Niederschlag und dem Schmutzwasser. Das Schmutzwasser setzt sich aus dem Wasser aus Badewannen, Duschen und Waschmaschinen (Grauwasser) und fäkal-, feststoff- und fetthaltigem Abwasser (Schwarzwasser) zusammen. Eine weitere Möglichkeit der Regenwasserabfuhr ist die Versickerung auf dem Grundstück Die Versickerung hat den Vorteil, dass der Grundwasser haushalt durch das Gebäude nur gering belastet wird. Außerdem werden die Kosten für den Bau eines Regenwasserkanals eingespart. Bei günstigen Versickerungsmöglichkeiten können durch den Einsatz eines Mulden-Rinnen-Systems die Kosten um 50 bis 60 % verringert werden. Voraussetzung ist allerdings, dass der Boden und die entsprechenden Flächen ausreichend versickerungsfähig sind. Ferner muss durch die Bauaufsicht eine Entwässerungsgenehmigung erteilt werden. Inzwischen werden vielfach spezielle Versickerungsverfahren von den Kommunen gefordert.

Auch wenn sich der *Wasserverbrauch* seit 10 Jahren bei 144 l Trinkwasser pro Person/Tag stabilisiert hat, ist es offensichtlich, dass die Grundwasserressourcen geschont werden müssen. Nur 2 % des täglichen Wasserverbrauchs werden zum Kochen und Trinken verwendet (vgl. MBW NRW, 1999, S. 33). Viele Nutzungen benötigen keine Trinkwasserqualität. Reduzierungspotenzial liegt in der Minderung des Verbrauchs durch die Nutzung von Einsparpotenzialen und im Ersatz des Trinkwassers in weiten Teilen durch Regen- oder Grauwasser.

Einsparpotenziale bieten sich insbesondere durch:

*   Durchlaufbegrenzer an Armaturen der Waschbecken, Handbrausen mit regulierbarem Wasserstrahl und Intervallgeber an Duschen, so dass die Armatur automatisch abschaltet (Einsparpotenzial 15 bis 30 %),

*   Einhebelmischbatterien zur Verringerung der Temperatur-Einregelverluste,

Hauptkriterium	Teilkriterien	Unterkriterien
Wasser Boden Luft	1 Wasser	1.1 Beeinträchtigung des Wasserhaushaltes 1.2 Wasserverbrauch 1.3 Wasserrückführung
	2 Bodenversiegelung	
	3 Zu- und Abluft	

Tabelle 20: Bewertungskriterien zu Wasser Boden Luft

- Spülkästen an WCs mit gestaffelter Wasserspülmenge (Einsparpotenzial 33 bis 53 %),

- Wassersparende Geräte (Einsparpotenzial von Spülmaschinen, Waschmaschinen ca. 5 bis 10 %),

- Wohnungswasserzähler nach DIN 1988 (fördern das wassersparende Verhalten der Bewohner) (vgl. MBW NRW, 1999, S. 33 und Niedersächsisches Sozialministerium, 1999, S. 27); werden Wohnungswasserzähler eingesetzt, müssen diese jedoch alle 5 Jahre ersetzt werden, und es fallen außerdem zusätzliche Ablesegebühren an.

Regen- bzw. Dränwasser[21] kann zur Toilettenspülung, Gartenbewässerung und zur Textilreinigung verwendet werden. Bei Mehrfamilienhäusern ist eine Regen- bzw. Dränwassernutzung zur Toilettenspülung oder zur Textilreinigung jedoch meist nicht möglich, da nicht genug Wasser für alle Bewohner aufgefangen werden kann. Außerdem können Spülkästen und Leitungen verseifen. Die Nutzung zur Gartenbewässerung ist deshalb vorzuziehen. Durch diese Maßnahmen fallen Mehrkosten in Höhe von bis zu 2 % der Bauwerksherstellungskosten an (vgl. Fox-Kämper u. a., 1996, S. 224). Die Regenwassernutzung reduziert den Trinkwasserverbrauch, verringert die Abflussspitzen bei Regenfällen und entlastet damit die Kläranlagen. Wetterverhältnisse, Größe, Lage, Neigung, Ausrichtung und Art der Auffangfläche, Speichergröße und Brauchwasserbedarf beeinflussen die Rentabilität einer solchen Anlage. Neben Regenwasser kann auch das Grauwasser[22] zur Toilettenspülung, Gartenbewässerung und Textilreinigung herangezogen werden. Da dieses Wasser bakteriell sehr schnell verkeimt, ist eine aufwändige Behandlung und Filterung im Vorratsbehälter notwendig. Dadurch ist die Grauwassernutzung nur eingeschränkt empfehlenswert. Vorteilhaft ist seine kontinuierliche Erzeugung und die damit einhergehende hohe Versorgungssicherheit (ca. 85 l/EW x d (vgl. Zeisel, 1998, S. 49)), die bei der Regenwassernutzung nicht gegeben ist. Außerdem sind Quantität und Qualität des Grauwassers gut kalkulierbare und konstante Größen. Wichtig ist, dass das Grauwasser nicht mehr fäulnisfähig ist und auch nach längeren Standzeiten keine Geruchsbelästigungen von ihm ausgehen.

Ein weiterer Aspekt ist die **Bodenversiegelung.** Durch verdichtete Bauweise soll der Boden geschont und der Verkehr durch die Verkürzung der Wege gesenkt werden. Dies geht jedoch nur bis zu einem bestimmten Maß, da die Bewohner sich bei zu dichter Bebauung Kompensationsflächen im weiteren Umkreis suchen. Die erzielte Einsparung wird damit zunichte gemacht und der Verkehr steigt wieder an. Nach ökologischen Maßstäben sind Flächen möglichst wenig zu versiegeln. Durch unversiegelte Flächen versickert bei Regen mehr Wasser. Das fördert die Grundwasserbildung. Hilfreich ist die Verwendung von versickerungsfähigem Material. Unversiegelte Flächen wirken sich nicht nur günstig auf den Wasserhaushalt aus, sondern beeinflussen durch ihren Bewuchs das Klima einer Siedlung positiv. Bei baulichen Maßnahmen im Bestand muss geprüft werden, wie groß der Versiegelungsgrad ist und ob Flächen entsiegelt werden können. Werden befestigte Wege in den Außenanlagen instandgesetzt oder erneuert, sind versickerungsoffene Beläge zu wählen.

---

[21] Bei der Dränage des Grundstücks anfallendes Wasser, das vor Einsatz auf seinen Eisen- und Mangangehalt geprüft werden muss.

[22] verschmutztes Wasser aus Badewannen, Duschen und Waschmaschinen

Das dritte Grundelement ist die Luft (**Zu- und Abluft**). Verstanden wird darunter das Gasgemisch, aus dem die unteren Schichten der Erdatmosphäre bestehen und das zum Leben unentbehrlich ist. Die Qualität der Luft beeinflusst das Wohlbefinden des Menschen. Belastet wird die Luft mit Schadstoffen, die vorrangig bei der Erzeugung von Energie und Wärme sowie aus den Abgasen der Fahrzeuge frei werden. Neben der Senkung des Schadstoffausstoßes ist der Erhalt des stetigen Luftaustausches zwischen bebauten und unbebauten Gebieten notwendig, um auch langfristig eine gute Luftqualität zu sichern. Bei der Bewertung sind die Maßnahmen zu beachten, die eine Veränderung der Gebäudemaße, insbesondere der Gebäudehöhe, zur Folge haben. Durch die Aufstockung eines Gebäudes kann der notwendige Luftaustausch in anderen Gebieten beeinträchtigt werden. Zuglufterscheinungen sind ebenfalls möglich. Die Auswirkungen des geplanten Vorhabens auf die Luftqualität müssen schon früh geklärt werden.

3.5.4 Ökonomische Kriterien

Die wirtschaftliche Betrachtung einer Investition umfasst nicht nur die Erstellungskosten, sondern auch die Folgekosten durch Nutzung und für die Entsorgung eines Gebäudes. Es müssen also die Kosten über den gesamten Lebenszyklus berücksichtigt werden.

Wie wichtig die Kostenoptimierung bereits in einer frühen Planungsphase ist, zeigt Bild 32. Deutlich wird das extrem hohe Einsparungspotenzial in der Projektvorbereitungsphase. Sie umfasst die Projektentwicklung, die strategische Planung und die Grundlagenermittlung. Danach nimmt die Beeinflussbarkeit der Kosten immer weiter ab. In der Phase der Ausführungsvorbereitung nimmt sie kurzfristig wieder zu. Nach Beginn der Ausführung sind die Kosten kaum noch zu beeinflussen.

3.5.4.1 Finanzierung und Wirtschaftlichkeit

Neben dem eigentlichen Kauf- bzw. Herstellungspreis einer Immobilie ist ihre Finanzierung häufig noch bedeutsamer. Die Finanzierung umfasst alle Maßnahmen der Kapitalbeschaffung und -rückzahlung. Dabei müssen sowohl die Investitions- als auch die Baunutzungskosten berücksichtigt werden. Beide zusammen bilden den Finanzrahmen. Die Investitionsausgaben entsprechen den Gesamtkosten und sind aus dem eingesetzten Eigenkapital und den Finanzierungskosten zu decken.

Je nach Höhe der Finanzierung können die Finanzierungskosten bis zur gesamten Tilgung ein Mehrfaches des ursprünglichen Preises erreichen. Parallel zur den eigentlichen Finanzierungskosten beeinflussen staatliche Förderungen in Form von Zuschüssen, zinsfreien oder zinsgünstigen Darlehen, Steuervorteilen oder Abschreibungsmöglichkeiten die Finanzierung (vgl. Falk, 1996, Kap. 14, S. 1). Neben der Finanzierung wird in diesem Kapitel die Wirtschaftlichkeit betrachtet. Dazu werden die Erneuerungsfähigkeit und -würdigkeit eines Gebäudes sowie die Mietwirksamkeit der gewählten baulichen Maßnahmen geprüft (vgl. Tabelle 21).

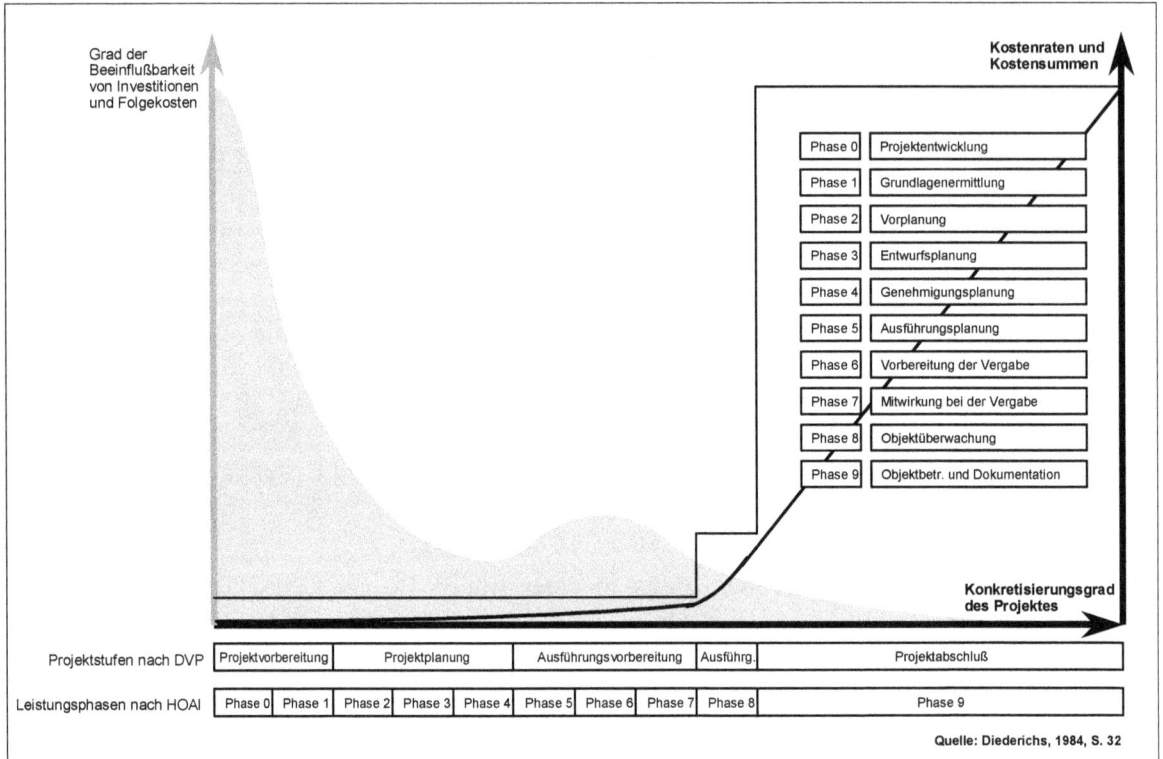

Bild 32: Abnehmende Beeinflussbarkeit von Investitionen und Folgekosten

Hauptkriterium	Teilkriterien	Unterkriterien
Finanzierung und Wirtschaftlichkeit	1 Finanzierungsmodell	
	2 Fördermöglichkeiten	2.1 Fördermittel
		2.2 Steuerliche Aspekte
	3 Wirtschaftlichkeit	3.1 Erneuerungsfähigkeit
		3.2 Erneuerungswürdigkeit
	4 Mietwirksamkeit	

Tabelle 21: Bewertungskriterien zu Finanzierung und Wirtschaftlichkeit

Zur Wahl des geeigneten **Finanzierungsmodells** sind zunächst die Investitionssummen und der daraus resultierende Kapitalbedarf abzuschätzen. Neben den Baukosten müssen auch die Baunebenkosten und insbesondere die Finanzierungskosten berücksichtigt werden. Nach DIN 276 zählen zu den Finanzierungskosten (Kostengruppe 760) auch die Zinsen vor Nutzungsbeginn. Sie betragen zwischen 2 und 6 % der Gesamtkosten (vgl. Bredenbals, Hullmann, 1998, S. 12) und bestehen aus den Kosten für

- die Beschaffung der Dauerfinanzierungsmittel,

- die Bereitstellung des Fremdkapitals,

- die Beschaffung der Zwischenkredite,

- Teilvalutierungen von Dauerfinanzierungsmitteln,

- Bereitstellungszinsen für angefordertes, aber noch nicht abgerufenes Kapital und

- Zinsen für Fremdkapital, die bereits in der Bauphase anfallen.

Um Kosten für die Vorfinanzierung bis zur Kreditbereitstellung bzw. die Zwischenfinanzierung zu minimieren, müssen die Auszahlungstermine entsprechend dem Baufortschritt geplant werden.

Bei der Wahl des geeigneten Finanzierungskonzepts ist außerdem zu prüfen, inwieweit **Fördermöglichkeiten** in Form von Fördermitteln und steuerlichen Vorteilen genutzt werden können. *Fördermittel* gibt es, meist nur unterhalb bestimmter Einkommensgrenzen, von den Ländern und vom Bund. Dabei ist zu beachten, dass sich die Förderbestimmungen häufig ändern und die einzelnen Förderungen oft nicht miteinander kompatibel sind. Gefördert werden vorrangig Modernisierungsmaßnahmen. Die einzelnen Bundesländer bieten ebenfalls verschiedene Programme zur Förderung der Modernisierung und Energieeinsparung an. Bei denkmalgeschützten Gebäuden bestehen weitere Fördermöglichkeiten. Können keine öffentlichen Förderprogramme beansprucht werden, ist zu prüfen, ob Fördermittel bei der Deutschen Stiftung Denkmalschutz oder der Deutschen Bundesstiftung Umwelt beantragt werden können.

Bei der Berücksichtigung der *steuerlichen Aspekte* ist zwischen selbstgenutzten und nicht selbstgenutzten Immobilien zu unterscheiden. Der Erwerb von Wohneigentum wird durch die Eigenheimzulage steuerlich gefördert. Sie kann auch für den Erwerb des zu erneuernden Gebäudes in Anspruch genommen werden, wenn das Gebäude oder eine Wohneinheit selbst genutzt wird und der Erwerber die Eigenheimzulage nicht schon anderweitig in Anspruch genommen hat. Die Eigenheimzulage kann ebenfalls für den zu eigenen Wohnzwecken genutzten Ausbau oder die Erweiterung einer Wohnung beantragt werden. Seit 01.01.1999 wird außerdem für Instandhaltungs- und Modernisierungsmaßnahmen an einem zu eigenen Wohnzwecken genutzten Gebäude in den neuen Bundesländern einschließlich Ost-Berlin eine Investitionszulage in Höhe von 15 % der im Jahr geleisteten Zahlungen gewährt, soweit eine Bagatellegrenze von 2.556 € im jeweiligen Jahr überschritten wird (vgl. InvZulG Investitionszulagengesetz 1999).

Ziel einer Investition in nicht selbstgenutzten Wohnraum ist die Rentabilität nach Steuern. Die Einkünfte aus der Vermietung können mit den übrigen Einkünften verrechnet werden. Das bedeutet, dass negative Einkünfte aus Immobilien das zu versteuernde Einkommen und damit auch die Steuerschuld senken. Handelt es sich um Gebäude in Sanierungsgebieten und städtebaulichen Entwicklungsbereichen oder um Baudenkmäler, werden Maßnahmen, die der Erhaltung, Erneuerung und funktionsgerechten Verwendung des Gebäudes dienen, gesondert gefördert (vgl.

EStG §§ 7 h, i, 11 b). Eine genaue Prognose der Steuerlast ist jedoch schwierig, da dafür eine sehr komplexe Gesamtbetrachtung der Einkommens- und Vermögensverhältnisse notwendig ist und die Vorschriften zur Besteuerung sehr kompliziert und ihre Änderungen nicht vorhersehbar sind (vgl. Schulte u. a., 1998, S. 521).

Ein zweiter wichtiger Aspekt neben der Finanzierung ist die **Wirtschaftlichkeit.** Bevor mit der genauen technischen Bestandsaufnahme begonnen wird, muss geprüft werden, ob eine Erneuerung überhaupt zweckmäßig ist. Zur Beurteilung der *Erneuerungsfähigkeit* sind die bautechnischen und wohntechnischen Verbesserungsmöglichkeiten sowie die künftige Vermietbarkeit der erneuerten Wohnungen zu beachten. Ob ein Haus erneuerungsfähig ist oder abgerissen werden sollte, kann aufgrund einzelner oder mehrerer negativ beurteilter Kriterien entschieden werden. Bei der Entscheidung müssen jedoch alle relevanten Bereiche berücksichtigt werden. Bei einem denkmalgeschützten Gebäude sind die übergeordneten Kriterien des Denkmalschutzes zu beachten (vgl. Achterberg, 1981, S. 37).

Bewertet wird außerdem die *Erneuerungswürdigkeit.* Auch wenn ein Gebäude grundsätzlich erneuerungsfähig ist, ist zu prüfen, ob eine Erneuerung wirtschaftlich ist.

Um die Wirtschaftlichkeit einer Erneuerungsmaßnahme zu beurteilen, ist außerdem zu prüfen, inwieweit die entstehenden Kosten **auf die Miete umgelegt** werden können. Die notwendige und mögliche Mieterhöhung hängt neben den entstehenden Erneuerungskosten wesentlich von der Art der Finanzierung, insbesondere der Inanspruchnahme von Mitteln aus öffentlichen Haushalten, ab (vgl. Achterberg, 1981, S. 39). Grundsätzlich lassen sich lediglich Kosten für Modernisierungsmaßnahmen auf die Miete umlegen. Instandsetzungsmaßnahmen sind nur umzulegen, wenn sie durch Modernisierungsmaßnahmen verursacht werden (vgl. II. WoBauG, § 17a). Für nicht preisgebundene Wohnungen gilt das Gesetz zur Regelung der Miethöhe. Werden öffentliche Mittel zur Modernisierungsförderung bei nicht preisgebundenen Wohnungen in Anspruch genommen, gilt das Modernisierungs- und Energieeinsparungsgesetz (ModEnG). Neben den gesetzlichen Vorgaben ist außerdem die spezielle Marktsituation zu berücksichtigen. Eventuell kann nur eine bestimmte Miethöhe realisiert werden. Wird sie überschritten, kann die Wohnung trotz eindeutiger Vorzüge nicht oder nur sehr schwer vermietet werden (vgl. Achterberg, 1981, S. 41). Einen Überblick über die ortsüblichen Mieten bieten Mietpreisspiegel der Gemeinden. Für preisgebundene Wohnungen gelten entsprechende Gesetze (II. Wohnungsbaugesetz, Wohnungsbindungsgesetz, II. Berechnungsverordnung, Neubaumietenverordnung). Die erzielbaren Mieterhöhungen liegen im Allgemeinen unter den möglichen Mieterhöhungen für nicht preisgebundene Wohnungen (vgl. Achterberg, 1981, S. 40).

3.5.4.2 Baumanagement

Unter Management wird im Allgemeinen die Leitung eines Unternehmens verstanden. Hier wird unter dem Begriff „Baumanagement" die Leitung eines kompletten Bauprojektes über den gesamten Lebenszyklus des Gebäudes zusammengefasst. Der Aufbau dieses Kapitels orientiert sich an der Kostengruppe 700 „Baunebenkosten" der DIN 276 (vgl. Tabelle 22). Die Baunebenkosten umfassen die bei der Planung und Durchführung anfallenden Kosten auf der Grundlage von Honorar- und Gebührenordnungen oder sonstigen vertraglichen Bedingungen.

Hauptkriterium	Teilkriterien	Unterkriterien
Baumanagement	1 Bauherrenaufgaben (Kgr. 710)	1.1 Projektmanagement
		1.2 Ausschreibung
		1.3 Vertragsgestaltung
		1.4 Abnahme und Mängelbeseitigung
		1.5 Abrechnung
		1.6 Gewährleistung
	2 Vorbereiten der Objektplanung (Kgr. 720)	
	3 Architekten-/Ingenieurleistungen, Gutachten und Beratung (Kgr. 730, 740)	
	4 weitere Baunebenkosten	4.1 Schutz der Gebäudesubstanz
		4.2 Umzug und Umsetzung von Bewohnern

Tabelle 22: Bewertungskriterien zum Baumanagement

Neben den üblichen Baunebenkosten kommen bei Erneuerungsmaßnahmen weitere hinzu, z. B. für die maßliche und technische Bestandsaufnahme am Gebäude, die Betreuung von Mietern (Ausweichwohnungen, Umzug, persönliche Hilfen), Schutzmaßnahmen, Reinigungskosten während der Arbeiten und zum Abschluss, Herrichten der Außenanlagen nach den Arbeiten und Mietausfall bzw. -minderung. In der Literatur werden Baunebenkosten von 18 bis 35 % der Baukosten für Erneuerungsmaßnahmen genannt (vgl. Schmitz u. a., 1981, S. 241 und Fuchsbichler, 1990, S. 70). Tabelle 23 zeigt die weitere Aufteilung der Baunebenkosten.

Die Baunebenkosten sind stark abhängig von den objektspezifischen Faktoren einer Erneuerungsmaßnahme, deshalb ist eine generelle Bewertung mit Durchschnittswerten nicht sinnvoll. Bei besonderen Entmietungsproblemen, Abfindungen etc. ist bspw. ein weiterer Zuschlag von 2 bis 5 % möglich. Auch sind Planungskosten bis 25 %, Finanzierungskosten von 8 bis 10 % und sonstige Nebenkosten von 6 bis 10 % keine Seltenheit, so dass sich Gesamtnebenkosten bis zu 45 % der reinen Baukosten ergeben können (vgl. Schmitz u. a., 1981, S. 241). Die Bewertung soll sich jedoch nicht nur auf die Baunebenkosten beziehen, sondern den gesamten Lebenszyklus eines Wohngebäudes umfassen und die Aufgaben und Möglichkeiten der einzelnen Projektbeteiligten, die Wirtschaftlichkeit des Gebäudes zu beeinflussen, mit einbeziehen.

Die Kostengruppe 710 der DIN 276 umfasst die **Bauherrenaufgaben**. Hier soll der DIN-Begriff des Bauherren um die Nutzungsphase erweitert werden und den späteren Eigentümer/ Gebäudemanager mit einschließen. Dabei ist es unerheblich, ob die Aufgaben durch den Bauherren selber oder durch von ihm beauftragte Vertreter (Projektleiter, später Verwalter oder Gebäudemanager) wahrgenommen werden. Bewertet wird, ob er - oder seine Vertreter - die ihm zur Verfügung stehenden Instrumente zur Kostensenkung genutzt hat.

Planungs- und Fachingenieurleistungen	12-20 %
Finanzierungskosten	5-7 %
sonstige Baunebenkosten, d. h. allgemeine Baunebenkosten, Bewirtschaftungskosten, Entmietungskosten	1-8 %
Baunebenkosten insgesamt	18-35 %
Quelle: Schmitz u. a., 1981, S. 241 und Fuchsbichler, 1990, S. 70	

Tabelle 23: Durchschnittskosten für Baunebenkosten bei Erneuerungsmaßnahmen

Da Erneuerungsarbeiten, speziell wenn die Arbeiten in bewohnten Gebäuden durchgeführt oder die vorhandenen Bewohner lediglich in Ersatzquartieren untergebracht werden, häufig unter einem beträchtlichen Termin- und Kostendruck stehen, ist ein gutes *Projektmanagement* unabdingbar. Bei kleineren Projekten kann diese Aufgabe der Architekt mit übernehmen, bei größeren ist ein externer Projektmanager hinzuzuziehen. Das Projektmanagement umfasst nach DIN 69901 alle Führungsaufgaben, -mittel, -organisation und -techniken für die Abwicklung eines Projektes (vgl. DIN 69901, 1999). Hierzu wird verwiesen auf die umfangreiche Literatur, u. a. des DVP-Verlages (www.dvpev.de).

Bei der *Ausschreibung* wird unterschieden zwischen öffentlicher Ausschreibung, bei der eine unbeschränkte Zahl von Unternehmen anbieten können, und beschränkter Ausschreibung, bei der eine beschränkte Zahl von Unternehmen zur Angebotsabgabe aufgefordert wird. Unabhängig davon, ob öffentlich oder beschränkt ausgeschrieben wird, gibt es verschiedene Möglichkeiten der Vergabe[23]. Ausgeschrieben werden soll erst, wenn die Verdingungsunterlagen zusammengestellt worden sind. Dafür muss die Ausführungsplanung rechtzeitig abgeschlossen werden. Aufgabe des Auftraggebers ist es, alle Voraussetzungen für den Ausführungsbeginn zu schaffen. Das sind eine gesicherte Finanzierung, alle Bau- und sonstigen Genehmigungen, ein frei zugängliches Baugrundstück und Zufahrten zur Baustelle sowie abgeschlossene Vorleistungen anderer Unternehmer. Die wichtigsten Bestandteile der Verdingungsunterlagen sind die Leistungsbeschreibungen (mit Leistungsverzeichnis oder -programm), die Ausschreibungspläne und die Vertragsbedingungen. Es kann nicht generell gesagt werden, welche Art der Vergabe sinnvoll ist. Ebenso muss bei jedem Projekt individuell abgewogen werden, ob eine Leistungsbeschreibung mit Leistungsverzeichnis oder mit Leistungsprogramm zweckmäßig ist.

Bei der *Vertragsgestaltung* muss sich der Bauherr vor Überraschungen schützen. Einen Überblick bietet die Broschüre „Ratgeber für Verträge rund um´s Bauen" des Bundesbauministeriums (vgl. BMBau, 1998). Neben dem Vertrag muss der Auftragnehmer daraufhin geprüft werden, ob er die beauftragte Leistung auch ausführen kann. Als Bestandteil für die meisten Verträge mit Bauunternehmen wird die Vergabe- und Vertragsordnung für Bauleistungen VOB Teil B vereinbart, d. h. die Allgemeinen Vertragsbedingungen für die Ausführung von Bauleistungen. Die VOB/B gilt jedoch nicht automatisch, sondern muss stets neu vereinbart werden. Dabei soll die VOB/B als Ganzes vereinbart werden, da es VOB/B-Klauseln gibt, die nicht verändert werden dürfen, wenn die AGBG-Konformität erhalten bleiben soll. Soll von einzelnen VOB-Klauseln Abstand genommen werden, ist in jedem Fall ein VOB-Spezialist zu Rate zu ziehen. Eine sorgfältige Vertragsgestaltung ist besonders wichtig, um Nachtragsforderungen zu vermeiden.

Bei der *Abnahme* wird die ordnungsgemäße Erstellung der Bauleistung festgestellt und durch den Auftraggeber gebilligt (vgl. § 640 BGB, § 12 VOB/B). Dabei festgestellte Mängel werden im Abnahmeprotokoll vermerkt und sind vom Auftragnehmer zu beseitigen. Ein Mangel besteht, wenn die Ist-Beschaffenheit nicht dem vereinbarten Soll entspricht und dadurch der Wert der Bauleistung oder ihr bestimmungsgemäßer Gebrauch beeinträchtigt wird. Ebenso ist es ein Mangel, wenn dem Werk eine vom Unternehmer zugesicherte Eigenschaft fehlt. Tritt der Mangel vor der Abnahme auf, hat der Auftraggeber Anspruch auf Beseitigung. Mit der Abnahme wird die

---

[23] Vergeben wird nach VOB bzw. VOL, wenn die Fertigung überwiegend im Werk des Lieferanten geschieht.

vereinbarte Vergütung fällig und die Vorleistungspflicht des Auftragnehmers entfällt. Außerdem geht die Leistungsgefahr der unverschuldeten Beschädigung oder Zerstörung auf den Auftraggeber über, und mit der Abnahme wird die Beweislast bei Mängeln umgekehrt. Da die Vergütung an die Abnahme gebunden ist, ist der Auftraggeber zur Abnahme verpflichtet. Tritt er in Annahmeverzug, so hat der Auftragnehmer nach § 304 BGB Anspruch auf Erstattung der ihm entstehenden Mehrkosten und auf eine Entschädigung (vgl. § 643 BGB).

Mit der Abnahme hat der Auftragnehmer Anspruch auf Vergütung. Die Zahlungen werden nur fällig, wenn eine prüfbare *Abrechnung* vorliegt d. h. die Leistungen entsprechend dem Vertrag aufgestellt werden. Die Rechnungspositionen müssen eindeutig bezeichnet und die Reihenfolge des Leistungsverzeichnisses eingehalten werden. Nicht im Vertrag enthaltene Leistungen müssen begründet werden. Bevor der Bauherr die Schlusszahlung veranlasst, muss er die Schlussrechnung mit der Vergleichsrechnung der Bauleitung vergleichen. Die Schlusszahlung muss spätestens zwei Monate nach Zugang einer prüffähigen Schlussrechnung geleistet werden.

Mit der Abnahme beginnt die *Gewährleistungsfrist*. Sie beträgt i. d. R. für Mängelbeseitigungs- bzw. weitere Gewährleistungsansprüche sechs Monate (§ 638 Abs. 1 BGB), bei Arbeiten an einem Grundstück ein Jahr und bei Bauwerken fünf Jahre (nach § 13 Nr. 4 Abs. 1 VOB/B vier Jahre). Verjährungsfristen können jedoch vertraglich verlängert werden. Während der Gewähr- leistungsfrist hat der Auftraggeber Anspruch auf die vertraglich zugesicherten Eigenschaften. Die Leistung muss den anerkannten Regeln der Technik entsprechen und darf nicht mit Fehlern behaftet sein, die den Wert oder die Gebrauchsfähigkeit mindern.

Unter die in der Kostengruppe 720 **Vorbereiten der Objektplanung** zusammengefassten Baunebenkosten fallen alle Kosten für Untersuchungen, Wertermittlungen, städtebauliche und landschaftsplanerische Leistungen sowie Wettbewerbe. Besonders wichtig für bauliche Maßnahmen im Bestand sind die Kosten für Bestandsanalysen sowie Gutachten zur Ermittlung von Gebäudewerten. Eine gründliche Auseinandersetzung mit dem vorhandenen Gebäude mit einer Bestandsanalyse ist Grundlage und Voraussetzung jeder Erneuerungsmaßnahme (vgl. Kapitel 3.5.1.1 „Gebäudebeurteilung"). Durch eine exakte Kenntnis der vorhandenen Bausubstanz können die Kosten besser abgeschätzt und die Planung optimiert werden. Es werden eine Bauaufnahme und eine technische Bewertung der Bausubstanz durchgeführt. Außerdem müssen die Bewohnerstruktur sowie die mögliche Mieterbeteiligung ermittelt werden.

Das Honorar für **Architekten- und Ingenieurleistungen** (Kgr. 730) richtet sich nach den anrechenbaren Kosten, der Honorarzone und den entsprechenden Honorartafeln. Die anrechenbaren Kosten werden je nach Leistungsphase nach der Kostenschätzung, dem Kostenanschlag, der Kostenberechnung oder der Kostenfeststellung nach DIN 276 berechnet. Die Definition der anrechenbaren Kosten unterscheidet sich in den einzelnen Leistungsphasen, so dass genau geprüft werden muss, ob sich das berechnete Honorar auf die maßgeblich zugrunde zu legenden Kosten bezieht. Nach § 24 HOAI ist für Umbauten und Modernisierungen ein Zuschlag auf die normalen Honorarsätze von 20 bis 33 % möglich. Dadurch wird ein erhöhter Planungs- und Bauleitungsaufwand berücksichtigt. Nach § 27 HOAI ist bei Instandhaltungen und Instandsetzungen eine Erhöhung des Honorars der Leistungsphase 8 „Bauüberwachung" um bis zu 50 % möglich. Die Kostengruppe 740 **Gutachten und Beratung** nach DIN 276 ist genauso aufgebaut wie die Kgr 730. Die Bewertungsfragen sind ähnlich. Deshalb werden beide Kostengruppen zusammengefasst.

Bei baulichen Maßnahmen im Bestand kommen außerdem **weitere Baunebenkosten** hinzu. Es müssen zusätzlich die Kosten für den *Schutz der vorhandenen und zu erhaltenden Bauteile* berücksichtigt werden. Darunter fallen der Schutz gegen Eindringen von Personen bei leerstehenden Gebäuden, das Auslagern von Bauteilen sowie das Abdecken oder Umhüllen von Bauteilen (vgl. Schmitz, Stannek, 1991, S. 86).

Sind die zu erneuernden Gebäude bewohnt, verursacht das zum Teil erhebliche Baunebenkosten für *Umzug und Umsetzung von Bewohnern*. Sollen die Bewohner während der baulichen Maßnahmen ihre Wohnungen verlassen, müssen in der Regel Ausweichwohnungen zur Verfügung gestellt werden. Eine weitere Möglichkeit ist die Bereitstellung mobiler Wohneinheiten in Wohncontainern. Bei der Wahl der günstigsten Möglichkeit sind neben den Bereitstellungskosten auch die Betriebs- und Unterhaltungskosten zu berücksichtigen. Bei Umsetzung der Bewohner fallen außerdem Umzugskosten an.

3.5.4.3   Erneuerungskosten Bauwerk

Die Untergliederung dieses Kapitels richtet sich nach der DIN 276 (vgl. Tabelle 24). Unter der Kgr. 300 „Bauwerk – Baukonstruktionen" werden alle Kosten von Bauleistungen und Lieferungen zur Herstellung eines Bauwerks mit Ausnahme der Technischen Anlagen zusammengefasst (vgl. DIN 276, 1993, S. 5). Die zugrunde gelegten Kostenkennwerte entstammen dem Baukostenplaner des Baukosteninformationszentrums Deutscher Architektenkammern BKI (KOPLA) und verstehen sich inkl. Mehrwertsteuer, Kostenstand November 2001.

Folgende Faktoren haben Einfluss auf eine kostengünstige Planung:

- Art und Zustand des vorhandenen Gebäudes: der Investitionsaufwand wird geringer, je mehr vorhandene Bauteile weiterverwendet werden können;

- Vorgaben durch Ämter und Behörden: der Entscheidungsspielraum kann durch Auflagen der Bauaufsicht, der Denkmalpflege, des Schornsteinfegers oder von Fördermittelgebern eingeengt werden;

- Mieterstruktur und Wünsche vorhandener Bewohner, speziell bei Arbeiten in bewohnten Räumen; zu beachten sind auch Mietereinbauten, Ausstattungs- und Selbsthilfewünsche der Bewohner sowie die Zumutbarkeit der Maßnahmen (vgl. Schmitz, 1984, S. 23).

Hauptkriterium	Teilkriterien	Unterkriterien
Erneuerungskosten Bauwerk (Kgr. 300)	1 Außenwände (Kgr. 330)	
	2 Innenwände (Kgr. 340)	
	3 Decken (Kgr. 350)	
	4 Dächer (Kgr. 360)	

Tabelle 24: Bewertungskriterien zu den Erneuerungskosten Bauwerk

Neben der Berücksichtigung dieser mehr allgemeinen Einflussfaktoren sind Standardvergleiche durchzuführen. Dabei sind grobe Pauschalüberlegungen nicht erfolgreich. Zweckmäßig sind statt dessen Einzelentscheidungen, die in der Summe die Investitionskosten senken (vgl. Schmitz, 1984, S. 23). Folgende Bereiche werden betrachtet:

- Festlegung erforderlicher Grundrissveränderungen
  Der vorhandene Grundriss ist soweit wie möglich beizubehalten. Dabei müssen in Bezug auf Raumgrößen, -zuschnitte und Funktionsabläufe Kompromisse eingegangen werden. Kann der Bestandsschutz genutzt werden, ergeben sich weitere Einsparungen, weil die Planungsnormen für Neubauten unterschritten werden können.

- Festlegung des Maßnahmenumfangs
  Werden Maßnahmen, die auch im Nachhinein noch ausgeführt werden können, vorläufig weggelassen, können die Investitionskosten deutlich vermindert werden. Es muss jedoch ggf. durch vorbereitende Maßnahmen sichergestellt werden, dass die zurückgestellten Maßnahmen zu einem späteren Zeitpunkt relativ problemlos nachgerüstet werden können. Ob eine Zurückstellung sinnvoll ist, muss im Einzelfall an den planerischen Zielsetzungen und vorhandenen Kostengrenzen gemessen werden.

- Wahl altbaugerechter Konstruktionen
  Es sind Konstruktionen zu wählen, die sich ohne große Vor- und Folgearbeiten in das vorhandene Baugefüge einfügen lassen (z. B. Rohrleitungen auf Putz oder in Rohrkästen).

- Festlegung von Materialqualitäten
  Werden Bauteile in weniger aufwändiger Form realisiert, z. B. einfache Fensterformen oder einfache Fliesen und Bodenbeläge, tragen sie zur Investitionsminderung bei. Es ist jedoch darauf zu achten, dass der Wohnwert nicht wesentlich verringert wird.

- Festlegung von Einzel-Massenanteilen
  Ein weiteres Einsparpotenzial liegt in der Reduzierung des Ausstattungsumfangs. Es ist z. B. möglich, Elektroleitungen nur auf zwei Raumwänden statt auf vier anzuordnen und zusätzlich die Zahl der Steckdosen auf ein notwendiges Mindestmaß zu beschränken. Lichtschalter können ohne aufwändige Wechselschaltungen ausgeführt werden. Auch durch die Ausführung von Fliesenspiegeln statt raumhoher Anordnung können Kosten eingespart werden (vgl. Schmitz, 1984, S. 23-24).

Bewertet werden die Kosten für **Außenwände, Innenwände, Decken** und **Dächer**. Die Kosten für Baugrube, Gründung, baukonstruktive Einbauten und sonstige Maßnahmen sind bei Erneuerungsmaßnahmen vergleichsweise gering und werden deshalb vernachlässigt (vgl. BKI, 2000 und 2001). Tabelle 25 zeigt, welchen prozentualen Anteil die einzelnen Bauteile an der Kgr. 300 haben.

3.5.4.4 Erneuerungskosten Technische Anlagen

Die DIN 276 versteht unter der Kostengruppe 400 „Bauwerk – Technische Anlagen" die „Kosten aller im Bauwerk eingebauten, daran angeschlossenen oder damit fest verbundenen Technischen Anlagen oder Anlagenteile." In diesem Kapitel werden lediglich die Kosten der baulichen Maßnahmen betrachtet. Die Nutzungskosten werden in einem eigenen Kapitel geprüft.

Kgr.	Bauteil	Anmerkungen	Anteil an der Kgr. 300
330	Außenwände	Wände und Stützen, die dem Außenklima ausgesetzt sind bzw. an das Erdreich oder an andere Bauwerke grenzen	18 bis 34 %
340	Innenwände	Innenwände und Innenstützen	11 bis 44 %
350	Decken	Decken, Treppen und Rampen oberhalb der Gründung und unterhalb der Dachfläche	14 bis 34 %
360	Dächer	Flache oder geneigte Dächer	6 bis 36 %
		Quelle: DIN 276, 1993; BKI, 2000, S. 298-616; BKI, 2001, S. 138-290	

Tabelle 25: Prozentuale Anteile an der Kostengruppe 300

Bei allen Technischen Anlagen ist darauf zu achten, die Geräuschbelästigung bei der Nutzung zu minimieren. Geräuschquellen sind u. a. mechanische Rotationen durch Motoren und Ventilatoren sowie Wasser- und Luftströmungen. Geräusche und Schwingungen werden durch Leitungen und Kanäle weitergeleitet und können so zu einer großen Beeinträchtigung der Wohnqualität führen. Schutz bieten Schwingungsdämpfer und Isolierungen.

Bewertet werden die Kostengruppen 410 bis 450 (vgl. Tabelle 26). Die Kosten für Förderanlagen, Nutzungsspezifische Anlagen und Gebäudeautomation werden aufgrund ihres geringen Anteils an den Kosten der Kostengruppe 400 nicht betrachtet. Einen Überblick über die prozentualen Anteile der Kostengruppen 410 bis 450 an der Kostengruppe 400 zeigt Tabelle 27.

Die erste Untergruppe besteht aus den Anlagen für **Abwasser, Wasser und Gas** sowie Feuerlöschanlagen. Maßnahmen zur Senkung des Wasserbedarfs und der abzuführenden Abwassermenge werden nicht hier, sondern im Kapitel 3.5.3.5 „Wasser Boden Luft" bewertet. In diesem Kapitel werden lediglich die Erneuerungskosten berücksichtigt. Wie Diederichs und

Hauptkriterium	Teilkriterien		Unterkriterien
Erneuerungskosten Technische Anlagen (Kgr. 400)	1	Abwasser, Wasser, Gas (Kgr. 410)	
	2	Wärmeversorgungsanlagen (Kgr. 420)	
	3	Lufttechnische Anlagen (Kgr. 430)	
	4	Starkstromanlagen (Kgr. 440)	
	5	Fernmelde- und Informationstechnische Anlagen (Kgr. 450)	

Tabelle 26: Bewertungskriterien zu den Erneuerungskosten Technische Anlagen

Kgr.	Bauteil	Anmerkungen	Anteil an der Kgr. 400
410	Abwasser, Wasser, Gas		24 bis 78 %
420	Wärmeversorgungsanlagen		15 bis 47 %
430	Lufttechnische Anlagen	Anlagen mit und ohne Lüftungsfunktion	2 bis 7 %
440	Starkstromanlagen		20 bis 57 %
450	Fernmelde- und Informationstechnik	inkl. Verteiler, Kabel, Leitungen	2 bis 14 %
		Quelle: DIN 276, 1993; BKI, 2000, S. 298-616; BKI, 2001, S. 138-290	

Tabelle 27: Prozentuale Anteile an der Kostengruppe 400

Hepermann (1989) darstellen, machen die Leitungen den größten Anteil an den Abwasser- und Wasseranlagen aus. Dabei gibt es Wechselwirkungen zwischen der Wasserversorgung und der Abwasserentsorgung, weil zu jeder Wasserzapfstelle ein Abwasserablauf gehört. Die Leitungen der Wasserversorgung machen ca. 50 % der Gesamtkosten für die Wasserversorgung aus. Weitere 30 % werden durch die Sanitärobjekte abgedeckt. Durch die Sanitärobjekte liegen die Kosten für die Wasserversorgung 20 bis 50 % über denen der Abwasserentsorgung. An der Abwasserentsorgung haben die Leitungen einen Kostenanteil von 80 % (vgl. Diederichs, Hepermann, 1989, S. 13, 19).

Die Wärmeerzeugungsanlagen, Wärmeverteilnetze, Raumheizflächen und Schornsteine bilden die Kostengruppe 420 **Wärmeversorgungsanlagen**. Die Dimensionierung dieser Anlagen hängt im Wesentlichen von dem Wärme-Kälte-Konzept ab. Bewertet wird die gewählte Anlage im Kapitel 3.5.3.1 „Energieinput" unter Berücksichtigung der Energieeinsparverordnung (EnEV, 2001). Die Wahl des Brennstoffs wird im Kapitel 3.5.3.3 „Schadstoffemissionen" bezüglich der Emissionen in der Nutzungsphase bewertet.

Die Kostengruppe 430 **Lufttechnische Anlagen** umfasst die Lüftungsanlagen, Teilklima- und Klimaanlagen, Kälteanlagen und die prozesslufttechnischen Anlagen. Bisher kamen lufttechnische Anlagen hauptsächlich im Büro- und Verwaltungsbau zum Einsatz. Durch die Tendenz, immer luftdichtere und energiesparendere Häuser zu bauen und die in der Abluft enthaltene Wärme zu nutzen, gewinnen sie auch im Wohnungsbau an Bedeutung. Zu beachten ist, dass eine natürliche Lüftung sowohl von den Investitions- als auch von den Folgekosten her am preiswertesten ist. Generell ist sie bis zu einer Haustiefe von 7,50 m möglich. Wird das Haus gleichzeitig über die Lüftungsanlage beheizt, wie z. B. bei der Verwendung von Wärmerückgewinnungsanlagen, fällt die Abgrenzung zur Kostengruppe 420 schwer.

Starkstromanlagen (Kgr. 440) umfassen die zentrale Stromversorgung, eventuelle Notstrom- anlagen, die Verteilungen und Zählertafeln, die Kabel und Leitungen, die Verlegesysteme, die Schalt- und Steckgeräte, Leuchten und Leuchtmittel sowie Blitzschutz- und Erdungsanlagen. Mit 50 % hat die Kabelverlegung den größten Anteil an den Kosten der Kostengruppe 440 (vgl. Diederichs, Hepermann, 1989, S. 47).

Zur **Fernmelde- und Informationstechnik** (Kgr. 450) gehören im Wohnungsbau die Telekommunikations-, Such- und Signalanlagen, Fernseh- und Antennenanlagen, Gefahrenmelde- und Alarmanlagen sowie Übertragungsnetze. In den Kosten sind die zugehörigen Verteiler, Kabel und Leitungen enthalten.

3.5.4.5 Erneuerungskosten Außenanlagen

Außenanlagen (Kgr. 500) sind Anlagen auf der nicht überbauten Grundstücksfläche. Nach § 9 Absatz 1 der Musterbauordnung (MBO, 1997) sind sie „gärtnerisch anzulegen und zu unter- halten". Betrachtet werden „Geländeflächen", „Befestigte Wege", „Baukonstruktionen in Außen- anlangen" und „Technische Anlagen, Einbauten und sonstige Maßnahmen" (vgl. Tabelle 28).

Hauptkriterium	Teilkriterien	Unterkriterien
Erneuerungskosten Außenanlagen	1 Geländeflächen (Kgr. 510)	
	2 Befestigte Wege (Kgr. 520)	
	3 Baukonstruktionen in Außenanlagen (Kgr. 530)	
	4 Technische Anlagen, Einbauten und sonstige Maßnahmen (Kgr. 540, 550 und 590)	

Tabelle 28: Bewertungskriterien zu den Erneuerungskosten Außenanlagen

Die Gestaltung der Freiflächen beeinflusst den Wohnwert einer Wohnungsanlage entscheidend. Aus Umweltschutzgründen sollen sie möglichst naturnah gestaltet werden. Die vorgefundene Vegetation ist zu erhalten. Auch bei den Außenanlagen kommt es auf eine rechtzeitige Planung vor Beginn der Baumaßnahme an. Nur so ist zu verhindern, dass Erde beim Aushub abtransportiert wird, die nach Fertigstellung des Bauwerks für die Außenanlagen benötigt und kostenintensiv wieder herbeigeschafft werden muss. Außerdem kann nur so bestehende Bepflanzung genutzt werden.

Für die Neuanlage von Außenanlagen sind im Allgemeinen 2 bis 10 % der Gesamtkosten vorzusehen (vgl. Praxiserfahrungen; IfB, 1999, S. 5). Die mittleren Kosten für die Kgr. 500 betragen ca. 87 €/m²Wfl. Sie teilen sich zu 77 % in die Investitionskosten für die Freiflächen (Kgr. 510, 520, 530, 550) und zu 23 % für die Technischen Anlagen in den Außenanlagen auf. Für die Pflege der Freiflächen sind zwischen 1 und 4 €/m²Wfl. jährlich zu veranschlagen (vgl. IfB, 1999, S. 5, DM-Werte in € umgerechnet).

Wesentlicher Parameter zur Kostenbeeinflussung von **Geländeflächen** ist die Nutzungsart der Freiflächen. Eine intensive Nutzung verlangt nicht nur in der Erstellung, sondern auch im Unterhalt wesentlich höhere Aufwendungen als eine extensive. Eine naturnahe Anlage kann die Pflegekosten um bis zu 30 % verringern (vgl. IfB, 1999, S. 53). Ebenso senken einheimische Bäume und Gehölze die Kosten. Einheimische Pflanzen haben jedoch nicht nur ökonomische Vorteile, sondern sind aufgrund ihres Nutzens für die Tierwelt auch ökologisch zu befürworten. Neben den Freiflächen bieten auch Wände und Dächer Möglichkeiten zur Begrünung. Diese Maßnahmen tragen wesentlich zu einer Verbesserung des Kleinklimas bei. Wandbegrünungen erfüllen dabei auch eine gestalterische Aufgabe. Dachbegrünungen unterteilen sich in extensive und intensive Begrünungen, die 10 bzw. 15 bis 20 cm Pflanzsubstrat sowie einen unterschiedlichen Pflegeaufwand erfordern (vgl. MBW NRW, 1999, S. 15).

Bei wasserundurchlässigen Deckschichten für **befestigte Wege** wird die Versickerung verhindert und die natürliche Verdunstung verringert. Dadurch wird der Lebensraum für Tiere und Pflanzen im Boden sowie an der Erdoberfläche eingeschränkt. Handelt es sich um wasserdurchlässige Deckschichten, wird das Wasser durch die Tragschicht abgeleitet. Bei der Bemessung der Tragschicht ist diese zusätzliche Funktion zu berücksichtigen.

Unter **Baukonstruktionen in Außenanlagen** sind Einfriedungen wie Zäune, Mauern und Tore zu verstehen. Aus ökologischen Gründen sind Einfriedungen möglichst durch Anpflanzungen zu ersetzen. Neben den Investitionskosten ist die Lebensdauer für eine Bewertung ausschlaggebend.

Die höchsten Kosteneinsparungspotenziale bei den **technischen Anlagen** liegen in einer stärkeren Kooperation der Beteiligten. In die Einteilung **Einbauten** fallen Gegenstände wie Fahrradständer, Schilder, Pflanz- und Abfallbehälter, aber auch Einbauten für Sport- oder Spielanlagen. Die **sonstigen Maßnahmen** umfassen übergreifende Maßnahmen im Zusammenhang mit den Außenanlagen, die nicht einzelnen Kostengruppen der Außenanlagen zuzurechnen sind. Werden bei der Außenbeleuchtung Energiesparlampen vorgesehen, bedeutet das eine Energieeinsparung von 30 bis 40 % der jährlichen Stromkosten. Hieraus ergibt sich eine Amortisationszeit von ca. ein bis drei Jahren (vgl. IfB, 1999, S. 136). Tabelle 29 gibt einen Überblick über die prozentuale Verteilung innerhalb der Kostengruppe 500.

3.5.4.6 Nutzungskosten

Nutzungskosten sind nach DIN 18960 „alle in baulichen Anlagen und deren Grundstücken entstehenden regelmäßig oder unregelmäßig wiederkehrenden Kosten von Beginn ihrer Nutzbarkeit bis zu ihrer Beseitigung" (DIN 18960, 1999, S. 2). In diesem Kapitel werden die Betriebs- und die Bauunterhaltungskosten bewertet (vgl. Tabelle 30). Einen Überblick über die Aufteilung der Nutzungskosten nach DIN 19860 gibt Tabelle 31.

Kgr.	Bauteil		Anteil an der Kgr. 500
510	Geländeflächen		21 bis 34 %
520	Befestigte Flächen		20 bis 38 %
530	Baukonstruktionen in Außenanlagen		7 bis 15 %
540	Technische Anlagen in den Außenanlagen	Kosten der Technischen Anlagen auf dem Grundstück inkl. der Ver- und Entsorgung des Bauwerks	14 bis 31 %
550	Einbauten in Außenanlagen		8 bis 9 %
590	Sonstige Maßnahmen	übergreifende Maßnahmen im Zusammenhang mit den Außenanlagen, die nicht einzelnen Kostengruppen der Außenanlagen zuzurechnen sind	0 bis 7 %
		Quelle: DIN 276, 1993; IfB, 1999, S. 42f	

Tabelle 29: Prozentuale Anteile an der Kostengruppe 500

Hauptkriterium	Teilkriterien	Unterkriterien
Nutzungskosten	1 Betriebskosten	1.1 vorbereitende Maßnahmen
		1.2 Instandhaltungsplanung
		1.3 Energiekosteneinsparung Heizung
	2 Bauunterhaltung	2.1 Instandsetzungsplanung
		2.2 Bauunterhaltungskosten

Tabelle 30: Bewertungskriterien zu den Nutzungskosten

Nr.	Nutzungskostengruppen	Anmerkungen
100	**Kapitalkosten**	Kosten, die sich aus der Inanspruchnahme von Finanzierungsmitteln ergeben, namentlich die Zinsen. Zu den Kapitalkosten gehören die Fremdkapitalkosten und die Eigenkapitalkosten
110	Fremdkapitalkosten	Kapitalkosten, die sich aus der Inanspruchnahme der Fremdmittel ergeben
120	Eigenkapitalkosten	Zinsen für Geldmittel, Arbeitsleistungen, eingebrachte Baustoffe, vorhandenes Grundstück, vorhandene Bauteile
200	**Verwaltungskosten**	Kosten für Fremd- und Eigenleistungen der zur Verwaltung eines Gebäudes oder der Wirtschaftseinheit erforderlichen Arbeitskräfte und Einrichtungen, die Kosten der Aufsicht sowie der Wert der vom Vermieter persönlich geleisteten Verwaltungsarbeit. Zu den Verwaltungskosten gehören auch die Kosten für die gesetzlichen oder freiwilligen Prüfungen des Jahresabschlusses und der Geschäftsführung
210	Personalkosten	Fremdleistungen, Eigenleistungen
220	Sachkosten	Fremdleistungen, Eigenleistungen
290	Verwaltungskosten, allgemein	Fremdleistungen, Eigenleistungen
300	**Betriebskosten**	durch den bestimmungsgemäßen Gebrauch des Gebäudes oder der Wirtschaftseinheit, der Nebengebäude, Anlagen, Einrichtungen und des Grundstücks laufend entstehende Kosten für Fremd- und Eigenleistungen, Personal- und Sachkosten
310	Ver- und Entsorgung	verbrauchsgebundene und Entsorgungskosten
320	Reinigung und Pflege	
330	Bedienung der technischen Anlagen	
340	Inspektion und Wartung der Baukonstruktion	Inspektion ist eine Maßnahme zur Feststellung und Beurteilung des Istzustandes von technischen Mitteln eines Systems. Wartung ist eine Maßnahme zur **Bewahrung des Sollzustandes** von technischen Mitteln eines Systems
350	Inspektion und Wartung der technischen Anlagen	
360	Kontroll- und Sicherheitsdienste	
370	Abgaben und Beiträge	
390	Betriebskosten, sonstiges	
400	**Instandsetzungskosten**	Bauunterhaltungskosten, Maßnahmen zur **Wiederherstellung des Sollzustandes**
410	Instandsetzung der Baukonstruktion	
420	Instandsetzung der technischen Anlagen	
430	Instandsetzung der Außenanlagen	
440	Instandsetzung der Ausstattung	
		Quelle: DIN 18960, 1999, Tabelle 1

Tabelle 31: Nutzungskostengruppen nach DIN 18960

Betriebskosten sind alle „durch den bestimmungsgemäßen Gebrauch des Gebäudes oder der Wirtschaftseinheit, der Nebengebäude, Anlagen, Einrichtungen und des Grundstücks laufend entstehende Kosten für Fremd- und Eigenleistungen, Personal- und Sachkosten" (DIN 18960,

1999, S. 4). Darunter fallen nach DIN 18960 die Kosten für Ver- und Entsorgung, Reinigung und Pflege, Bedienung der technischen Anlagen, Inspektion und Wartung der Baukonstruktionen und technischen Anlagen, Kontroll- und Sicherheitsdienste, Abgaben und Beiträgen wie Steuern und Versicherungsbeträge (vgl. DIN 1890, 1999, Kgr. 300). Ausschlaggebend für die Kosten für Ver- und Entsorgung sind im Allgemeinen die Kosten für Wasser und Abwasser, die Brennstoffkosten für Heizung und Warmwasserbereitung, die Stromkosten sowie ggf. die Kosten für Strom, Brennstoff und Wasser zum Betreiben einer Lüftungsanlage. Die Hauptrolle bei den Gebäudereinigungskosten spielen die Kosten für die Reinigung von Fassaden, Dächern, Fußböden, Türen, Fenstern Abwasser- und Wasserversorgungsanlagen sowie von Gelände- und befestigten Flächen. Im Wohnungsbau haben diese Kosten – im Gegensatz zum Industrie- und Verwaltungsbau – jedoch nur einen geringen Anteil an den Betriebskosten (vgl. Diederichs, 2003, S. 116f).

Durch eine sachgemäße Nutzung des Gebäudes wird der Gebrauchswert erhalten, die Wohnqualität begünstigt und die Nutzungsdauer gesteigert (vgl. Veit u. a., 2001, S. 122). Die Voraussetzungen für eine ökologische und ökonomische Nutzung eines Gebäudes müssen bereits in der Planungsphase durch *vorbereitende Maßnahmen* geschaffen werden. Dazu gehört es, auf aufwändige Bauteile und Gebäudetechnik zu verzichten und Konstruktionen und Anlagen zu wählen, die den Reinigungs- und Instandhaltungsaufwand minimieren. Außerdem muss die Technische Gebäudeausrüstung gut zugänglich für Wartungs-, Reparatur- und Ersatzarbeiten sein.

Ein weiterer Aspekt ist die *Instandhaltungsplanung*. Instandhaltungsmaßnahmen unterteilen sich in Inspektion und Wartung. Hierunter gehören nicht allgemeine Hausdienste wie Pförtner, Nachtwächter oder Hausmeister, sondern in der Regel von Fachkräften auszuführende Aufgaben, die nicht der Bedienung zuzuordnen sind. Zur Inspektion gehören Zustandsprüfungen, Funktionsprüfungen und Technische Prüfungen, z. B. durch TÜV, Feuerwehr, Schornsteinfeger oder Betreuungsfirmen. Unter Wartung fällt z. B. das Auswechseln von Verschleißteilen und Betriebsstoffen oder das Ausbessern und Austauschen von fehlerhaften Bauteilen bzw. Kleinreparaturen (vgl. Diederichs, 2003, S. 117). Es sollte ein langfristiger Inspektions- und Wartungsplan aufgestellt werden, in dem Umfang, Reihenfolge und Häufigkeit der zukünftigen Inspektions- und Wartungsarbeiten objektspezifisch unter Berücksichtigung der ökologisch und ökonomisch relevanten Ziele, der rechtlichen Vorgaben und der Gebrauchsanweisungen des Herstellers (z. B. bei Heizungsanlagen oder Aufzügen) festgehalten werden. Eine gute Möglichkeit, um eine regelmäßige Wartung sicherzustellen, ist der Abschluss von Wartungsverträgen. Für die Haustechnik wird davon häufig Gebrauch gemacht, weil die Wartung gesetzlich vorgeschrieben oder zur Funktionsfähigkeit der gebäudetechnischen Anlagen notwendig ist. Sinnvoll sind aber auch Wartungsverträge für die Roh- und Ausbaugewerke, speziell für Dach und Wand (vgl. Spilker, Oswald, 2000, S. 63). Ein ausbleibender oder ungenügender Unterhalt von Bauteilen führt nicht nur zu Schäden am Bauteil selbst, sondern beeinträchtigt auch die angrenzenden Bauteile, bei denen eventuell Folgeschäden auftreten können. Eine reduzierte Instandhaltungsqualität ist kurzfristig gesehen gewinnbringend. Langfristig steigen die Kosten jedoch, da die Instandsetzungskosten steigen und in den Jahren vor der Instandsetzung die Gebrauchstauglichkeit und damit die Vermietbarkeit stark sinkt (vgl. Christen, Meyer-Meierling, 1999, S. 12). Um eine ausreichende Instandhaltung zu gewährleisten, sind Instandhaltungsrücklagen in Abhängigkeit vom Gebäudealter zu bilden. Tabelle 32 gibt hierzu Empfehlungen.

Gebäudealter [Jahre]	bis 10	10 bis 30	älter als 30
Jahresrücklage in % des Gebäudewertes	0,5	1,0	1,5
	Quelle: vdi nachrichten, 21.05.99, Nr. 20		

Tabelle 32: Instandhaltungsrücklagen

Den größten Anteil an den Betriebskosten haben im Wohnungsbau die Kosten für die Beheizung des Gebäudes. Zusätzliche Dämmmaßnahmen sowie ggf. eine neue Heizungsanlage erfordern Investitionskosten, die durch die eingesparten Brennstoffkosten ausgeglichen werden müssen. Mit der Amortisationsrechnung wird ermittelt, nach wie viel Jahren die *Energiekosteneinsparung für die Heizung* die Investitionskosten aufwiegen.

Neben den Betriebskosten ist in der Nutzungsphase die Instandsetzung (Bauunterhaltung) ein wesentlicher Kostenfaktor. Nach DIN 18960 wird sie definiert als „Maßnahmen zur Wieder-herstellung des Sollzustandes" (DIN 18960, 1999, S. 5). Bei der **Bauunterhaltung** werden die Instandsetzungsplanung und die Bauunterhaltungskosten beanspruchter Bauteile betrachtet. Die *Instandsetzung* erfolgt im Allgemeinen in Hauptintervallen von 20 bis 30 Jahren mit Zwischenintervallen von 8 bis 12 Jahren. Die Kosten für eine Instandsetzung nach 25 Jahren betragen ca. 40 % des Gebäudeversicherungswertes. Die durchschnittlichen Instandsetzungskosten pro Jahr steigen, je geringer die Instandhaltungsqualität ist. Mindestens die Hälfte der Kosten sollte aus Instandsetzungsfonds getragen werden können, der verzinst anzulegen ist (vgl. Christen, Meyer-Meierling, 1999, S. 46f). Um die Instandsetzungen im Voraus planen zu können, muss die Lebensdauer der einzelnen Bauteile bekannt sein. Die Lebensdauer der Bauteile hängt von der Instandhaltungsqualität ab (vgl. Bild 33).

Lebensdauer von Bauteilen in Abhängigkeit von der Instandhaltungsqualität

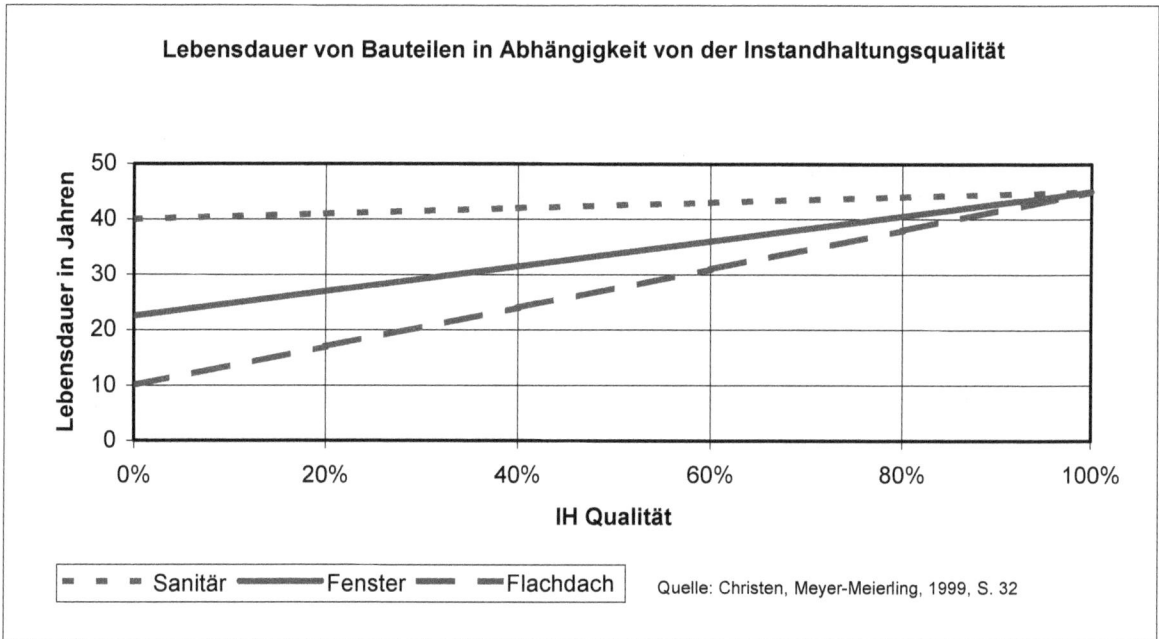

Bild 33: Lebensdauer von Bauteilen und Einfluss der Instandhaltungsqualität[24]

Neben den Investitionskosten spielen die *Bauunterhaltungskosten* bei der Ermittlung der Wirtschaftlichkeit einer Baumaßnahmen eine große Rolle. Es werden deshalb die Bauunterhaltungskosten beanspruchter Bauteile bewertet. Die Bewertung stützt sich auf den Forschungsbericht „Bauunterhaltungskosten beanspruchter Bauteile in Abhängigkeit von Baustoffen und Baukonstruktionen" des Instituts für Bauforschung (Deters, 2001). Neben den Instandsetzungskosten werden auch die Instandhaltungskosten mit berücksichtigt, obwohl diese nach DIN 19680 den Betriebskosten zuzuordnen sind (vgl. Deters, 2001, S. 12). Zur Vereinfachung werden die Kosten bei der Bewertung zusammengefasst.

Bauunterhaltungskosten können je nach Art und Folge der Arbeiten in unterschiedlichen zeitlichen Abständen und in unterschiedlicher Höhe auftreten. Umfang und Notwendigkeit von Bauunterhaltungsmaßnahmen sind abhängig von den klimatischen und witterungsbedingten Einflüssen, dem gebrauchsbedingten Verschleiß, der natürlichen Alterung und den Beanspruchungen aus der Umwelt (vgl. Deters, 2001, S. 22-23).

Außenwände mit Verblendmauerwerk verursachen in der Regel die niedrigsten Bauunterhaltungskosten. Ebenfalls gute Werte liefern Konstruktionen mit Vorhangfassaden aus Faserzementplatten. Wände mit Edelputz, die keinen regelmäßigen Anstrich benötigen, schneiden besser ab als Wände mit Wärmedämmverbundsystem oder einem Standardputz mit Anstrich. Die Bauunterhaltungskosten einer Außenwand mit Holzverschalung sind abhängig vom Umfang des wiederkehrenden Anstrichs. Bei Einfamilienhäusern können die Kosten durch Selbsthilfe reduziert werden. Ein Unsicherheitsfaktor bleibt die Lebensdauer von stark der Witterung ausgesetzten Holzverschalungen (vgl. Deters, 2001, S. 34).

---

[24] Bei einer 100 %igen Instandhaltungsqualität werden alle Instandhaltungsmaßnahmen erfüllt, um die normale Lebensdauer der Bauteile zu erreichen. 0 % Instandhaltungsqualität verzichtet auf jegliche Instandhaltungsmaßnahmen, die über die vorschriftgemäßen Tätigkeiten hinausgehen.

Die Bauunterhaltungskosten der Fenster hängen stark von der Lebensdauer der Fenster ab. Die höchsten Bauunterhaltungskosten verursachen Holzfenster, da sie zusätzlich in regelmäßigen Abständen gestrichen werden müssen.

Steildächer verursachen in der Regel geringere Bauunterhaltungskosten als Flachdächer, wobei Flachdächer ohne Kiesschüttung wiederum günstiger sind als mit Kies.

Hartbeläge wie Betonwerkstein oder Steingutfliesen brauchen praktisch keine Bauunterhaltung und haben eine hohe Lebensdauer. Allerdings eignen sie sich nur für bestimmte Räume. Holzparkett bietet ebenfalls einen Vorteil vor PVC oder Linoleum. Für textilen Bodenbelag fallen wegen seiner kurzen Lebensdauer die höchsten Bauunterhaltungskosten an (vgl. Deters, 2001, S. 69).

Bei Innenwandbekleidungen sind Putze mit Anstrich und Strukturputz die wirtschaftlichste Lösung. Die dünnlagigen Streich- oder Spritzputze mit ca. 10 mm Dicke sind aber nur bei bestimmten Wandarten anwendbar und ergeben z. B. keine ausreichende Überdeckung für auf der Wand verlegte Leitungen. Die weit verbreitete Alternative mit einer Rauhfasertapete und mehrmaligem Anstrich erfordert jedoch einen hohen Bauunterhaltungsaufwand. Profilhölzer und Fliesen sind dagegen fast bauunterhaltungsfrei (vgl. Deters, 2001, S. 76).

4 Aufbau des Bewertungssystems für Erneuerungsmaßnahmen ÖÖS

Im Folgenden wird der Aufbau des Bewertungssystems für Erneuerungsmaßnahmen ÖÖS vorgestellt.

4.1 Das dreistufige Modell

Das Bewertungssystem ist in drei Stufen aufgebaut. Die erste Bewertung findet **nach Abschluss der Vorplanung** statt. Zu diesem Zeitpunkt werden hauptsächlich die Kriterien „Gebäudebeurteilung", „Projektbedingungen und Standort" und „Bewohner" aus dem Bereich Randbedingungen sowie das Planungskonzept bewertet. Bei den ökologischen Kriterien werden zunächst der Energieinput und die Beeinträchtigung von Wasser, Boden und Luft beurteilt. Die vorhandene Gebäudesubstanz wird auf Schadstoffe und eine mögliche Verwertung überprüft. In ökonomischer Hinsicht wird das Kriterium „Finanzierung und Wirtschaftlichkeit" bewertet. Für die Erneuerungskosten des Bauwerks und der Technischen Anlagen wird eine erste Bewertung anhand der geschätzten Kosten für die Kostengruppen 300 und 400 vorgenommen. Einen Überblick über die erste Stufe der Bewertung zeigt Bild 34, alle Unterkriterien zeigt Anhang 2.

Am Ende der Eingabeplanung, d. h. vor der Beantragung der Baugenehmigung, wird zum zweiten Mal bewertet. Zu diesem Zeitpunkt sind fast alle Angaben für die Bewertung vorhanden. Unberücksichtigt bleibt nur die Arbeitsvorbereitung für die Bauausführung, z. B. Baustellenorganisation und Bauherrenaufgaben, sowie Kriterien, die über die eigentliche Bauphase hinausgehen, wie Nutzerverhalten oder Instandhaltungs- und Instandsetzungsplanung. Die Erneuerungskosten für Bauwerk und Technische Anlagen werden nun detaillierter anhand der 2. Ebene der Kostengruppen der DIN 276 bewertet. Die übrigen bereits bewerteten Kriterien der ersten Stufe werden automatisch in die zweite Stufe übernommen. Bild 35 zeigt die Ausgangsmatrix für die zweite Bewertungsstufe. Die aus der ersten Stufe übernommenen Kriterien sind farbig hinterlegt. Anhang 3 gibt einen Überblick über alle Kriterien der zweiten Bewertungsstufe.

In der dritten Stufe **vor Baubeginn** werden nun die noch fehlenden Angaben ergänzt. Die bisher durchgeführten Bewertungen werden wiederum übernommen und nur die neuen Teilkriterien abgefragt. Die Ausgangsmatrix der dritten Stufe zeigt Bild 36, einen Überblick über alle Unterkriterien gibt Anhang 4.

ÖÖS Ausgangsmatrix nach Abschluss der Vorplanung

1 Gebäudebeurteilung

1	Bauzustandserfassung	10
2	Bauzustandsbewertung	10
3	Zieldefinition	12
4	Beschädigungen	8
5		
Σ		40

2 Projektbedingungen und Standort

1	Marktchancen	10
2	Timing	10
3	Lage	12
4	Grundstück	10
5	rechtliche Randbedingungen	10
Σ		50

3 Bewohner

1	Mieterinformation und -beteiligung	8
2	Vorgehensweise	14
3	Terminrahmen	8
Σ		30

4 Planerleistungen

	Erneuerungsstrategien	35
	Soziale Qualität	15
	Grundrissorganisation	15
Σ		65

5 Energieinput

1	Energiekonzept	13
2	Wärmeschutz	13
3	Technische Anlagen	15
4		
5		
Σ		41

6 Baustoffe Ressourcen

1	vorh. Gebäudesubstanz	
Σ		0

7 Schadstoffemissionen

1	vorh. Gebäudesubstanz	20
Σ		20

8 Verwertung und Entsorgung

1	vorh. Gebäudesubstanz	21
Σ		21

9 Wasser Boden Luft

1	Wasser	8
2	Bodenversiegelung	20
3	Zu- und Abluft	16
Σ		44

10 Finanzierung und Wirtschaftlichkeit

1	Finanzierungsmodell	12
2	Fördermöglichkeiten	12
3	Wirtschaftlichkeit	18
4	Mietwirksamkeit	18
5		
Σ		60

11 Baumanagement

Σ		0

12 Erneuerungskosten Bauwerk

	Bauwerk Kgr. 300	120
Σ		120

13 Erneuerungskosten Techn. Anlagen

	Technische Anlagen Kgr. 400	100
Σ		100

14 Erneuerungskosten Außenanlagen

Σ		0

15 Nutzungskosten

Σ		0

Ergebnis gesamt: **591**

max. erreichbare Punktzahl: **5910**

durchschnittliche EZ: **1,0**

Bild 34: Erste Stufe der Bewertung am Ende der Vorplanung

ÖÖS Ausgangsmatrix vor Baueingabe

Ergebnis gesamt: 875
max. erreichbare Punktzahl: 8750
durchschnittliche EZ: 1,0

1 Gebäudebeurteilung

1	Bauzustandserfassung	10
2	Bauzustandsbewertung	10
3	Zieldefinition	12
4	Beschädigungen	8
5		
Σ		40

2 Projektbedingungen und Standort

1	Marktchancen	10
2	Timing	10
3	Lage	12
4	Grundstück	8
5	rechtliche Randbedingungen	
Σ		40

3 Bewohner

1	Mieterinformation und -beteiligung	10	8
2	Vorgehensweise	10	14
3	Terminrahmen	10	8
4		10	
5		10	
Σ		50	30

4 Planungskonzept

	Erneuerungsstrategien	35
	Soziale Qualität	15
	Grundrissorganisation	15
Σ		65

5 Energieinput

1	Energiekonzept	
2	Wärmeschutz	
3	Technische Anlagen	
4		
5		
Σ		75

6 Baustoffe Ressourcen

1	MI Außenwand	26
2	MI Dach	26
3	MI Oberste Geschossdecke	23
4	MI Kellerdecke	
5	MI Fenster	
Σ		75

7 Schadstoffemissionen

1	vorh. Gebäudesubstanz	20
2	Baustoffherstellung	20
3	Nutzung	20
4		20
5		20
Σ		100

8 Verwertung und Entsorgung

20	vorh. Gebäudesubstanz	20
20	Abfallvermeidung	20
		20
Σ		60

9 Wasser Boden Luft

21	Wasser	24
24	Bodenversiegelung	20
	Zu- und Abluft	16
Σ		60

10 Finanzierung und Wirtschaftlichkeit

1	Finanzierungsmodell	12
2	Fördermöglichkeiten	12
3	Wirtschaftlichkeit	18
4	Mietwirksamkeit	18
5		
Σ		60

11 Baumanagement

12	Vorb. der Objektplanung	
18	Architekten-/Ingenieurleistungen	
18	weitere Baunebenkosten	
Σ		60

12 Erneuerungskosten Bauwerk

30	Außenwände	
10	Innenwände	
10	Decken	
5	Dächer	
Σ		25

13 Erneuerungskosten Techn. Anlagen

30	Abwasser, Wasser, Gas	
30	Wärmeversorgungsanlagen	
30	Lufttechnische Anlagen	
30	Starkstromanlagen	
	Fernmelde- und Informationstechnische Anlagen	
Σ		120

14 Erneuerungskosten Außenanlagen

38	Geländeflächen	
23	befestigte Wege	6
4	Baukonstruktionen	4
30	T. Anlagen, Einbauten, Sonstiges	4
5		
Σ		100

15 Nutzungskosten

6	Betriebskosten	15
6	Bauunterhaltung	10
4		
4		
Σ	20	25

Bild 35: Zweite Stufe der Bewertung am Ende der Eingabeplanung

ÖÖS Ausgangsmatrix vor Baubeginn

1 Gebäudebeurteilung

Nr.			Wert
1	Bauzustandserfassung	10	
2	Bauzustandsbewertung	10	
3	Zieldefinition	12	
4	Beschädigungen	8	
Σ			40

2 Projektbedingungen und Standort

Nr.		Wert
1	Marktchancen	10
2	Timing	10
3	Lage	10
4	Grundstück	10
5	rechtliche Randbedingungen	10
Σ		50

3 Bewohner

	Wert
Mieterinformation und -beteiligung	8
Vorgehensweise	14
Terminrahmen	8
Σ	30

5 Energieinput

Nr.		Wert
1	Energiekonzept	26
2	Wärmeschutz	26
3	Technische Anlagen	23
4	Nutzerverhalten	25
Σ		100

6 Baustoffe Ressourcen

		Wert
20	Mi Außenwand	20
26	Mi Dach	20
23	Mi Oberste Geschossdecke	20
25	Mi Kellerdecke	20
	Mi Fenster	20
Σ		100

7 Schadstoffemissionen

		Wert
20	vorh. Gebäudesubstanz	20
20	Baustoffherstellung	20
20	Bauliche Maßnahmen	20
Σ		80

8 Verwertung und Entsorgung

		Wert
21	vorh. Gebäudesubstanz	20
24	Abfallvermeidung	20
15	Baustellenorganisation	20
Σ		60

9 Wasser Boden Luft

		Wert
21	Wasser	24
20	Bodenversiegelung	20
16	Zu- und Abluft	16
Σ		60

4 Baumanagement

		Wert
Erneuerungsstrategien		35
Soziale Qualität		15
Grundrissorganisation		15
Nutzverhalten		15
Σ		80

10 Finanzierung und Wirtschaftlichkeit

Nr.		Wert
1	Finanzierungsmodell	12
2	Fördermöglichkeiten	12
3	Wirtschaftlichkeit	18
4	Mehrwirksamkeit	18
Σ		60

11 Baumanagement

Nr.		Wert
1	Bauherrenaufgaben	12
2	Vorb. der Objektplanung	12
3	Architekten-/ Ingenieurleistungen	18
4	weitere Baunebenkosten	18
Σ		60

12 Erneuerungskosten Bauwerk

		Wert
30	Außenwände	30
30	Innenwände	10
30	Decken	30
30	Dächer	10
Σ		100

13 Erneuerungskosten Techn. Anlagen

		Wert
30	Abwasser, Wasser, Gas	30
30	Wärmeversorgungsanlagen	23
30	Lufttechnische Anlagen	4
30	Starkstromanlagen	30
	Fernmelde- und Informations- technische Anlagen	5
Σ		120

14 Erneuerungskosten Außenanlagen

		Wert
38	Geländeflächen	6
24	befestigte Wege	23
15	Bauunterhaltung	6
4	Baukonstruktionen	4
30	T. Anlagen, Einbauten, Sonstiges	4
Σ		20

15 Nutzungskosten

		Wert
6	Betriebskosten	20
6	Bauunterhaltung	20
Σ		40

Ergebnis gesamt: **1000**
max. erreichbare Punktzahl: **10000**
durchschnittliche EZ: **1,0**

Bild 36: Dritte Stufe der Bewertung vor Baubeginn

4.2   Gewichtung

Um die unterschiedliche Bedeutung der Kriterien für das Gelingen des Bauvorhabens zu berücksichtigen, werden die Kriterien unterschiedlich gewichtet. Die Verfasserin gibt eine Gewichtungsverteilung vor, die im Rahmen von zwei Forschungsprojekten (vgl. Kapitel 1.5) durch Diskussion innerhalb der Forschergruppe und mit einer forschungsbegleitenden Arbeitsgruppe ermittelt wurde. Im Einzelfall kann der Anwender des Bewertungssystems sie jedoch ändern und den Prioritäten des Entscheiders anpassen. Es können allerdings nur Projekte mit der gleichen Gewichtungsverteilung miteinander verglichen werden.

Insgesamt werden 1.000 Gewichtungspunkte vergeben. Dabei fallen die ökonomischen und ökologischen Kriterien mit jeweils 400 Punkten gleich stark ins Gewicht, die Randbedingungen werden in der Summe mit 120 und das Planungskonzept mit 80 Punkten berücksichtigt. Einen Überblick über die Gewichtung gibt Bild 37.

ÖÖS Überblick über die Gewichtung

1 Gebäudebeurteilung

	Kriterium	Gewicht
1	Bauzustandserfassung	10
2	Bauzustandsbewertung	10
3	Zieldefinition	12
4	Beschädigungen	8
M		40

2 Projektbedingungen und Standort

	Kriterium	Gewicht
1	Marktchancen	10
2	Vorgehensweise	10
3	Zeitrahmen	10
	Grundblock	10
	rechtliche Randbedingungen	10
M		50

3 Bewohner

	Kriterium	Gewicht
	Mieterinformation und -beteiligung	8
		14
		8
M		30

4 Planungskonzept

Kriterium	Gewicht
Erneuerungsstrategien	35
Soziale Qualität	15
Grundrissorganisation	15
Nutzerverhalten	15
M	80

5 Energieinput

	Kriterium	Gewicht
1	generelles Energiekonzept	
2	Wärmeschutz	
3	Technische Anlagen	
4	Nutzerverhalten	
5		
M		100

6 Baustoffe Ressourcen

	Kriterium	Gewicht
26	Mfl Außenwand	20
26	Mfl Dach	20
23	Mfl Oberste Geschossdecke	20
25	Mfl Kellerdecke	20
	Mfl Fenster	20
M		100

7 Schadstoffemissionen

Kriterium	Gewicht
vorh. Gebäudesubstanz	20
Baustoffherstellung	20
Bauliche Maßnahmen	20
Baustellenorganisation	20
M	80

8 Verwertung und Entsorgung

Kriterium	Gewicht
vorh. Gebäudesubstanz	20
Abfallvermeidung	20
Nutzung	20
M	60

9 Boden Wasser Luft

	Kriterium	Gewicht
21	Wasser	24
24	Bodenversiegelung	20
15	Zu- und Abluft	16
M		60

10 Finanzierung und Wirtschaftlichkeit

	Kriterium	Gewicht
1	Finanzierungsmodell	12
2	Fördermöglichkeiten	12
3	Wirtschaftlichkeit	18
4	Mietwirksamkeit	18
5		
M		60

11 Baumanagement

	Kriterium	Gewicht
1	Bauherrenaufgaben	30
2	Vorb. der Objektplanung	10
3	Architekten-/Ingenieurleistungen	10
4	weitere Baunebenkosten	10
M		60

12 Erneuerungskosten Bauwerk

Kriterium	Gewicht
Außenwände	30
Innenwände	30
Decken	30
Dächer	30
M	120

13 Erneuerungskosten Techn. Anlagen

Kriterium	Gewicht
Abwasser, Wasser, Gas	38
Wärmeversorgungsanlagen	23
Lufttechnische Anlagen	4
Starkstromanlagen	30
Fernmelde- und Informationstechnische Anlagen	5
M	100

14 Erneuerungskosten Außenanlagen

Kriterium	Gewicht
Geländeflächen	6
befestigte Wege	6
Baukonstruktionen	4
T. Anlagen, Einbauten, Sonstiges	4
M	20

15 Nutzungskosten

Kriterium	Gewicht
Betriebskosten	20
Bauunterhaltung	20
M	40

	Summe
Randbedingungen:	120
Planungskonzept:	80
Ökologische Kriterien:	400
Ökonomische Kriterien:	400
Summe:	**1000**

Bild 37: Überblick über die Gewichtung der Kriterien

4.3   Gliederungsebenen

Das Bewertungssystem gliedert sich in vier Ebenen (vgl. Bild 38), die im Folgenden vorstellt werden.

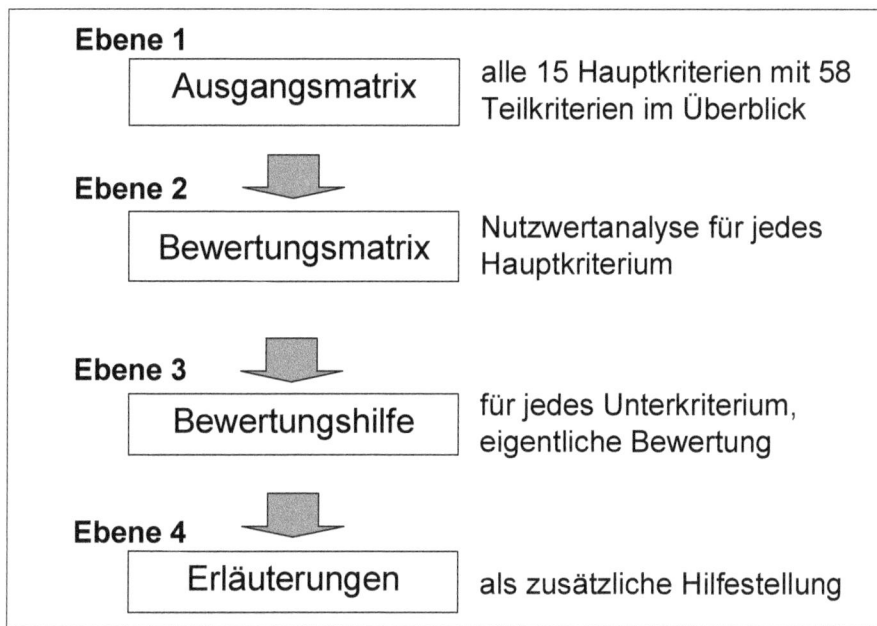

Bild 38: Überblick über die vier Gliederungsebenen des Bewertungssystems ÖÖS

4.3.1   Ausgangsmatrix

Die Ausgangsmatrix gibt für jede Stufe der Bewertung einen Überblick über die 15 Hauptkriterien (vgl. Bild 30) aus den Bereichen Randbedingungen, ökonomische und ökologische Kriterien sowie Planungskonzept und ihre Teilkriterien. Die Bewertungskriterien wurden bereits in Kapitel 3.5 vorgestellt. Bild 34, Bild 35 und Bild 36 zeigen die Ausgangsmatrizen für die drei Stufen der Bewertung.

4.3.2   Bewertungsmatrix

Zu jedem Hauptkriterium gibt es in der zweiten Ebene eine Bewertungsmatrix auf Grundlage einer Nutzwertanalyse (vgl. Kapitel 3.3).

Eine Bewertungsmatrix besteht aus den Spalten „Teilkriterien des Hauptkriteriums", „Projektdaten" [PD], „Referenzwerte", „Erfüllungspunktzahl" [EZ], „Gewichtungspunkte" [G] und „Ergebnis" [E] sowie der Summenzeile. Beispielhaft ist die Bewertungsmatrix für das Kriterium „Gebäudebeurteilung" dargestellt (Bild 39).

Insgesamt gibt es 117 Unterkriterien. Bewertet wird, indem für jedes Teilkriterium die Projektdaten mit den Referenzwerten verglichen werden. Aus diesem Vergleich resultieren die Erfüllungspunktzahlen, die in die entsprechende Spalte eingetragen und mit der nebenstehenden Gewichtung multipliziert werden. Daraus ergibt sich das Ergebnis.

In die Spalte Projektdaten [PD] kann der Anwender die für das Projekt geltenden Daten eintragen. Die Projektdaten sind entweder quantitativ messbare oder berechenbare Werte, wie z. B. die

Kosten für die Kostengruppe 300, oder es ist die Anzahl positiv beantworteter Fragen einer Checkliste (vgl. Kapitel 4.3.3). Das Eintragen der Projektdaten ist für die Bewertung nicht zwangsläufig erforderlich. Die Bewertung wird damit jedoch nachvollziehbarer.

Die Referenzwerte sind die entsprechenden Orientierungsdaten/Zielkorridore zu den Projektdaten. Bei den Messwerten geben sie den Minimal-, den Durchschnitts- sowie den Maximalwert an. Diese Werte basieren auf Literaturrecherchen oder eigenen Untersuchungen. Bei der Bewertung durch Fragen bzw. Checklisten ist der Zielkorridor die Anzahl der mindestens, der durchschnittlich und der maximal mit „Ja" zu beantwortenden Fragen.

Jedes Kriterium wird auf seine Erfüllung geprüft, indem die Projektdaten mit den Referenzwerten verglichen werden. Je nach Erfüllungsgrad wird ihm eine Erfüllungspunktzahl [EZ] von 1 (sehr schlecht) bis 10 (sehr gut) zugeordnet. Eine Erfüllungspunktzahl von 0 Punkten ist dann vorgesehen, wenn das Kriterium für das konkrete Projekt keine Rolle spielt und deshalb weggelassen wird.

Nr.	Gebäudebeurteilung	PD	Referenzwerte[1]			EZ	G	E=EZxG
			Min.	∅	Max.			
1	**Bauzustandserfassung**							
1.1	Baugeschichte		0	6	8			
1.2	Bauaufnahme[2]		1	6	10			
1.3	Baulicher Zustand		0	8	11			
2	**Bauzustandsbewertung**		0	7	10			
3	**Zieldefinition**							
3.1	Nutzung		0	3	5			
3.2	Standard		0	3	5			
3.3	Kostenrahmen		0	2	3			
4	**Beschädigungen**		0	9	12			
Σ								
PD ≅ Projektdaten; EZ ≅ Erfüllungspunktzahl von 1 bis 10; G ≅ Gewichtungspunkte; E ≅ Ergebnis								
[1] Anzahl der positiv beantworteten Bewertungsfragen								
[2] Referenzwerte = Erfüllungspunktzahl								

Bild 39: Bewertungsmatrix für das Kriterium „Gebäudebeurteilung"

4.3.3   Bewertungshilfen

Um die Bewertung zu erleichtern, bietet die dritte Ebene für jedes Unterkriterium eine Bewertungshilfe. Sie existieren in Form von Checklisten und Fragen, die der Anwender positiv beantworten muss, um die volle Punktzahl zu erzielen, Flussdiagrammen, die den Bewerter zu einer Erfüllungspunktzahl bringen, oder Diagrammen, aus denen die Bewertung abgelesen werden kann. Im Folgenden werden die Typen von Bewertungshilfen beispielhaft gezeigt.

4.3.3.1 Bewertungshilfen auf Basis von Checklisten

Als Beispiel wird hier die Checkliste zum Kriterium „Erhalt vorhandener Substanz" aus dem Kapitel „Planungskonzept" dargestellt (Bild 40). Der Anwender prüft die einzelnen Fragen und zählt dabei diejenigen, die er in seiner Planung berücksichtigt hat und die er mit „Ja" beantworten bzw. ankreuzen kann. Entsprechend liest er die erreichte Erfüllungspunktzahl ab.

---

bitte beantworten:

? Hat in der Planung das Erhalten von Bausubstanz Vorrang vor Abbruch und Neubau?

? Haben die beteiligten Planer und Handwerker ausreichende Kenntnis in historischen Bauweisen?

? Werden bei der Beurteilung der Erhaltensfähigkeit von Bauteilen der bauliche Zustand und die Reparaturfähigkeit berücksichtigt?

? Wird die zukünftige Nutzung des Schornsteins geklärt und die Überarbeitung darauf abgestimmt? Wird bei einer Weiternutzung des Schornsteins für die Heizungsanlage der Schornstein an die Kesselleistung angepasst?

---

bitte ankreuzen:

Welche Bauteile bleiben erhalten?

  ☐ vorhandene Treppen
     (lediglich Ausbesserung von Treppenstufen)

  ☐ Fußböden
     (Ausbesserung oder Nutzung als Untergrund für neuen Boden)

  ☐ Türen, soweit möglich

  ☐ vorhandene Heizkörper, soweit möglich
     (Weiterverwendung möglichst an gleicher Stelle)

Daraus ergibt sich für die Bewertung:

Anzahl der angekreuzten Punkte und positiv beantworteten Fragen	0	1	2	3	4	5	6	7	8
Erfüllungspunktzahl		1	2	3	4	5	6	7	8	10

Bild 40: Bewertungshilfe zum Erhalt vorhandener Substanz

4.3.3.2 Bewertungshilfen auf Basis von Diagrammen

Der Anwender liest in Diagrammen die entsprechende Erfüllungspunktzahl in Abhängigkeit von seinen Projektdaten ab. Beispielhaft ist hier die Bewertungshilfe zum Kriterium „Energie-einsparung in der Nutzungsphase" aus dem Kapitel „Energieinput" dargestellt (Bild 41).

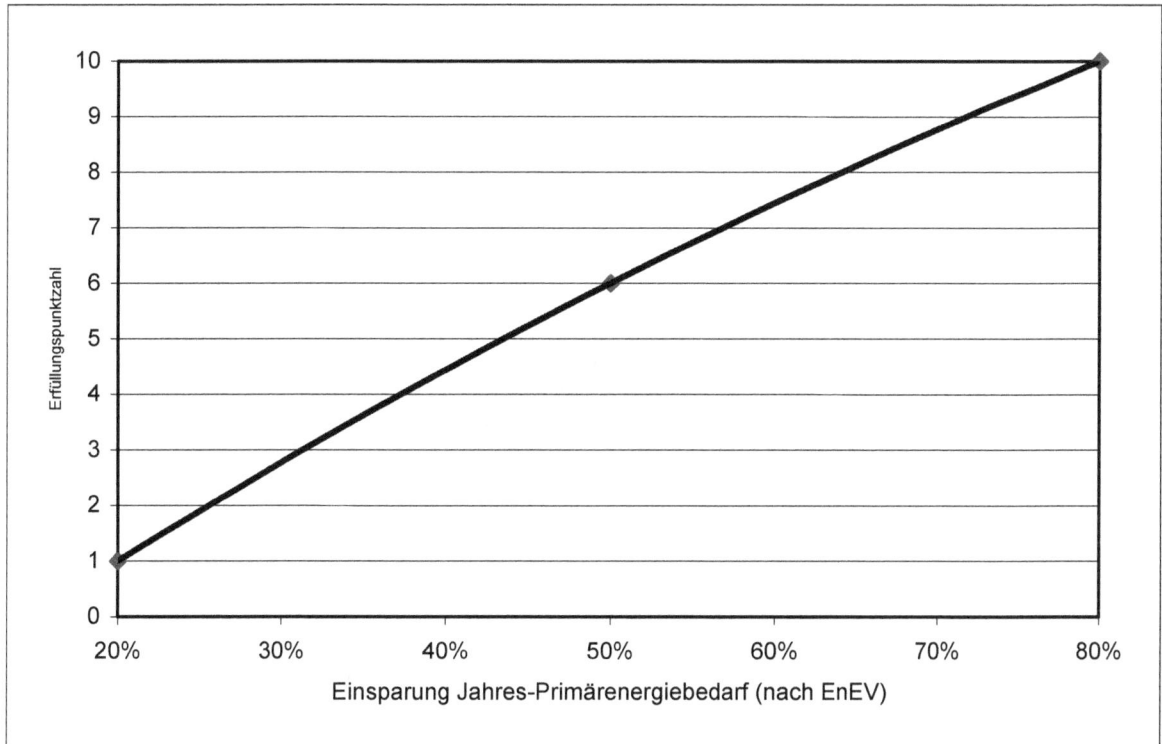

Bild 41: Bewertungshilfe zur Energieeinsparung in der Nutzungsphase

4.3.3.3   Bewertungshilfen auf Basis von Flussdiagrammen

Der Bewerter steigt bei „Start" in das Flussdiagramm ein und folgt dem auf sein Projekt zutreffenden Strang bis zu der entsprechenden Erfüllungspunktzahl. Ein Beispiel bietet Bild 42 mit der Bewertungshilfe für das Kriterium „Bauordnungsrecht" aus dem Kapitel „Projektbedingungen und Standort".

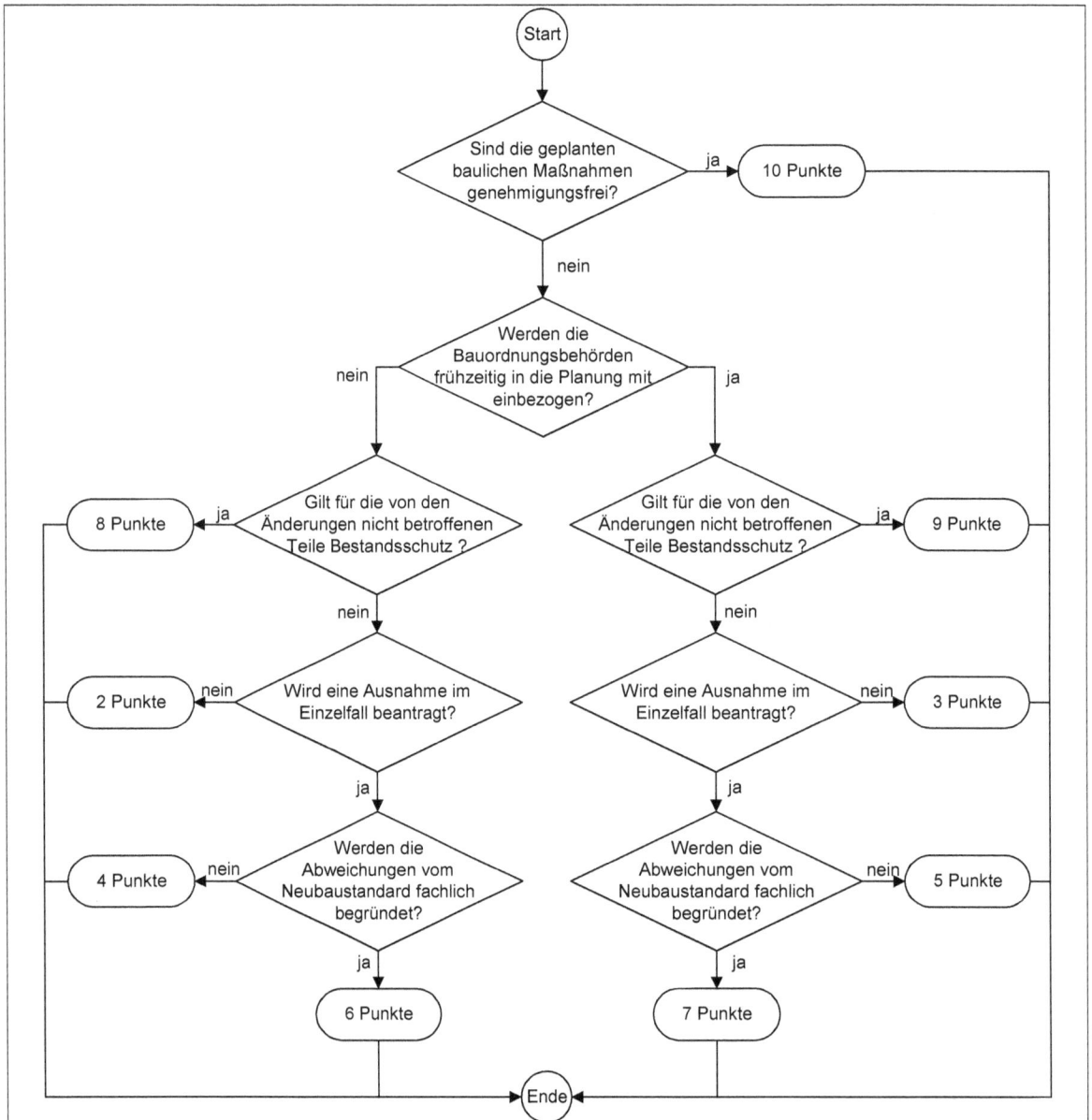

Bild 42: Bewertungshilfe zum Bauordnungsrecht

4.3.4   Erläuterungen

In der vierten Ebene gibt es für jedes Unterkriterium zusätzliche Erläuterungen und Hinweise zu weiterführender Literatur. So kann sich der Anwender bei Bedarf über das Bewertungssystem hinaus zu den entsprechenden Themen informieren. Die zusätzlichen Erläuterungen dienen außerdem der besseren Verständlichkeit der Bewertungsfragen.

4.4   Ergebnisdarstellung

Die erzielten Erfüllungspunkte werden mit den dazugehörigen Gewichtungspunkten multipliziert. Das Produkt ergibt die „gewichteten Nutzenpunkte" oder „Nutzwerte". Die Addition aller Nutzwerte liefert die Nutzenstiftung eines Projektes. Um das Ergebnis zu bewerten, wird es mit der maximal möglichen Punktzahl oder dem Ergebnis eines Alternativprojektes verglichen. Das beste Ergebnis ergibt sich, wenn die maximal 10 Erfüllungspunkte mit der Summe der Gewichtungspunkte multipliziert werden (10 x 1.000 = 10.000). Minimal sind 1 x 1.000 = 1.000 Punkte möglich.

Neben der Gesamtpunktzahl werden auch die durchschnittlichen Erfüllungspunktzahlen für die einzelnen Hauptkriterien sowie für das gesamte Projekt ermittelt. Durch die grafische Darstellung der Erfüllungspunktzahl pro Hauptkriterium können die Kriterien schnell verglichen werden. So ist in dem Beispiel in Bild 43 offensichtlich, dass die Stärken des Bauvorhabens in den Projektbedingungen und dem Standort, dem Planungskonzept sowie den Bauwerkskosten liegen. Die Kriterien „Bewohner" und „Baumanagement" dagegen müssen überarbeitet werden. Diese Kriterien wird der Anwender nun näher prüfen, um festzustellen, welche Teilkriterien für das schlechte Ergebnis ausschlaggebend sind. So kann das Verbesserungspotenzial gezielt aufgedeckt werden.

Bild 44 zeigt eine weitere Form der Ergebnisdarstellung. Nebeneinander werden in Säulenform die erreichten Punktzahlen pro Kriterium und die Verteilung der Gewichtungspunkte abgebildet. Bei einem optimalen Projekt (mit einer durchschnittlichen Erfüllungspunktzahl von 10) sind die Ergebnis- und die Gewichtungssäule gleich. Durch den Vergleich der Ergebnissäule mit den Gewichtungen wird deutlich, welche Kriterien schlecht bewertet wurden und bei welchen Kriterien Optimierungspotenziale bestehen. Gleichzeitig kann aber auch die Bedeutung des Kriteriums abgelesen werden.

Durchschnittliche Erfüllungspunktzahlen bei Baubeginn

Gebäudebeurteilung	6,6
PB und Standort	8,9
Bewohner	4,5
Planungskonzept	8,6
Energieinput	6,5
Baustoffe Ressourcen	7,7
Schadstoffemissionen	7,7
Verwertung und Entsorgung	6,2
Wasser Boden Luft	6,3
Finanzierung und Wirtschaftl.	7,9
Baumanagement	4,8
Bauwerkskosten	9,1
Kosten Techn. Anlagen	7,1
Kosten Außenanlagen	6,6
Nutzungskosten	6,4

guter Bereich

kritischer Bereich

– – Durchschnitt über alle Kriterien

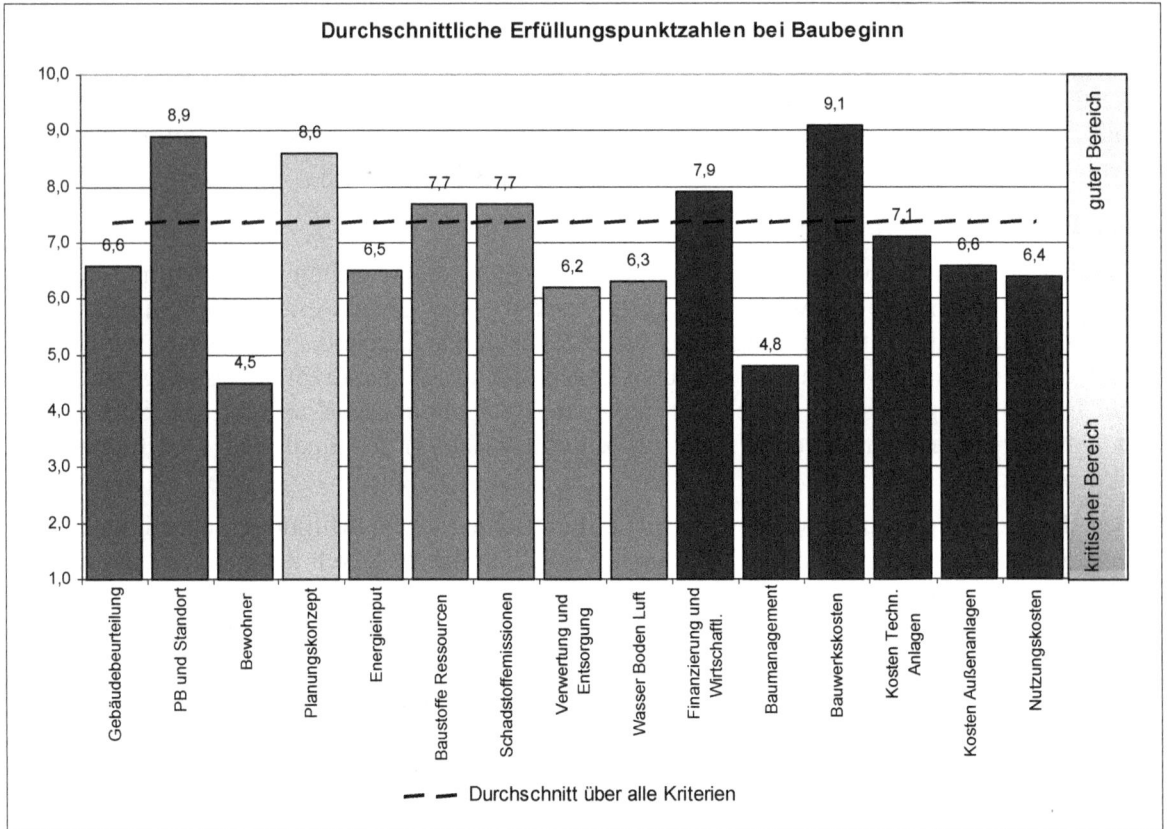

Bild 43: Beispiel für eine Ergebnisdarstellung

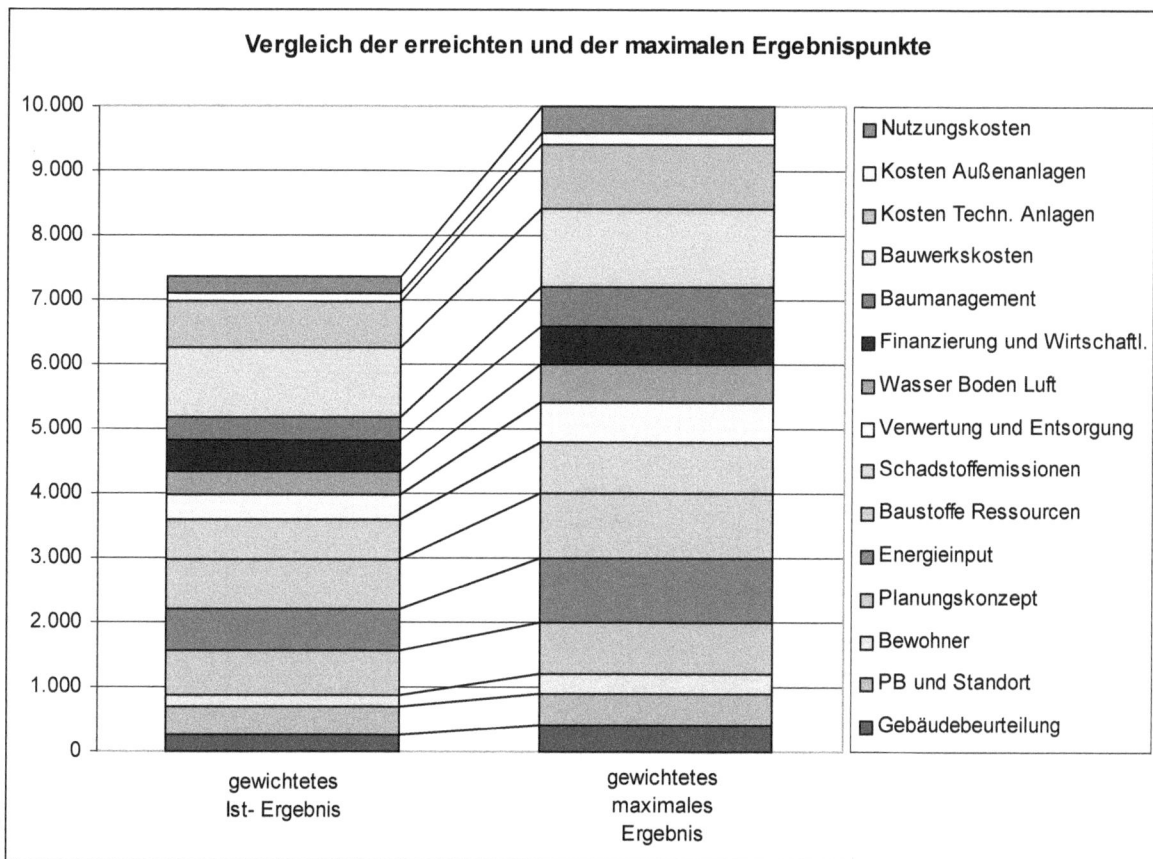

Bild 44: Beispiel für die Darstellung der Ergebnis- und Gewichtungspunkte

Die Bewertungsergebnisse werden in einem Bewertungspass (Bild 45, Bild 46) zusammengestellt. Dieser beinhaltet zunächst allgemeine Angaben zum Projekt wie die Anschrift und den Bauherrn bzw. Bauträger. Außerdem werden Daten zum Baurecht und zur Liegenschaft festgehalten. Für das Gebäude werden nun Kenngrößen wie die Anzahl der Geschosse oder der Bruttorauminhalt, aber auch das A/V-Verhältnis und der Jahresprimärenergiebedarf vor und nach der Erneuerung angegeben. Als ökologische Kennwerte werden Materialinput, Treibhaus- und Versauerungspotenzial für die neu hinzukommenden Bauteilschichten angegeben. Die Erneuerungskosten für die Kgr. 300 und 400 werden ebenfalls dargestellt.

Als Bewertungsergebnis werden die erzielte Gesamtpunktzahl, die minimal und maximal mögliche Punktzahl sowie die durchschnittliche Erfüllungspunktzahl ausgewiesen. Außerdem werden die beiden vorgestellten grafischen Darstellungen in den Bewertungspass übernommen. Der Bewertungspass fasst die Ergebnisse der Bewertung übersichtlich und kurz zusammen. Er ist jedoch kein Ersatz für einen Gebäudepass. Auf die Entwicklung eines Gebäudepasses wurde bewusst verzichtet, da es derzeit schon eine Vielzahl verschiedener Gebäudepässe und -zertifikate gibt. Durch diese Vielfalt werden Käufer und Nutzer verunsichert, was dem eigentlichen Ziel eines Gebäudepasses, Transparenz zu schaffen, zuwider läuft (vgl. Getto, 2002, S. 106).

Bewertungspass ÖÖS Seite 1   Stand: 08.08.2003

Allgemeine Angaben

Standort (Anschrift)   Musterstraße 1
                                12345 Musterstadt

Bauherr / Bauträger   Muster AG

Baurecht

zulässige GFZ | 1,2 | vorh. GFZ | 1,2 |
zulässige GRZ | 0,4 | vorh. GRZ | 0,4 |

Liegenschaft

Gesamtfläche | 508 | [m²]   Altlasten | nein |
Versiegelungsgrad | 85,0 | [%]   Versickerungsanlage für Regenwasser | nein |

Gebäude

Baujahr | 1961 |
Anzahl der Geschosse | 3,0 |
Bruttorauminhalt BRI | 3424 | [m³]   BGF | 1039 | [m²]
A / V | 0,4 | Wohnfläche | 583 | [m²]
Jahresprimärenergiebedarf alt | 280 | [kWh/(m²Wfl.a)] Anzahl der Wohnungen | 8 |
Jahresprimärenergiebedarf neu | 98 | [kWh/(m²Wfl.a)]

ökologische Kennwerte (neue Bauteilschichten)

TMR   MIPS Wasser | 1369 | [kg/m²a] CO_2eq. | 41898 | [g/m²a]
Total Material Requirement | 228 | [kg/m²a]   MIPS Luft | 33 | [kg/m²a] SO_2eq. | 285 | [g/m²a]

Erneuerungskosten gemäß DIN 276

Kgr. 300 | 350 | [€ /m²BGF]   Kgr. 400 | 110 | [€ /m²BGF]

Bewertung

max. erzielbare Punktzahl | 10.000 | erzielte Punktzahl | 7.355 |
min. erzielbare Punktzahl | 1.000 | durchschn. Erfüllungspunktzahl | 7,4 |

Bild 45: Bewertungspass des Bewertungssystems – Seite 1

Bewertungspass ÖÖS Seite 2   Stand: 08.08.2003

Allgemeine Angaben

Standort (Anschrift)

> Musterstraße 1
> 12345 Musterstadt

Bauherr / Bauträger

> Muster AG

Durchschnittliche Erfüllungspunktzahlen bei Baubeginn

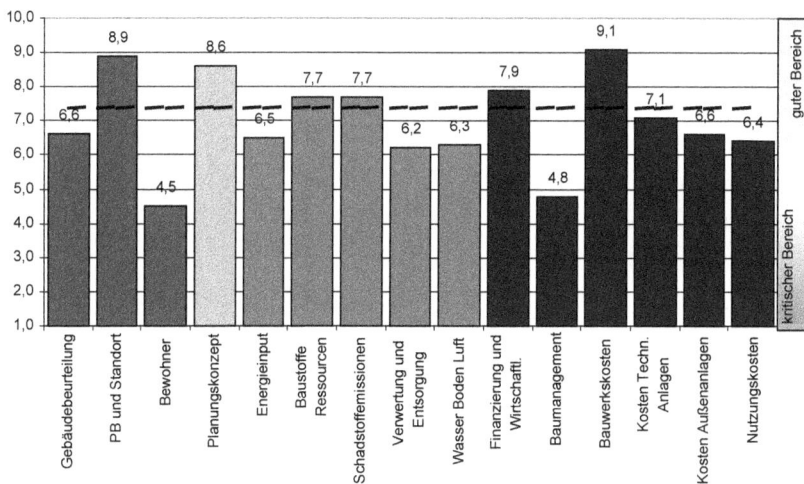

Gebäudebeurteilung	6,6
PB und Standort	8,9
Bewohner	4,5
Planungskonzept	8,6
Energieinput	6,5
Baustoffe Ressourcen	7,7
Schadstoffemissionen	7,7
Verwertung und Entsorgung	6,2
Wasser Boden Luft	6,3
Finanzierung und Wirtschaftl.	7,9
Baumanagement	4,8
Bauwerkskosten	9,1
Kosten Techn. Anlagen	7,1
Kosten Außenanlagen	6,6
Nutzungskosten	6,4

guter Bereich / kritischer Bereich

Vergleich der erreichten und der maximalen Ergebnispunkte

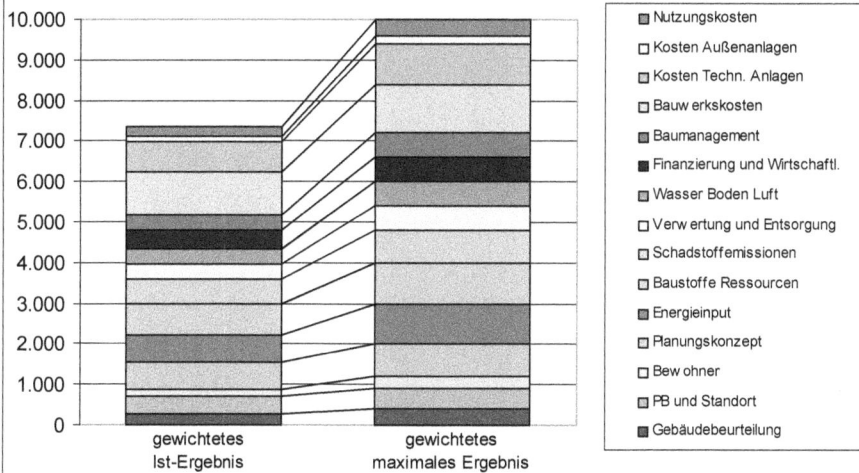

gewichtetes Ist-Ergebnis / gewichtetes maximales Ergebnis

Legende:
- Nutzungskosten
- Kosten Außenanlagen
- Kosten Techn. Anlagen
- Bauwerkskosten
- Baumanagement
- Finanzierung und Wirtschaftl.
- Wasser Boden Luft
- Verwertung und Entsorgung
- Schadstoffemissionen
- Baustoffe Ressourcen
- Energieinput
- Planungskonzept
- Bewohner
- PB und Standort
- Gebäudebeurteilung

Bild 46: Bewertungspass des Bewertungssystems – Seite 2

5 Anwendung des Bewertungssystems

Zur besseren Handhabung wird eine EDV-Version des Bewertungssystems entwickelt. Um die Anwendbarkeit in der Praxis zu überprüfen, werden außerdem zwei Praxisbeispiele bewertet.

Zusätzlich wird eine Umfrage zur Anwendbarkeit des Bewertungssystems durchgeführt. Die Umfrage richtet sich an die Käufer des Neubaubewertungssystems ÖÖB. Abschließend wird eine Nutzen-Kosten-Untersuchung durchgeführt.

5.1 Bewertungssoftware ÖÖS

Um die Bewertung zu vereinfachen, wurde die Bewertungssoftware ÖÖS entwickelt, die über den DVP-Verlag vertrieben wird. Ein Bestellschein findet sich in Anhang 6. Das System soll einfach zu handhaben und nicht teuer sein. Deswegen wird die EDV-Version auf den weit verbreiteten Programmen „Word" und „Excel" aufgebaut.

5.1.1 Funktionselemente der Software ÖÖS

Nach dem Öffnen der EDV-Version gelangt man zunächst auf eine Startseite. Diese zeigt die verschiedenen Elemente des Bewertungssystems (Bild 47). Durch Anklicken der Pfeile vor den einzelnen Bereichen gelangt man in die nächste Ebene des Programms.

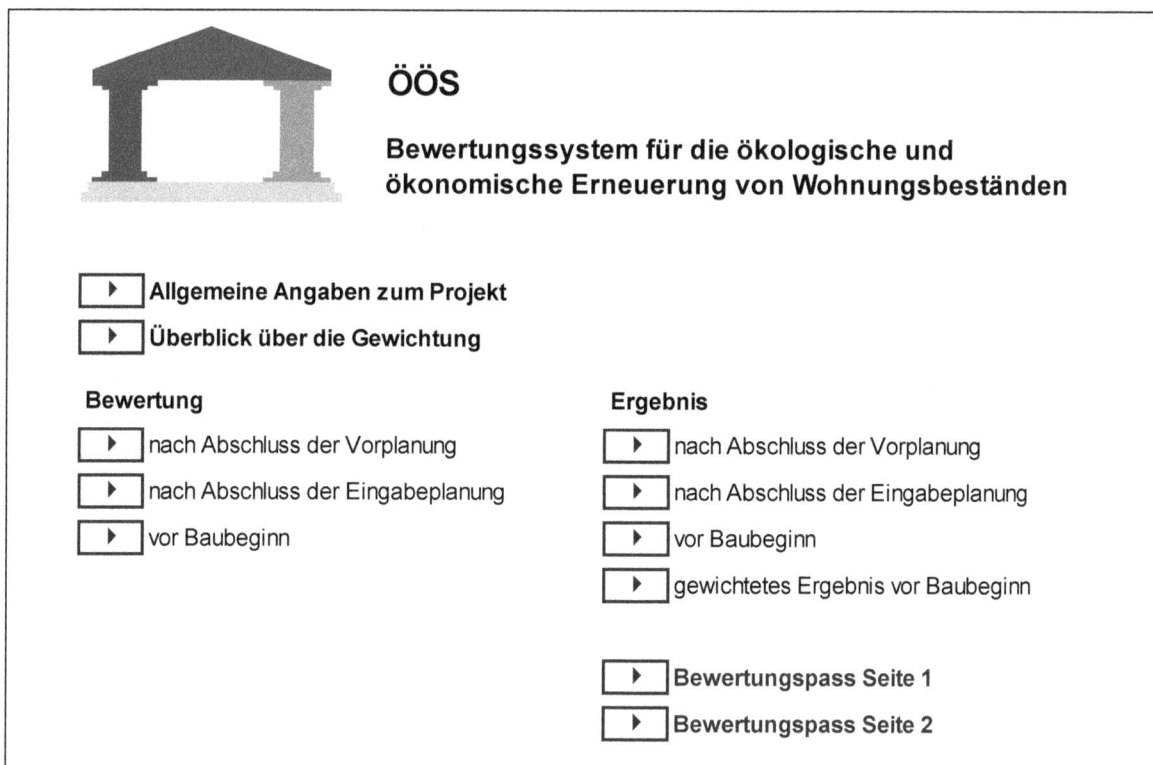

Bild 47: Startseite der Bewertungssoftware ÖÖS

5.1.1.1 Allgemeine Angaben und Überblick über die Gewichtung

Unter dem ersten Link werden allgemeine Angaben zum Projekt eingegeben (Bild 48). Die Angaben werden automatisch in den Bewertungspass übernommen.

Der zweite Link gibt einen Überblick über die vorgegebene bzw. gewählte Gewichtung (Bild 49). Wird bei der Bearbeitung die Gewichtung in den Bewertungsmatrizen geändert, werden die Änderungen automatisch in den Überblick übernommen. Im Überblick selbst können keine Änderungen vorgenommen werden.

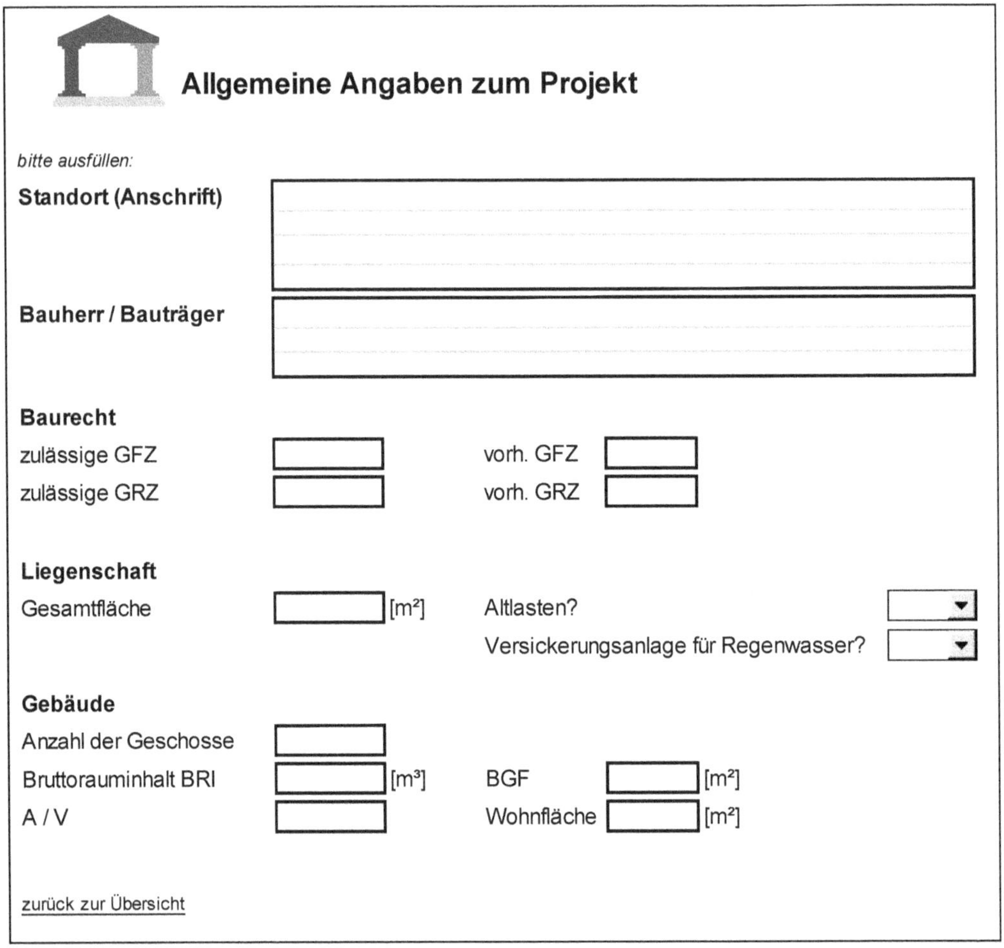

Allgemeine Angaben zum Projekt

bitte ausfüllen:

Standort (Anschrift)

Bauherr / Bauträger

Baurecht

zulässige GFZ | vorh. GFZ

zulässige GRZ | vorh. GRZ

Liegenschaft

Gesamtfläche [m²] | Altlasten?

Versickerungsanlage für Regenwasser?

Gebäude

Anzahl der Geschosse

Bruttorauminhalt BRI [m³] | BGF [m²]

A / V | Wohnfläche [m²]

zurück zur Übersicht

Bild 48: Allgemeine Angaben zum Projekt

ÖÖS Überblick über die Gewichtung

1 Gebäudebeurteilung		2 Projektbedingungen und Standort		3 Bewohner	
1 Bauzustandserfassung	10	Marktchancen	10	Mieterinformation und -beteiligung	8
2 Bauzustandsbewertung	10	Timing	10	Vorgehensweise	14
3 Zieldefinition	12	Lage	10	Zeitrahmen	8
4 Beschädigungen	8	Grundstück	10		
5		rechtliche Randbedingungen	10		
Σ	40		50		30

4 Planungskonzept	
Sanierungsstrategien	35
Soziale Qualität	15
Grundrissorganisation	15
Nutzerverhalten	15
Σ	80

Randbedingungen:	120
Planungskonzept:	80
Ökologische Kriterien:	400
Ökonomische Kriterien:	400
Summe:	1000

5 Energieinput		6 Baustoffe Ressourcen		7 Schadstoffemissionen		8 Verwertung und Entsorgung		9 Boden Wasser Luft	
1 generelles Energiekonzept	26	MI Außenwand	20	vorh. Gebäudesubstanz	20	vorh. Gebäudesubstanz	21	Wasser	24
2 Wärmeschutz	26	MI Dach	20	Baustoffherstellung	20	Abfallvermeidung	24	Bodenversiegelung	20
3 Technische Anlagen	23	MI Oberste Geschossdecke	20	Bauliche Maßnahmen	20	Baustellenorganisation	15	Zu- und Abluft	16
4 Nutzerverhalten	25	MI Kellerdecke	20	Nutzung	20				
5		MI Fenster	20						
Σ	100		100		80		60		60

10 Finanzierung und Wirtschaftlichkeit		11 Baumanagement		12 Erneuerungskosten Bauwerk		13 Erneuerungskosten Techn. Anlagen		14 Erneuerungskosten Außenanlagen		15 Nutzungskosten	
1 Finanzierungsmodell	12	Bauherrenaufgaben	30	Außenwände	30	Abwasser, Wasser, Gas	38	Geländeflächen	6	Betriebskosten	20
2 Fördermöglichkeiten	12	Vorb. der Objektplanung	10	Innenwände	30	Wärmeversorgungsanlagen	23	befestigte Wege	6	Bauunterhaltung	20
3 Wirtschaftlichkeit	18	Architekten-/Ingenieurleistungen	18	Decken	30	Lufttechnische Anlagen	4	Baukonstruktionen	4		
4 Mietwirksamkeit	18	weitere Baunebenkosten	18	Dächer	30	Starkstromanlagen	30	T. Anlagen, Einbauten, Sonstiges	4		
5						Fernmelde- und Informationstechnische Anlagen	5				
Σ	60		60		120		100		20		40

zurück zur Übersicht

Bild 49: Überblick über die Gewichtung

5.1.1.2   Bewertung

Bewertet wird getrennt für die drei Stufen „nach Abschluss der Vorplanung", „nach Abschluss der Eingabeplanung" und „vor Baubeginn". Die Bewertung für jede Stufe gliedert sich in die vier Ebenen, die bereits beim Aufbau des Bewertungssystems vorgestellt wurden (vgl. Kapitel 1, Bild 38). Durch Anklicken öffnet sich jeweils eine Ausgangsmatrix für die gewählte Stufe. Sie bietet eine Übersicht über die zu bewertenden Hauptkriterien mit ihren Teilkriterien, den Bearbeitungsstand (bei farbig hinterlegten Kriterien ist die Bewertung bereits abgeschlossen) und die einzelnen Ergebnispunkte pro Teilkriterium. Außerdem werden das Gesamtergebnis, die maximal erreichbaren Punkte sowie die durchschnittliche Erfüllungspunktzahl für die gewählte Stufe dargestellt.

Zur Bewertung der Hauptkriterien werden die weiß hervorgehobenen und unterstrichenen Überschriften angeklickt. Dadurch öffnet sich die entsprechende Bewertungsmatrix für das Kriterium (Bild 50). Nicht unterstrichene graue Überschriften können nicht angeklickt werden, da diese Kriterien bereits in der vorhergehenden Stufe bewertet wurden und die Bewertung automatisch übernommen wird. Sollen diese Kriterien geändert werden, muss man in die vorhergehende Stufe zurückgehen und die Änderungen dort vornehmen.

Jede Bewertungsmatrix enthält Teilkriterien, die wiederum mit Links hinterlegt sind. Auch hier sind die Kriterien farblich hinterlegt und nicht anklickbar, die bereits in der vorhergehenden Stufe bewertet worden sind, da die Bewertung automatisch übernommen wird. Durch Anklicken der Teilkriterien gelangt man in die nächste Ebene des Programms. Jedes zu bewertende Kriterium ist hier mit einer Bewertungshilfe hinterlegt (Bild 51).

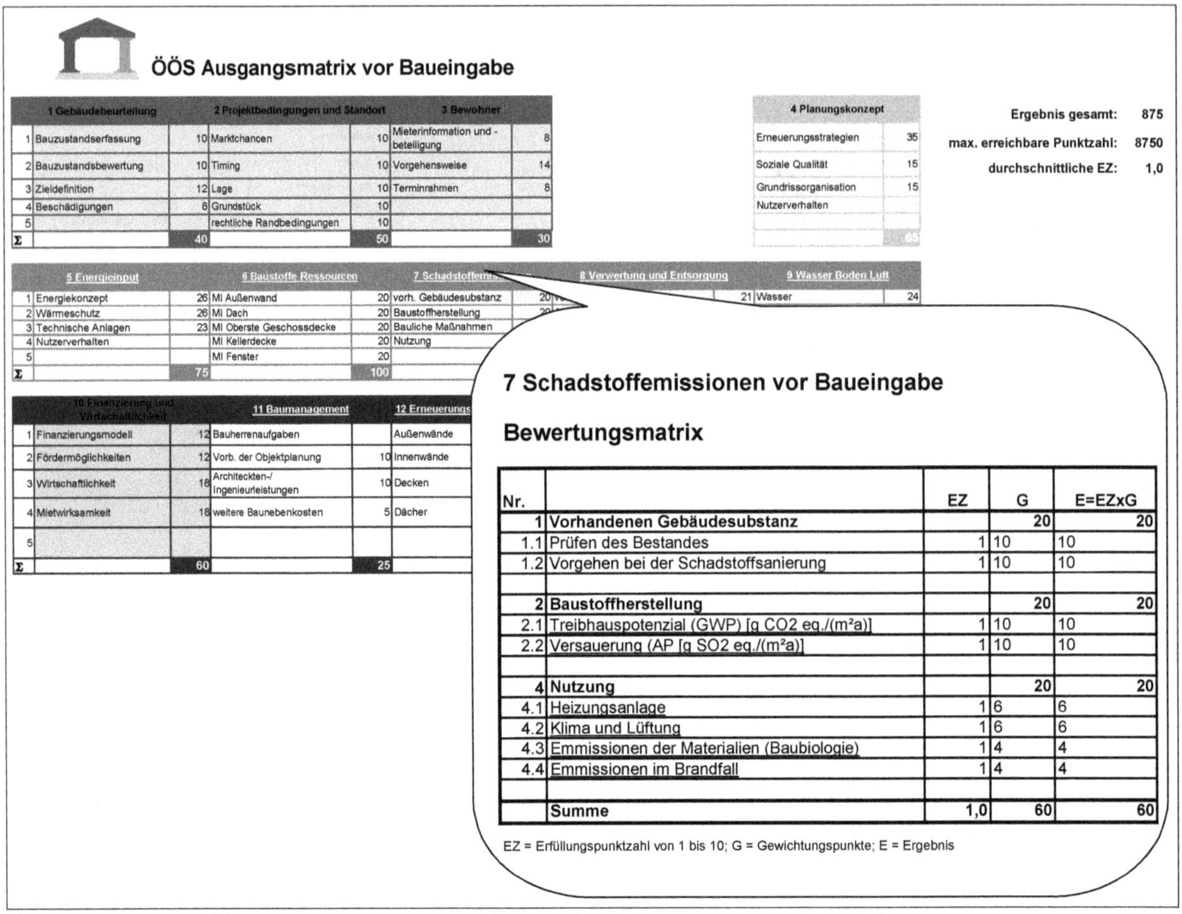

ÖÖS Ausgangsmatrix vor Baueingabe

1 Gebäudebeurteilung		2 Projektbedingungen und Standort		3 Bewohner	
1 Bauzustandserfassung	10	Marktchancen	10	Mieterinformation und -beteiligung	8
2 Bauzustandsbewertung	10	Timing	10	Vorgehensweise	14
3 Zieldefinition	12	Lage	10	Terminrahmen	8
4 Beschädigungen	8	Grundstück	10		
5		rechtliche Randbedingungen	10		
Σ	40		50		30

4 Planungskonzept	
Erneuerungsstrategien	35
Soziale Qualität	15
Grundrissorganisation	15
Nutzerverhalten	

Ergebnis gesamt: 875
max. erreichbare Punktzahl: 8750
durchschnittliche EZ: 1,0

5 Energieinput		6 Baustoffe Ressourcen		7 Schadstoffem...		8 Verwertung und Entsorgung		9 Wasser Boden Luft	
1 Energiekonzept	26	MI Außenwand	20	vorh. Gebäudesubstanz	20		21	Wasser	24
2 Wärmeschutz	26	MI Dach	20	Baustoffherstellung	20				
3 Technische Anlagen	23	MI Oberste Geschossdecke	20	Bauliche Maßnahmen					
4 Nutzerverhalten		MI Kellerdecke	20	Nutzung					
5		MI Fenster	20						
Σ	75		100						

10 Finanzierung und Wirtschaftlichkeit		11 Baumanagement		12 Erneuerungs	
1 Finanzierungsmodell	12	Bauherrenaufgaben		Außenwände	
2 Fördermöglichkeiten	12	Vorb. der Objektplanung	10	Innenwände	
3 Wirtschaftlichkeit	18	Architeckten-/Ingenieurleistungen	10	Decken	
4 Mietwirksamkeit	18	weitere Baunebenkosten	5	Dächer	
5					
Σ	60		25		

7 Schadstoffemissionen vor Baueingabe

Bewertungsmatrix

Nr.		EZ	G	E=EZxG
1	**Vorhandenen Gebäudesubstanz**		20	20
1.1	Prüfen des Bestandes	1	10	10
1.2	Vorgehen bei der Schadstoffsanierung	1	10	10
2	**Baustoffherstellung**		20	20
2.1	Treibhauspotenzial (GWP) [g CO2 eq./(m²a)]	1	10	10
2.2	Versauerung (AP [g SO2 eq./(m²a)]	1	10	10
4	**Nutzung**		20	20
4.1	Heizungsanlage	1	6	6
4.2	Klima und Lüftung	1	6	6
4.3	Emmissionen der Materialien (Baubiologie)	1	4	4
4.4	Emmissionen im Brandfall	1	4	4
	Summe	1,0	60	60

EZ = Erfüllungspunktzahl von 1 bis 10; G = Gewichtungspunkte; E = Ergebnis

Bild 50: Aufbau der Bewertungssoftware ÖÖS – Ausgangs- und Bewertungsmatrix

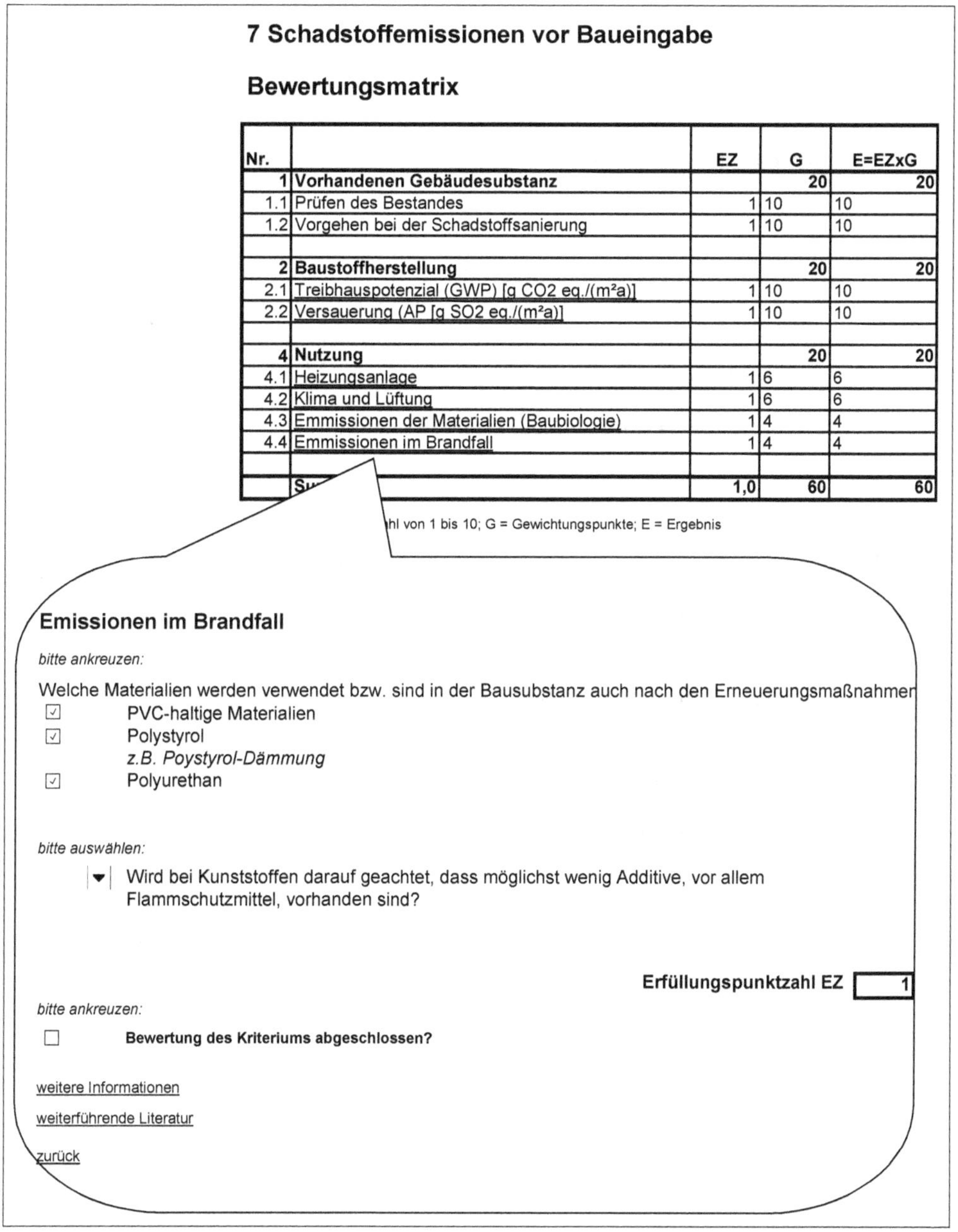

7 Schadstoffemissionen vor Baueingabe

Bewertungsmatrix

Nr.		EZ	G	E=EZxG
1	Vorhandenen Gebäudesubstanz		20	20
1.1	Prüfen des Bestandes	1	10	10
1.2	Vorgehen bei der Schadstoffsanierung	1	10	10
2	Baustoffherstellung		20	20
2.1	Treibhauspotenzial (GWP) [g CO2 eq./(m²a)]	1	10	10
2.2	Versauerung (AP [g SO2 eq./(m²a)]	1	10	10
4	Nutzung		20	20
4.1	Heizungsanlage	1	6	6
4.2	Klima und Lüftung	1	6	6
4.3	Emmissionen der Materialien (Baubiologie)	1	4	4
4.4	Emmissionen im Brandfall	1	4	4
	Su...	1,0	60	60

...hl von 1 bis 10; G = Gewichtungspunkte; E = Ergebnis

Emissionen im Brandfall

bitte ankreuzen:

Welche Materialien werden verwendet bzw. sind in der Bausubstanz auch nach den Erneuerungsmaßnahmer

☑   PVC-haltige Materialien
☑   Polystyrol
         z.B. Poystyrol-Dämmung
☑   Polyurethan

bitte auswählen:

▼| Wird bei Kunststoffen darauf geachtet, dass möglichst wenig Additive, vor allem Flammschutzmittel, vorhanden sind?

Erfüllungspunktzahl EZ | 1 |

bitte ankreuzen:

☐   **Bewertung des Kriteriums abgeschlossen?**

weitere Informationen

weiterführende Literatur

zurück

Bild 51: Aufbau der Bewertungssoftware ÖÖS – Bewertungsmatrix und Bewertungshilfe

Werden die Bewertungshilfen ausgefüllt, wird automatisch eine Erfüllungspunktzahl zwischen 1 und 10 ermittelt. Bei einigen Bewertungshilfen wird zunächst abgefragt, ob bestimmte bauliche Maßnahmen vorgesehen sind. In Abhängigkeit von der eingegebenen Antwort werden die nicht relevanten Teile der Bewertung automatisch verdeckt und aus der Bewertung sowie der Gewichtung herausgenommen. Gegebenenfalls wird das komplette Kriterium automatisch mit 0 bewertet und die Gewichtung ebenfalls auf 0 gesetzt.

Jede Bewertungshilfe bietet darüber hinaus Links auf weitere Informationen und weiterführende Literatur. Die ermittelten Erfüllungspunktzahlen werden automatisch in die Bewertungsmatrix übernommen. Dort werden sie wiederum automatisch mit der Gewichtung multipliziert und die Ergebnisse in die Ausgangsmatrix übernommen. Gegebenenfalls kann in den Bewertungsmatrizen die Gewichtung einzelner Kriterien geändert werden.

5.1.1.3   Ergebnis

Für die drei zu bewertenden Stufen bereitet das Programm jeweils automatisch die Ergebnisse grafisch auf. Es werden die durchschnittlichen Erfüllungspunktzahlen für die Hauptkriterien angegeben. Bild 52 zeigt die grafische Aufbereitung für die dritte Stufe „vor Baubeginn". Für die dritte Stufe wird darüber hinaus das gewichtete Ergebnis dargestellt (Bild 53, vgl. Kapitel 4.4).

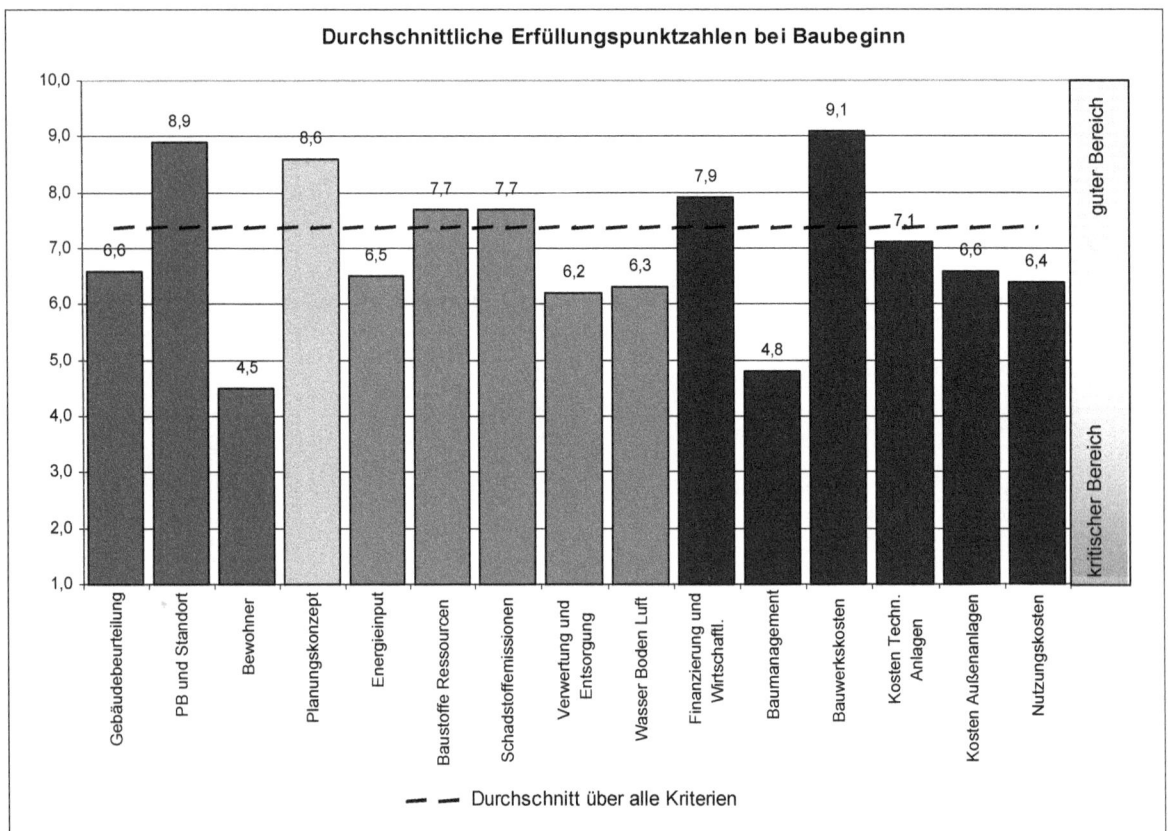

Bild 52: Grafische Darstellung der durchschnittlichen Erfüllungspunktzahlen vor Baubeginn

Vergleich der erreichten und der maximalen Ergebnispunkte

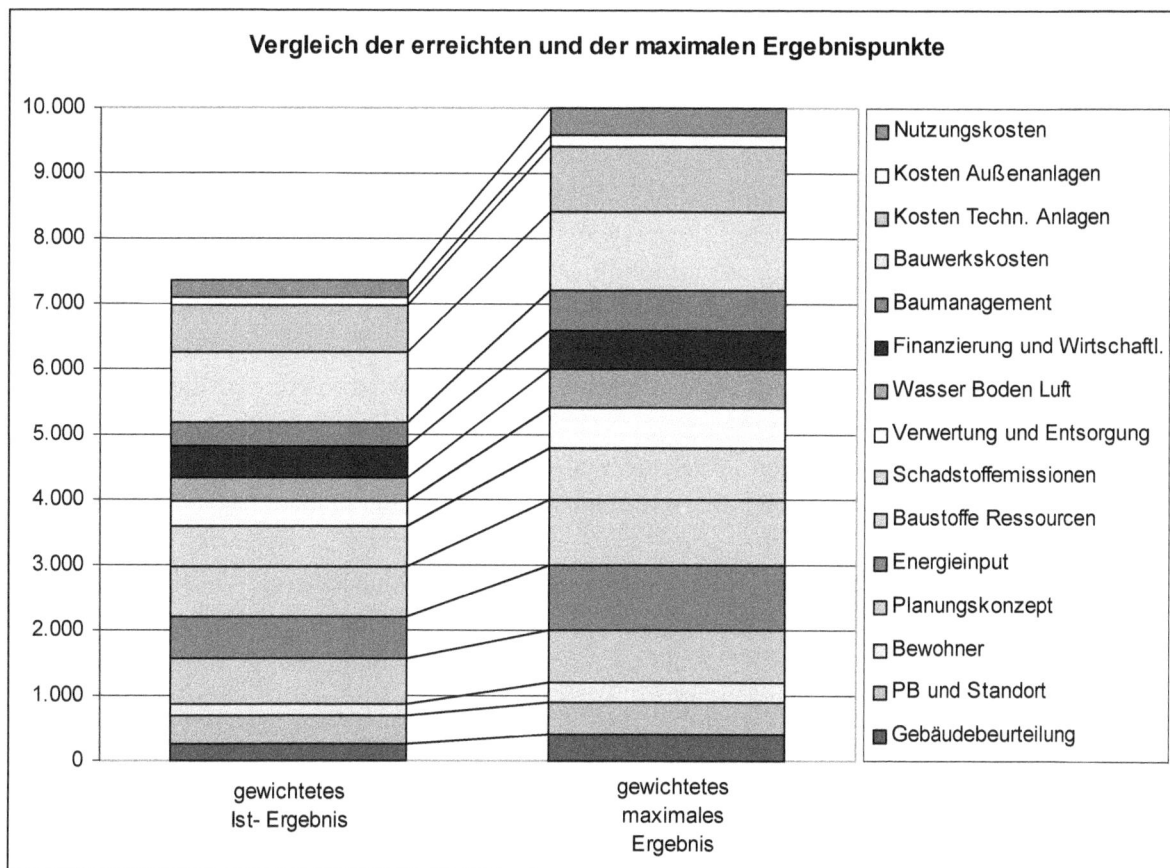

Bild 53: Grafische Darstellung des gewichteten Ergebnisses vor Baubeginn

5.1.1.4   Bewertungspass

Der Bewertungspass fasst die wichtigsten Bewertungsparameter und das Bewertungsergebnis auf zwei Seiten zusammen. Er wird automatisch aus den Angaben im Bereich „Allgemeine Angaben zum Projekt" sowie den Eingaben in die Bewertungshilfen erstellt (Bild 45, Bild 46).

5.1.2   Vorgehensweise

Im Folgenden wird die Vorgehensweise beim Arbeiten mit der Bewertungssoftware ÖÖS dargestellt.

1. Öffnen der Excel-Datei „Start". Es öffnet sich automatisch die Startseite.

2. Anklicken des Pfeils vor „Allgemeine Angaben zum Projekt" und Ausfüllen der sich öffnenden Seite; Zurückgehen zur Übersicht durch Anklicken des Links „zurück zur Übersicht". Gegebenenfalls Anschauen der Gewichtung durch Anklicken des Pfeils vor „Überblick über die Gewichtung".

3. Anklicken des Pfeils vor „nach Abschluss der Vorplanung" im Bereich „Bewertung". Es öffnet sich die Ausgangsmatrix für die erste Stufe.

4. Anklicken der unterstrichenen Überschrift für das erste Hauptkriterium. Es öffnet sich die Bewertungsmatrix für das Kriterium.

5. Anklicken des ersten unterstrichenen Teilkriteriums in blauer Schrift. Es öffnet sich eine Bewertungshilfe.

6. Ausfüllen der Bewertungshilfe; ggf. Anklicken von „weitere Informationen" oder „weiterführende Literatur" (mit „zurück zur Bewertung" Zurückkehren zur Bewertungshilfe).

7. Ist die Bewertungshilfe komplett ausgefüllt, Anklicken des Kästchens vor „Bewertung des Kriteriums abgeschlossen?"; anschließend auf „zurück" klicken. Das bewertete Kriterium ist nun in der Bewertungsmatrix farbig hinterlegt.

8. Das nächste Teilkriterium anklicken; Schritte 6 und 7 wiederholen, bis alle Teilkriterien bewertet und farbig hinterlegt sind.

9. Anklicken des Kästchens vor „Bewertung abgeschlossen?", anschließend auf „zurück zur Ausgangsmatrix" klicken. Das bewertete Hauptkriterium ist nun in der Ausgangsmatrix farbig hinterlegt.

10. Anklicken der nächsten unterstrichenen Überschrift eines Hauptkriteriums; Wiederholen der Schritte 5 bis 9, bis alle Hauptkriterien bearbeitet und farbig hinterlegt sind.

11. Gegebenenfalls „Ergebnis nach Abschluss der Vorplanung" anklicken; durch Anklicken von „zurück zur Übersicht" Zurückkehren zur Startseite.

12. Anklicken des Pfeils vor „nach Abschluss der Eingabeplanung" im Bereich „Bewertung". Bewertung der zweiten Stufe gemäß den Schritten 4 bis 11.

13. Anklicken des Pfeils vor „vor Baubeginn" im Bereich „Bewertung". Bewertung der dritten Stufe ebenfalls gemäß den Schritten 4 bis 11.

14. Sichtung der Ergebnisse durch Anklicken der Pfeile unter „Ergebnis". Gegebenenfalls Anschauen der Gewichtung durch Anklicken des Pfeils vor „Überblick über die Gewichtung".

15. Anklicken des Pfeils vor „Bewertungspass Seite 1", Ausdrucken der Seite.

16. Anklicken des Pfeils vor „Bewertungspass Seite 2", Ausdrucken der Seite.

5.2   Erstes Praxisbeispiel: Mehrfamilienhaus

Bei dem Projekt handelt es sich um ein 3-geschossiges Mehrfamilienhaus mit 10 Wohneinheiten, das umfassend modernisiert wird.

Es wurden folgende Maßnahmen durchgeführt:

*   Fassade
    Die gesamte Fassade wird mit einem Wärmedämmverbundsystem (WDVS) gedämmt und die ursprüngliche Fassadengestaltung wieder hergestellt.

*   Fenster
    Die Fenster werden im Treppenhaus und teilweise im Kellerbereich erneuert und mit einer Wärmeschutzverglasung ausgestattet.

- Balkone
  Die Balkone werden im 2. Obergeschoss und Dachgeschoss entfernt. Stattdessen werden an allen nach Norden und Osten ausgerichteten Wohnungen Balkone montiert.

- Dach
  Das Dach wird mit 180 mm Wärmedämmung gedämmt und mit neuen Dachziegeln eingedeckt. Ein Teil der Gauben wird erweitert, Traufen, Regenrinnen und Regenfallrohre werden komplett erneuert.

- Keller
  Die Kellerdecke wird unterseitig mit einer 110 mm starken Deckendämmplatte gedämmt. Kellertüren und -wände werden aufgearbeitet, ausgebessert und gestrichen. Im Tiefkeller wird ein Raum als Waschküche vorgerichtet und ausgebaut.

- Außenanlagen
  Im Außenbereich werden eine Mauer zum Hof abgebrochen und im Hof stehende Bäume zur Verbesserung der Belichtung gefällt und mitsamt Wurzelwerk entsorgt. Im Zuge dieser Arbeiten wird die Fundamentsohle des Hauses freigelegt und abgedichtet. Das Gelände wird teilweise abgefangen und leicht begradigt. Im Hof werden 3 PKW-Stellplätze hergestellt, die mit Rasengittersteinen befestigt werden. Unter den Balkonen werden Kiesbeete angelegt.

- Treppenhaus
  Nach Durchführung sämtlicher Arbeiten wird das Treppenhaus komplett erneuert.

- Grundrissveränderung
  Im 1. und 2. OG werden jeweils 2 Wohnungen zusammengelegt, so dass sich insgesamt nach der Erneuerung 8 Wohneinheiten von 62 m² bis 80 m² Größe ergeben.

5.2.1 Bewertung

Zur Bewertung des Projekts lagen folgende Unterlagen vor:

- Baubeschreibung,

- Pläne vor und nach der Erneuerung,

- Nachweis nach EnEV nach der Erneuerung,

- Nachweis nach WSchV 95 vor und nach der Erneuerung,

- Kosten für die Kgr. 300 und 400, aufgeteilt nach Leistungsbereichen,

- Berechnung des umbauten Raumes nach DIN 277 und

- Übersicht über die Wohnflächen vor und nach der Erneuerung.

Mit den Unterlagen wurden ca. 40 % der Kriterien bearbeitet. Die übrigen Kriterien wurden in einem zweistündigen Gespräch mit dem zuständigen Architekten bewertet. Dabei handelte es sich in erster Linie um Kriterien, die mit Checklisten behandelt werden.

Problematisch war die Bewertung der Kriterien „Erneuerungskosten Bauwerk" und „Erneuerungskosten Technische Anlagen", da die Kosten nach Leistungsbereichen und nicht nach den Kostengruppen der zweiten Ebene aufgeteilt waren. Die Kosten mussten deshalb zunächst auf die Kostengruppen aufgeschlüsselt werden.

Im Gespräch mit dem Architekten wurden außerdem einige missverständliche Formulierungen in den Checklisten verändert.

5.2.2 Ergebnis

Nach Abschluss der 3. Stufe der Bewertung (vor Baubeginn) erreicht das Projekt 6.610 von 9.455 Punkten. Das entspricht einer durchschnittlichen Erfüllungspunktzahl von 7,0. Das Projekt liegt damit im guten Bereich. Einen Überblick über Gesamtergebnis, maximal erreichbare Punktzahl und durchschnittliche Erfüllungspunktzahl nach den drei Stufen „Abschluss der Vorplanung", „Abschluss der Eingabeplanung" und „vor Baubeginn" zeigt Tabelle 33.

Die maximal erreichbare Punktzahl vor Baubeginn liegt unter 10.000, weil einige Kriterien nicht berücksichtigt wurden. Die Lage wurde nicht bewertet, da der Projektstandort schon vor Planungsbeginn feststand. Die Demontagetiefe im Kriterium „Verwertung und Entsorgung" fiel ebenfalls weg, weil keine größeren Rückbauten vorgesehen waren. Im Kriterium „Außenanlagen" wurden die Kriterien „Geländeflächen" und „Baukonstruktionen in den Außenanlagen" nicht betrachtet, weil diese nicht erneuert wurden. Außerdem wurde die oberste Geschossdecke nicht gedämmt und deshalb unter „Baustoffe" nicht bewertet.

Die folgenden Grafiken zeigen die Erfüllungspunktzahlen der Hauptkriterien zu allen drei Stufen der Bewertung sowie den Vergleich der erreichten und der maximalen Ergebnispunkte vor Baubeginn (Bild 54 bis Bild 57).

	nach Abschluss der Vorplanung	nach Abschluss der Eingabeplanung	vor Baubeginn
Ergebnis gesamt	4.147	6.019	6.610
max. erreichbare Punktzahl	5.715	8.255	9.455
durchschnittliche EZ	7,3	7,3	7,0

Tabelle 33: Ergebnis des ersten Praxisbeispiels zu allen drei Stufen der Bewertung

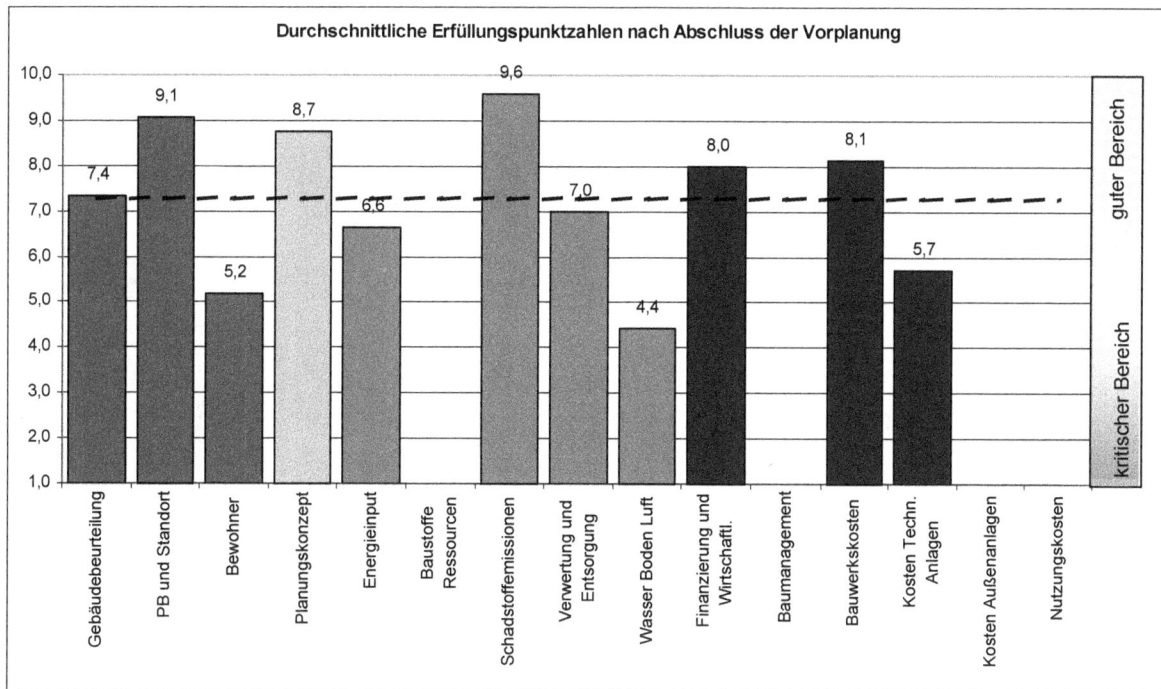

Bild 54: Durchschnittliche Erfüllungspunktzahlen nach Abschluss der Vorplanung

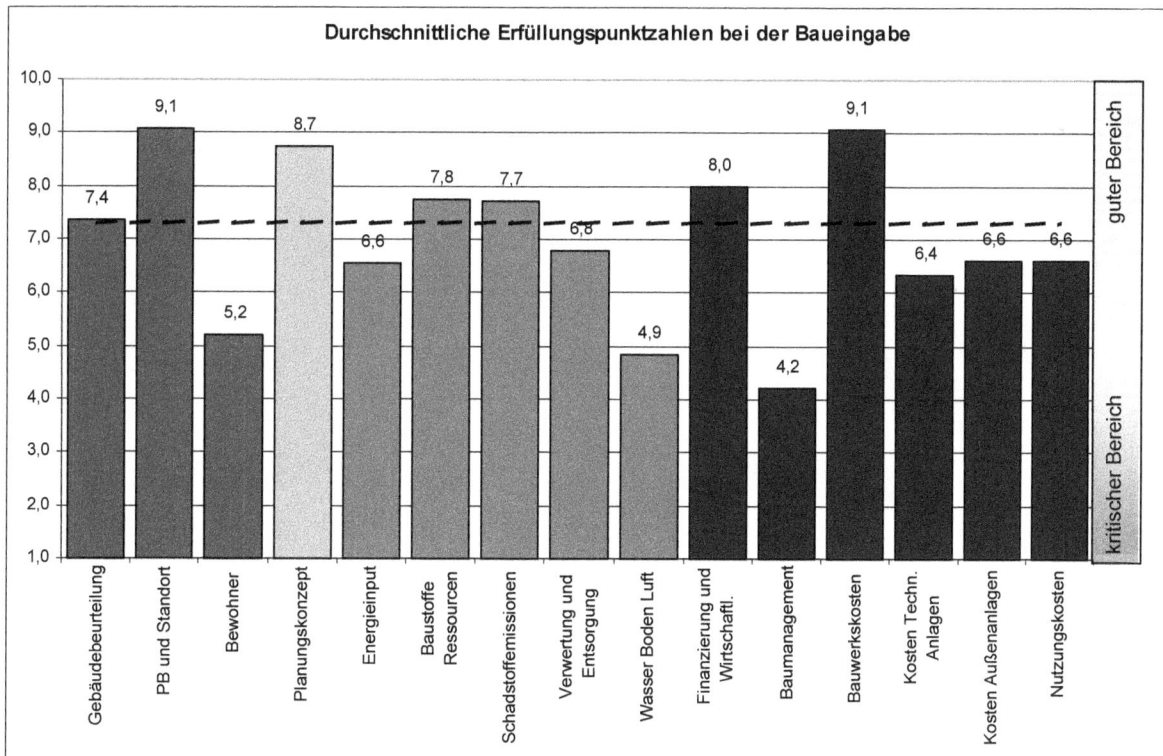

Bild 55: Durchschnittliche Erfüllungspunktzahlen nach Abschluss der Eingabeplanung

Durchschnittliche Erfüllungspunktzahlen bei Baubeginn

Kategorie	Punktzahl
Gebäudebeurteilung	6,7
PB und Standort	8,6
Bewohner	4,5
Planungskonzept	8,2
Energieinput	6,2
Baustoffe Ressourcen	7,8
Schadstoffemissionen	7,8
Verwertung und Entsorgung	5,9
Wasser Boden Luft	4,9
Finanzierung und Wirtschaftl.	8,0
Baumanagement	4,8
Bauwerkskosten	9,1
Kosten Techn. Anlagen	6,4
Kosten Außenanlagen	6,6
Nutzungskosten	6,4

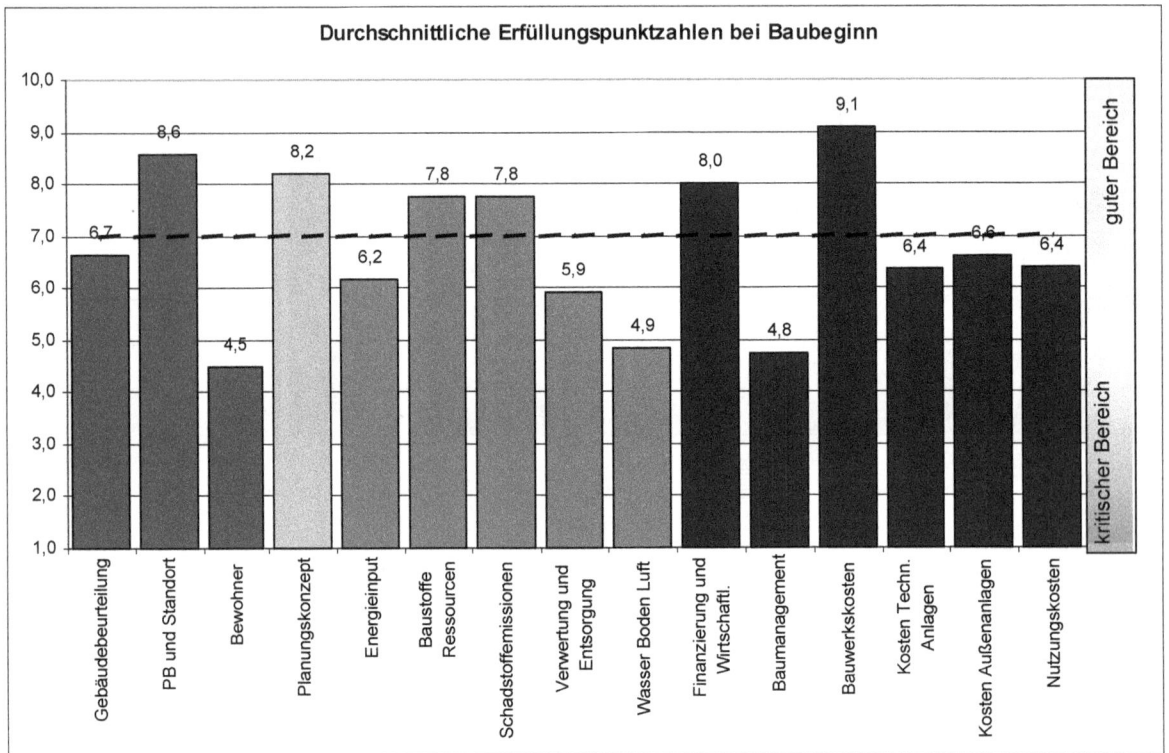

Bild 56: Durchschnittliche Erfüllungspunktzahlen bei Baubeginn

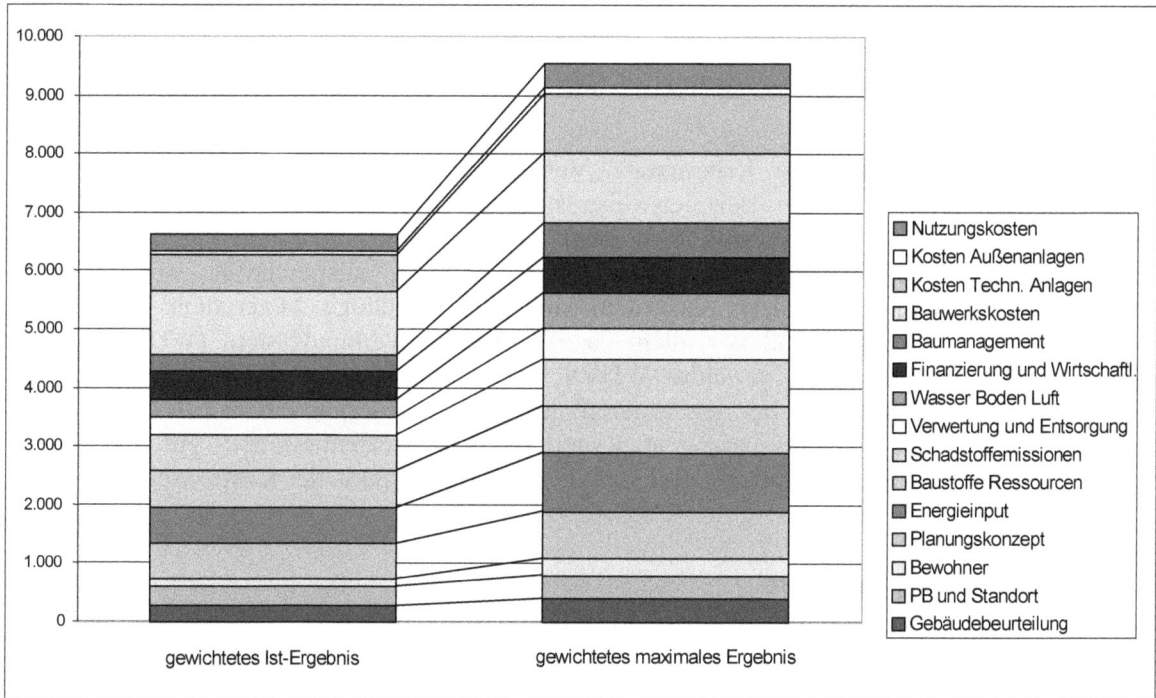

Bild 57: Vergleich der erreichten und der maximalen Ergebnispunkte vor Baubeginn

5.2.2.1 Stärken und Schwächen des Projektes

Die Stärken des Projektes liegen in den Kriterien „Projektbedingungen und Standort", „Planungskonzept", „Finanzierung und Wirtschaftlichkeit" sowie „Bauwerkskosten".

Bei den Bauwerkskosten ist zu beachten, dass die Kosten nicht in der benötigten Aufteilung nach den Kostengruppen der zweiten Ebene der DIN 276 vorlagen. Für die Aufschlüsselung war teilweise eine Abschätzung nötig.

Die Schwächen des Projekts liegen in den Kriterien „Bewohner", „Wasser Boden Luft" und „Baumanagement". Ebenfalls verbesserungswürdig ist das Kriterium „Verwertung und Entsorgung".

Die schlechte Beurteilung des Kriteriums „Wasser Boden Luft" mit einer EZ von 4,9 begründet sich in dem hohen Versiegelungsgrad. Um die Bewertung zu verbessern, ist ein geringerer Versiegelungsgrad anzustreben. Dies ist jedoch wegen der innerstädtischen Lage schwierig, da fast der gesamte unverbaute Teil des Geländes für Stellplätze benötigt wird. Diese wurden mit Rasengittersteinen ausgeführt, was zumindest eine Verbesserung gegenüber einer vollständigen Versiegelung darstellt.

Da die Bewohner nicht oder nur sehr wenig in die Planung einbezogen wurden, wird das Kriterium „Bewohner" ebenfalls nur mit einer EZ von 4,5 bewertet. Für eine bessere Bewertung sind die Bewohner frühzeitig in die Planung einzubeziehen. Dazu bietet sich eine Mitgliederversammlung an (vgl. Kapitel 3.5.1.3).

Schwächen liegen auch im Baumanagement. Dieses Kriterium erhält eine EZ von 4,8. Es ist jedoch zu beachten, dass die Bewertung vom Planer und nicht vom Bauherrn durchgeführt wird.

Da sich das Kriterium „Baumanagement" jedoch in erster Linie mit Bauherrenaufgaben befasst, ist eine Bewertung durch den Planer schwierig. Außerdem handelt es sich um ein vergleichsweise kleines Projekt. Es ist deshalb zu prüfen, inwieweit dieses Kriterium relevant ist (vgl. Kapitel 5.2.2.2).

Zur besseren Bewertung des Kriteriums „Verwertung und Entsorgung" ist die Baustellenorganisation zu verbessern. Beispielsweise ist bereits im Vorfeld auf Abfallvermeidung zu achten. Außerdem sollen die Bauabfälle in mehr Abfallfraktionen getrennt und Verwertungsmöglichkeiten von ausgebauten Materialien und Abfällen ausgeschöpft werden (z. B. Metallabfälle an Altmetallhändler). Außerdem sind recyclingfähige Materialien einzusetzen. Problematisch ist in diesem Fall vor allem das Wärmedämmverbundsystem (WDVS). Es ist jedoch zu beachten, dass das gewählte WDVS zwar in Bezug auf die Recyclingfähigkeit problematisch ist, dafür jedoch bei der Materialintensität im Kriterium „Baustoffe" sowie dem Treibhauspotenzial und der Versauerung im Kriterium „Schadstoffemissionen" gut abschneidet. Bei der Wahl eines anderen Dämmstoffs müssen diese Kriterien sowie der Kostenaspekt ebenfalls berücksichtigt werden.

5.2.2.2 Sensitivitätsanalyse

Um darzustellen, welche Auswirkung die gewählte Gewichtung auf die Bewertung hat, werden zum Vergleich zunächst alle Unterkriterien gleich stark gewichtet. Anschließend werden alle 15 Hauptkriterien gleich gewichtet, wobei die Gewichtungsverteilung der Unterkriterien innerhalb eines Hauptkriteriums erhalten bleibt. Bild 58 zeigt das Ergebnis der beiden Varianten im Vergleich zur ursprünglichen Gewichtung. Die unterschiedliche Gewichtung führt zu keinen größeren Abweichungen.

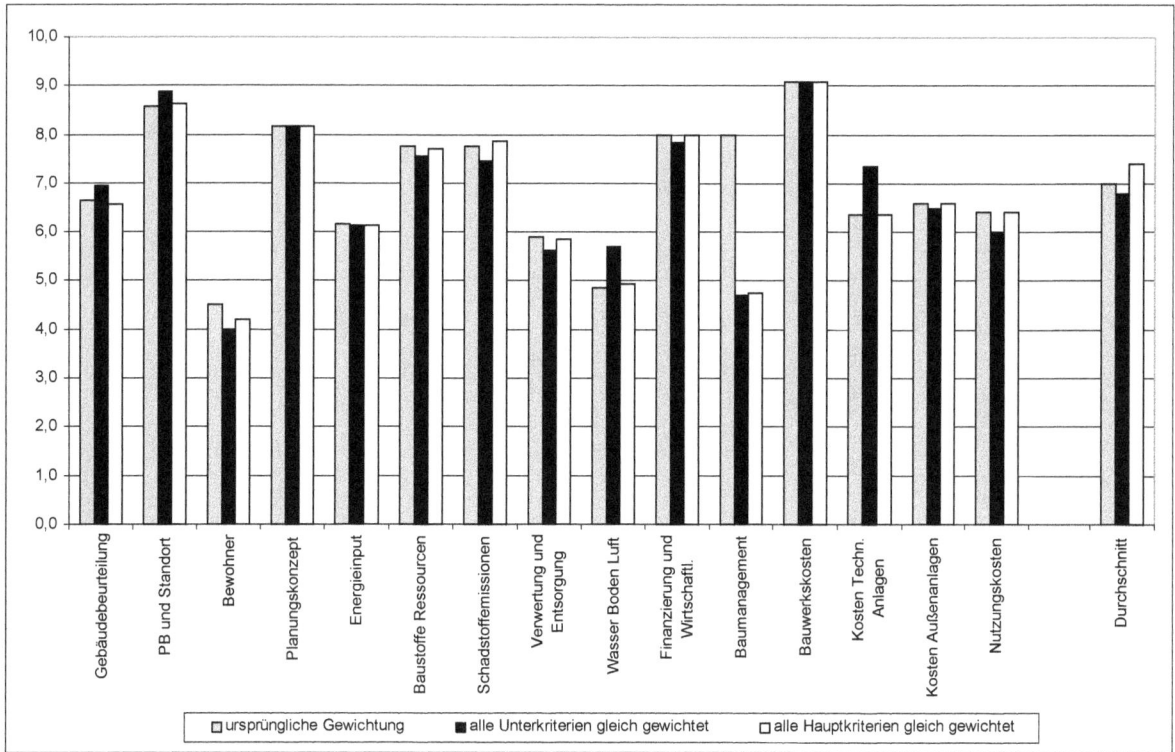

Die horizontale Achse enthält folgende Kategorien: Gebäudebeurteilung, PB und Standort, Bewohner, Planungskonzept, Energieinput, Baustoffe Ressourcen, Schadstoffemissionen, Verwertung und Entsorgung, Wasser Boden Luft, Finanzierung und Wirtschaftl., Baumanagement, Bauwerkskosten, Kosten Techn. Anlagen, Kosten Außenanlagen, Nutzungskosten, Durchschnitt.

Legende: □ ursprüngliche Gewichtung ■ alle Unterkriterien gleich gewichtet □ alle Hauptkriterien gleich gewichtet

Bild 58: Sensitivitätsanalyse für das erste Praxisbeispiel

Da das Projekt vom Planer und nicht vom Bauherrn bewertet wird und es sich um ein vergleichsweise kleines Projekt handelt, wird außerdem geprüft, wie sich die Bewertung ändert, wenn das Kriterium „Baumanagement" aus der Bewertung herausgenommen wird. Es zeigt sich, dass sich die Bewertung nur geringfügig ändert. Das Projekt hat dann vor Baubeginn eine Erfüllungspunktzahl von 7,1 statt vorher 7,0 (vgl. Tabelle 34).

5.2.3 Fazit erstes Praxisbeispiel

Das Bewertungssystem ÖÖS ist gut anwendbar. Für die Bewertung sind gängige Projektunterlagen und ein Gespräch mit einem Projektverantwortlichen (in diesem Fall der Architekt) ausreichend. Problematisch ist lediglich die Aufschlüsselung der Kosten. Diese werden in der Praxis eher nach Leistungsbereichen als nach den Kostengruppen der DIN 276 aufgeschlüsselt. Zur Bewertung liegen jedoch bisher nur Referenzwerte für die Kostengruppen vor. Für die Bewertung ist zunächst eine neue Aufschlüsselung nötig, was zu Ungenauigkeiten führen kann.

5.3 Zweites Praxisbeispiel: Wohnsiedlung

Im zweiten Praxisbeispiel wird eine Wohnsiedlung mit 274 Wohnungen betrachtet. Das Projekt umfasste vor der Erneuerung 31.300 m² Grundstücksfläche, ca. 20.000 m² öffentliche Fläche und 12.069 m² Wohnfläche. Es handelte sich um Zwei- und Dreiraumwohnungen in zwei- und dreigeschossiger Bauweise mit durchschnittlich 44 m² Wohnfläche. Die Wohnungen waren

	nach Abschluss der Eingabeplanung		vor Baubeginn	
	mit Baumanagement	ohne Baumanagement	mit Baumanagement	ohne Baumanagement
Ergebnis gesamt	6.019	5.914	6.610	6.325
max. erreichbare Punktzahl	8.255	8.005	9.455	8.855
durchschnittliche EZ	7,3	7,4	7,0	7,1
Differenz	0,1		0,1	

Tabelle 34: Vergleich der Ergebnisse mit und ohne Kriterium „Baumanagement"

einfach ausgestattet, nur vereinzelt mit Balkonen versehen und in einem einfachen technischen Zustand. Beheizt wurde mit Kohleöfen.

Die Wohnsiedlung wurde inkl. Wohnumfeld umfassend erneuert. Folgende Maßnahmen wurden durchgeführt:

- energetische Nachrüstung
  - Dämmung der Außenwände mit Wärmedämmverbundsystem,
  - Dämmung der Keller- und Dachgeschossdecken,
  - Einbau neuer Fenster und Türen mit Wärmeschutzverglasung,
  - Reduzierung der Wärmebrückenverluste,
  - Herstellen der Luftdichtigkeit der Gebäudehülle (Luftwechselrate n < 1,5/h),
  - Ausstattung jeder Wohnung mit einer kontrollierten Lüftung,
  - Wärme- und Warmwasserversorgung über fünf zentrale Nahwärmeinseln.

- Solartechnik
  Die Gebäude wurden mit insgesamt ca. 600 m² brutto Solarflächen ausgestattet.

- Fenster
  Es wurden PVC-freie Kunststofffenster aus Polypropylen eingesetzt.

- Balkon
  Alle Wohnungen erhielten einen Balkon. Die Erdgeschosswohnungen erhielten wahlweise eine Treppe vom Balkon in den Garten. Dieser lässt sich bei Bedarf für einen barrierefreien Zugang zur Wohnung umrüsten.

- Treppenhaus
  Die Treppenhäuser wurden in gesamter Breite verglast und mit dem Eingangsbereich als einheitliches Element gestaltet.

- Fußböden
  Alle Fußböden wurden erneuert. Sofern möglich, wurde zwischen dem alten Dielenboden und der neuen Verlegeplatte eine Schallschutzmatte eingebracht.

- Ver- und Entsorgungsinstallation
  Die gesamte Ver- und Entsorgungsinstallation wurde erneuert. Dazu wurden PVC-freie Leitungen verwendet. Durch die Erneuerung der Installationen konnten die Bäder erweitert werden.

- Grundrissveränderung

  Es wurden 108 Wohnungen zusammengelegt. Dadurch entstand ein neuer Wohnungsmix von Einraumwohnung mit 42 m² bis Fünfraumwohnung mit 112 m². Die Wohnungen wurden außerdem soweit wie möglich barrierefrei modernisiert, im Bedarfsfall auch altersgerecht ausgestattet. Im Großteil der Wohnungen wurde eine Wohnküche als sozialer Mittelpunkt der Wohnung vorgesehen.

- Wohnumfeldgestaltung

  Das Wohnumfeld wurde mit Mietergärten, Regenwasserversickerung und Spiel- und Aufenthaltsangebot neu gestaltet.

Nach der Erneuerung umfasst die Wohnsiedlung 220 Wohnungen mit insgesamt 12.700 m² Wohnfläche. Der Heizenergiebedarf reduzierte sich von ca. 300 kWh/(m²a) auf unter 65 kWh/(m²a).

5.3.1 Bewertung

Die Bewertung wurde zum größten Teil in einem Gespräch mit der Bauherrenvertreterin durchgeführt. Die anschließend noch offenen Fragen wurden mit dem Architekten, der auch mit der Objektüberwachung betraut war, geklärt. Zusätzlich wurden folgende Unterlagen benötigt:

- Übersicht über die Kosten für die Kgr. 300 und 400,

- Kostenschätzungen für Einnahmen und Ausgaben nach der Erneuerung zur Ermittlung der Erneuerungswürdigkeit,

- Jahres-Primärenergieinhalt vor und nach der Erneuerung,

- Schichtaufbau der relevanten Bauteile nach der Erneuerung.

Leider gab es bei diesem Projekt Terminschwierigkeiten. Angestrebt wurde ein gemeinsames Treffen mit Bauherrenvertretung und Architekt. Dieses ließ sich nicht realisieren. Die Bewertung geriet daraufhin unter Zeitdruck. Deshalb musste in einzelnen Bereichen die Bewertung vereinfacht werden.

Statt des Jahres-Primärenergieinhalts lag lediglich der Heizwärmebedarf nach WSchV 95 vor und nach der Erneuerung vor. Aus Zeitgründen wurden die Daten nicht umgerechnet. Bewertet wurde näherungsweise mit dem Heizwärmebedarf.

Problematisch war auch die Bewertung der Kosten. Zum Bewertungszeitpunkt lagen nur Kostenkennwerte für die erste Ebene der Kostengruppen der DIN 276 vor. Die Erneuerungskosten für Bauwerk und Technische Anlagen wurden deshalb nur nach Abschluss der Vorplanung bewertet. Zum Ende der Eingabeplanung wurden die Ergebnisse übernommen und nicht weiter spezifiziert. Weil keine Untergliederung der Kosten vorlag, konnten auch die reinen Modernisierungskosten für die baulichen Maßnahmen zur Dämmung und für die neue Heizungsanlage nicht ermittelt werden.

Auch bei diesem Beispiel wurden im Rahmen des Gesprächs missverständliche Formulierungen in den Checklisten verändert und die EDV-Version angepasst.

5.3.2   Ergebnis

Nach Abschluss der dritten Bewertungsstufe wurden 7.815 von 10.000 Punkten erreicht. Das entspricht mit einer durchschnittlichen Erfüllungspunktzahl von 7,8 einem sehr guten Ergebnis. Tabelle 35 gibt einen Überblick über die Ergebnisse der drei Bewertungsstufen.

Da der Projektstandort schon vor Planungsbeginn feststand, wurde die Lage nicht bewertet. Es wurden keine Arbeiten in bewohnten Räumen durchgeführt, deshalb fielen die diesbezüglichen Kriterien ebenfalls weg. Außerdem wurde das Dach nicht gedämmt, die Bewertung unter „Baustoffe" konnte entfallen. Die Demontagetiefe im Kriterium „Verwertung und Entsorgung" wurde nicht bewertet, weil keine größeren Bauteile rückgebaut wurden. Da nicht genug Informationen zur Baustellenorganisation vorlagen, wurde das Kriterium ebenfalls nicht betrachtet. Im Kriterium „Finanzierung und Wirtschaftlichkeit" fiel das Unterkriterium „Steuerliche Aspekte" weg, weil diese für den Bauherrn nicht von Bedeutung sind. Das Kriterium „Instandsetzungsplanung" wurde ebenfalls nicht bewertet.

Weil die reinen Modernisierungskosten für die baulichen Maßnahmen zur Dämmung und für die neue Heizungsanlage zum Bewertungszeitpunkt nicht ermittelt werden konnten, wurde das Unterkriterium „Energiekosteneinsparung Heizung" im Kriterium „Nutzungskosten" ebenfalls weggelassen.

Die Gewichtungspunkte der weggelassenen Kriterien wurden innerhalb des jeweiligen Hauptkriteriums verteilt. Deshalb gibt es trotzdem 10.000 Gewichtungspunkte.

In den folgenden Bildern werden die Erfüllungspunktzahlen der Hauptkriterien zu allen drei Bewertungsstufen und der Vergleich der erreichten und der maximalen Ergebnispunkte vor Baubeginn dargestellt (Bild 59 bis Bild 62).

	nach Abschluss der Vorplanung	nach Abschluss der Eingabeplanung	vor Baubeginn
Ergebnis gesamt	4.801	7.303	7.815
max. erreichbare Punktzahl	5.800	8.350	10.000
durchschnittliche EZ	8,3	8,7	7,8

Tabelle 35: Ergebnis des zweiten Praxisbeispiels zu allen drei Stufen der Bewertung

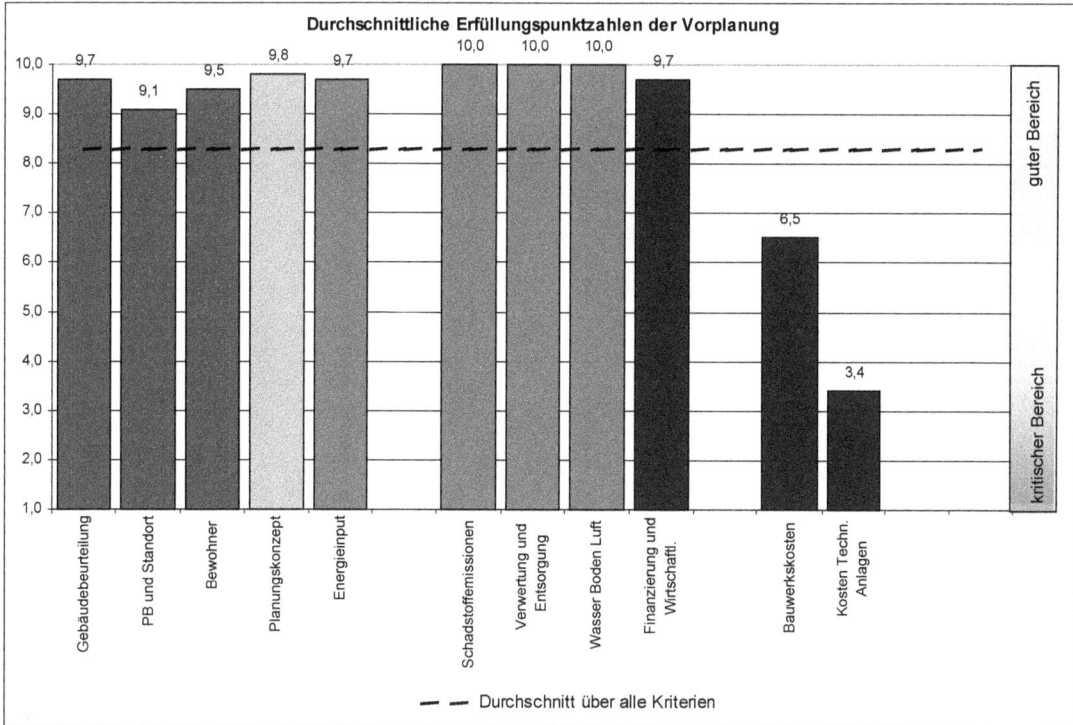

Bild 59: Durchschnittliche Erfüllungspunktzahlen nach Abschluss der Vorplanung

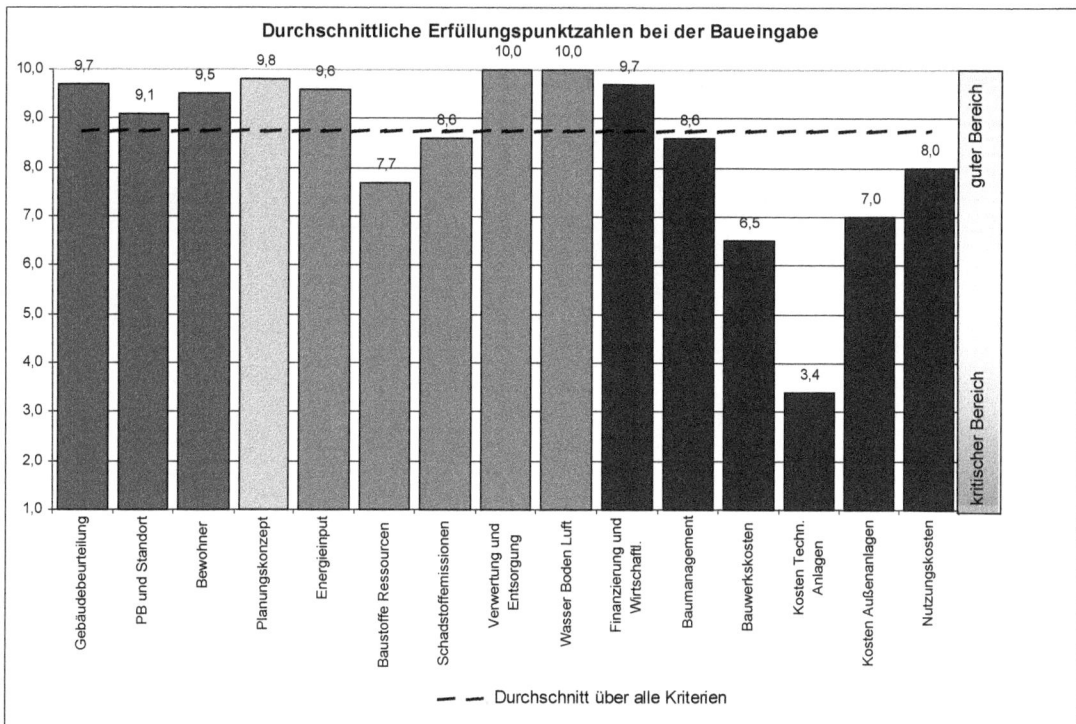

Bild 60: Durchschnittliche Erfüllungspunktzahlen nach Abschluss der Eingabeplanung

Durchschnittliche Erfüllungspunktzahlen bei Baubeginn

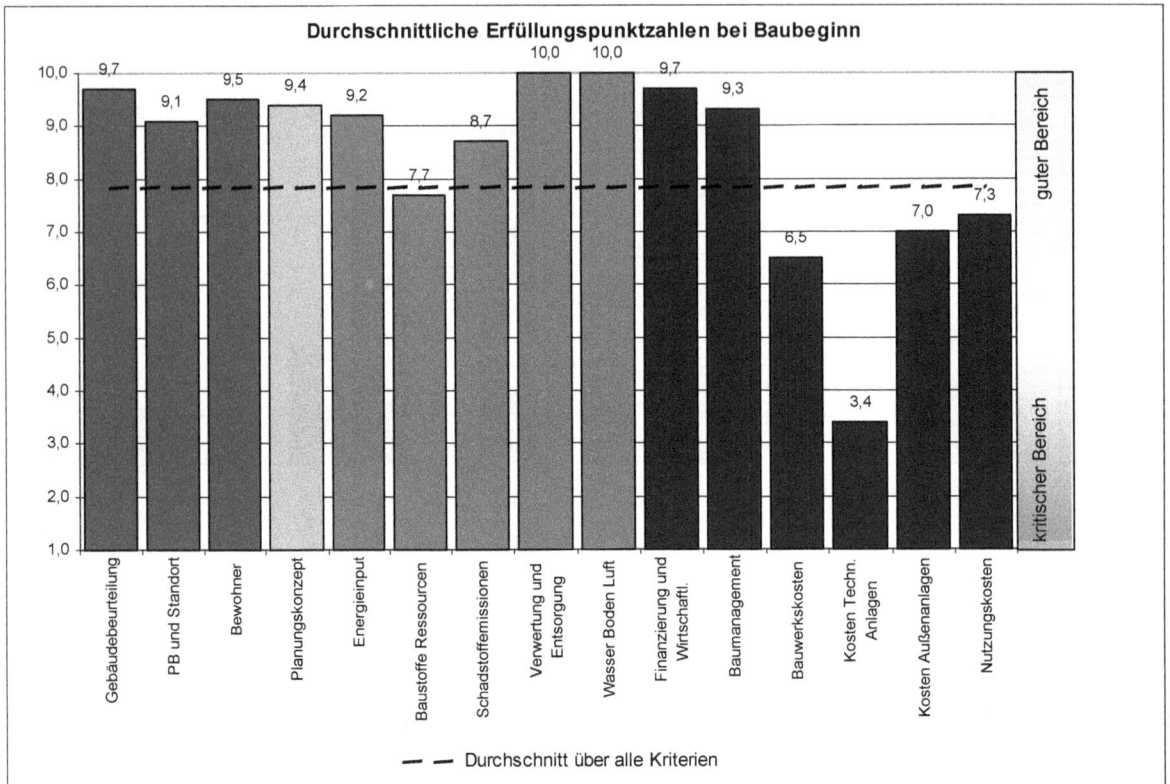

Bild 61: Durchschnittliche Erfüllungspunktzahlen vor Baubeginn

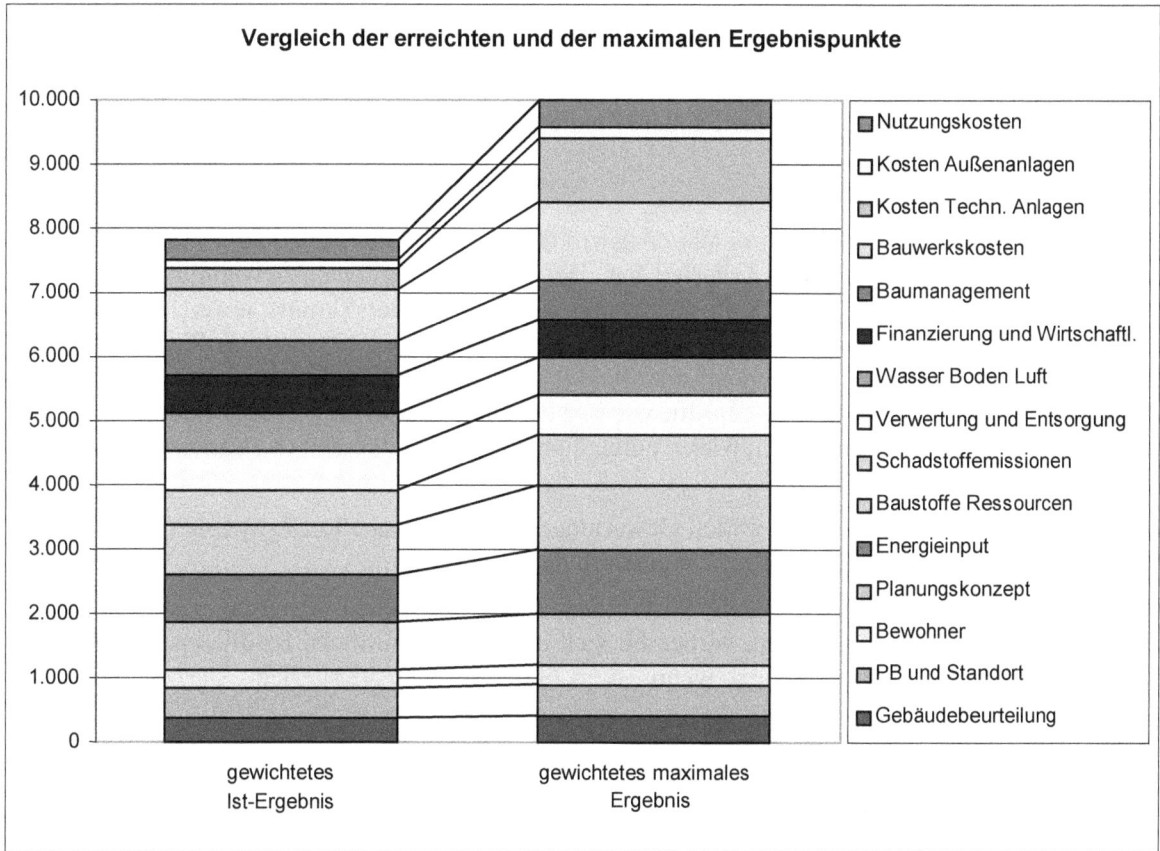

Vergleich der erreichten und der maximalen Ergebnispunkte

Legende:
- Nutzungskosten
- Kosten Außenanlagen
- Kosten Techn. Anlagen
- Bauwerkskosten
- Baumanagement
- Finanzierung und Wirtschaftl.
- Wasser Boden Luft
- Verwertung und Entsorgung
- Schadstoffemissionen
- Baustoffe Ressourcen
- Energieinput
- Planungskonzept
- Bewohner
- PB und Standort
- Gebäudebeurteilung

gewichtetes Ist-Ergebnis   gewichtetes maximales Ergebnis

Bild 62: Vergleich der erreichten und der maximalen Ergebnispunkte vor Baubeginn

5.3.2.1 Stärken und Schwächen des Projektes

Ziel des Projektes war es, „einen zukunftsorientierten und ökologischen Wohnungsstandard mit einem sozial verträglichen Mietniveau zu schaffen" (Rösener, 2003).

Die Bewertung zeigt, dass diese Vorgaben erreicht wurden. Die Hauptkriterien „Verwertung und Entsorgung" und „Wasser Boden Luft" erreichen in allen drei Bewertungsstufen die volle Punktzahl. Der Energieinput erhält über 9 Punkte und die Kriterien „Baustoffe – Ressourcenverbrauch" und „Schadstoffemissionen" bekommen 7,7 bzw. 8,7 Punkte vor Baubeginn. Das Projekt ist also sehr ökologisch. Die Randbedingungen „Gebäudebeurteilung", „Projektbedingungen und Standort" und „Bewohner" und das Kriterium „Planungskonzept" erhalten ebenfalls mehr als 9 Punkte, d. h. die sozialen Aspekte werden ebenfalls ausführlich berücksichtigt.

Ökologisches Bauen wird meist im Widerspruch zu wirtschaftlichem Bauen gesehen. In diesem Projekt zeigt sich, dass das nicht zwangsläufig zutrifft. Das Kriterium „Finanzierung und Wirtschaftlichkeit" erreicht mit 9,7 Punkten ebenfalls fast die volle Punktzahl. Die Kriterien „Außenanlagen" und „Nutzungskosten" liegen mit 7,0 bzw. 7,3 Punkten vor Baubeginn auch im guten Bereich. Auch die Bauwerkskosten werden mit 6,5 Punkten noch gut bewertet. Problematisch ist lediglich das Kriterium „Erneuerungskosten Technische Anlagen", das mit 3,4 Punkten relativ schlecht abschneidet. Das liegt jedoch daran, dass vor Erneuerung der

Wohnsiedlung keine zentrale Heizungsanlage vorhanden war. Die Wohnungen wurden überwiegend mit Kohleöfen beheizt und das Wasser ausschließlich durch Elektrodurchlauferhitzer erwärmt. Es musste also eine komplette Heizungsanlage inkl. Warmwassererwärmung eingebaut werden. Zusätzliche Kosten verursacht außerdem die Solaranlage.

5.3.2.2   Sensitivitätsanalyse

Für dieses Projekt wird geprüft, welche Auswirkungen eine unterschiedliche Gewichtung der ökonomischen und ökologischen Kriterien hat. Bei der ursprünglichen Gewichtung werden die ökonomischen und ökologischen Kriterien gleich stark mit in der Summe jeweils 400 Punkten gewichtet, die Randbedingungen haben insgesamt ein Gewicht von 120 und das Planungskonzept von 80 Punkten. Es werden nun einmal die ökologischen und einmal die ökonomischen Kriterien stärker gewichtet. Außerdem wird geprüft, wie es sich auswirkt, wenn den Randbedingungen und dem Planungskonzept weniger Gewicht eingeräumt wird. Es werden 4 Varianten betrachtet (Tabelle 36).

Das Ergebnis nach Abschluss der dritten Bewertungsstufe zeigt Tabelle 37. In Bild 63 werden die durchschnittlichen Erfüllungspunktzahlen grafisch dargestellt.

Die größte Abweichung hat Variante 2. Werden die ökologischen Kriterien sehr viel stärker gewichtet als die übrigen Kriterien, verbessert sich die durchschnittliche Erfüllungspunktzahl um 1,1. Die negative Abweichung, wenn die ökonomischen Kriterien stärker gewichtet

Kriterien	Gewichtungspunkte				
	ursprüngliche Gewichtung	Variante 1	Variante 2	Variante 3	Variante 4
Randbedingungen	120	120	30	120	30
Planungskonzept	80	80	20	80	20
ökologische Kriterien	400	700	850	100	100
ökonomische Kriterien	400	100	100	700	850
Summe	**1.000**	**1.000**	**1.000**	**1.000**	**1.000**

Tabelle 36: Gewichtungspunkte für die betrachteten Varianten

	ursprüngliche Gewichtung	Variante 1	Variante 2	Variante 3	Variante 4
Ergebnis gesamt	7.815	8.357	8.858	7.532	7.293
max. erreichbare Punktzahl	10.000	10.000	10.000	10.000	10.000
durchschnittliche EZ	7,8	8,4	8,9	7,5	7,3
Differenz	**-**	**0,6**	**1,1**	**- 0,3**	**- 0,5**

Tabelle 37: Ergebnis der verschiedenen Varianten vor Baubeginn

durchschnittliche EZ

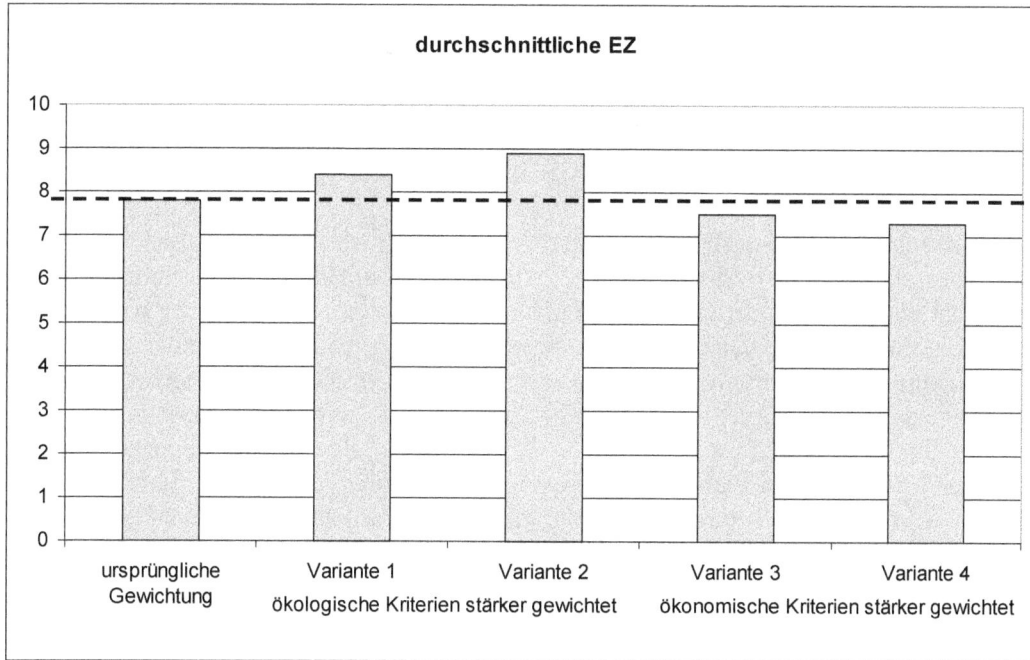

Bild 63: Durchschnittliche Erfüllungspunktzahlen EZ für die unterschiedlichen Varianten

werden, beträgt nur 0,5. Die Abweichungen sind in allen Fällen nicht so groß, dass sich das Ergebnis nennenswert verändert.

5.3.3 Fazit zweites Praxisbeispiel

Auch auf das zweite Praxisbeispiel lässt sich das Bewertungssystem ÖÖS gut anwenden. Wegen Terminschwierigkeiten und Zeitdruck waren nicht alle erforderlichen Daten zu beschaffen. Es war jedoch möglich, die fehlenden Werte durch vorhandenes Informationsmaterial abzuschätzen. Das Projekt wurde bereits vor der Bewertung von den Projektbeteiligten als sehr ökologisch eingeschätzt. Diese Einschätzung wird durch das Bewertungsergebnis bestätigt. Die Kriterien „Verwertung und Entsorgung" und „Wasser Boden Luft" erreichen, ebenso wie viele Unterkriterien, sogar die volle Erfüllungspunktzahl von 10.

Mit dem Bewertungssystem können außerdem die Kosten dem ökologischen Nutzen gegenübergestellt werden. Dabei zeigt sich, dass Ökologie und Ökonomie nicht zwangsläufig im Widerspruch zueinander stehen.

5.4 Umfrage

Um die Anforderungen der Praxis zu ermitteln, wurden Fragebögen an 67 Unternehmen, Büros, Bildungs- und Forschungseinrichtungen verschickt, die in den Jahren 2001 und 2002 das Neubau-Bewertungssystem ÖÖB gekauft haben. Darin wurde gefragt, inwieweit das Bewertungssystem ÖÖB bereits angewendet wird und ob eine Weiterentwicklung für Erneuerungsmaßnahmen gewünscht wird. Der Fragebogen findet sich in Anhang 5.

6 Fragebögen wurden beantwortet, das entspricht einer Rücklaufquote von fast 9 %. 11 Unternehmen wenden das Bewertungssystem ÖÖB nicht an und beantworteten deshalb den Fragebogen nicht. Von 50 Unternehmen gab es keine Rückmeldung.

Zunächst wurden allgemeine Angaben zum Unternehmen gemacht. Die Rückmeldungen stammen von Planungs-/Architekturbüros, Bauträgern, Wohnungsbaugesellschaften, Bildungs- und Forschungseinrichtungen und einem Verband. Die Unternehmensgröße ist unterschiedlich. Gekauft wurde in erster Linie die CD-ROM. Einen Überblick gibt Tabelle 38.

Die Unternehmen wurden um Angaben zum Gebrauch des Neubaubewertungssystems ÖÖB gebeten. Gefragt wurde, wie oft das System angewendet und für wie sinnvoll es gehalten wird. Die antwortenden Unternehmen wenden das Bewertungssystem im Einzelfall oder gar nicht an. Die Meinungen über den Sinn der Bewertung sind unterschiedlich. Das Bewertungssystem wird von einem Unternehmen als fundiert erarbeitetes Instrument gesehen. Von einem anderen wird positiv hervorgehoben, dass mit dem Bewertungssystem verschiedene Projekte miteinander verglichen werden können. Dagegen halten zwei Unternehmen das System für zu kompliziert und zu umfangreich und deshalb in der Praxis kaum einsetzbar. Negativ wird auch gesehen, dass die Gewichtung individuell verändert werden kann. Neben dem allgemeinen Eindruck wurde außerdem ermittelt, wie verständlich Vorgehensweise, Kriterien und die Darstellung der Ergebnisse sind. Nicht alle halten das System für ausreichend verständlich. Im Mittel ist die Verständlichkeit befriedigend. Tabelle 39 fasst die Ergebnisse zusammen.

Im dritten Teil des Fragebogens wurden die Unternehmen um eine Einschätzung gebeten, wie sinnvoll die Weiterentwicklung des Bewertungssystems für Erneuerungsmaßnahmen ist (vgl. Tabelle 40). Die Weiterentwicklung finden 3 Unternehmen sinnvoll, nur ein Unternehmen sieht darin keinen Sinn. 2 Unternehmen halten das System grundsätzlich für anwendbar. Sie wollen es ggf. auch im eigenen Unternehmen einsetzen. Ein Unternehmen glaubt nicht, dass das Bewertungssystem anwendbar ist, da die Subjektivität der Gewichtungsfaktoren beibehalten wird. Ein anderes Unternehmen hält das System für bedingt einsetzbar und will prüfen, inwieweit der Einsatz im eigenen Unternehmen möglich ist.

angeschriebene Unternehmen:	67	
Rücklauf Fragebögen:	6	

Tätigkeitsfeld der antwortenden Unternehmen (teilweise Mehrfachnennung):	Anzahl der Mitarbeiter:	
2 Planungs-/Architekturbüros	2x	< 10 Mitarbeiter
1 Bauträger/Bauunternehmung	2x	10-50 Mitarbeiter
2 Wohnungsbaugesellschaften	1x	> 50 Mitarbeiter
2 Bildungs- und Forschungseinrichtungen	1x	keine Angabe
1 Verband		

Jahr, in dem das Bewertungssystem ÖÖB gekauft wurde:	Form des gekauften Systems:	
3x 2001	1x	Abschlussbericht und CD-ROM
3x 2002	5x	nur CD-ROM

Tabelle 38: Allgemeine Informationen zu den antwortenden Unternehmen

Anwendung des Bewertungssystems ÖÖB:		Sinnhaftigkeit des Bewertungssystems ÖÖB:	
-	regelmäßig	1x	sinnvoll
3x	im Einzelfall	2x	nicht sinnvoll
2x	gar nicht	3x	keine Angabe
1x	keine Angabe		

Anmerkungen/Bemerkungen:
- Sinnvoll deshalb, weil die Bewertung der Konstruktionen ins Verhältnis zu anderen Konstruktionen gesetzt werden muss, um Alternativen zu entwickeln. Dafür muss man das Alltägliche verlassen: tut gut.
- Sehr fundiert erarbeitetes Instrument, in der Praxis aufgrund des erforderlichen Umfangs und benötigten Fachwissens kaum innerhalb einer wirtschaftlichen Projektabwicklung anzuwenden.
- zu kompliziert, für und in der Praxis kaum einsetzbar
- Durch Eingabe der Gewichtungsfaktoren lassen sich beliebige Ergebnisse erzielen. Zwei Planer, zwei unterschiedliche Ergebnisse.

Verständlichkeit:

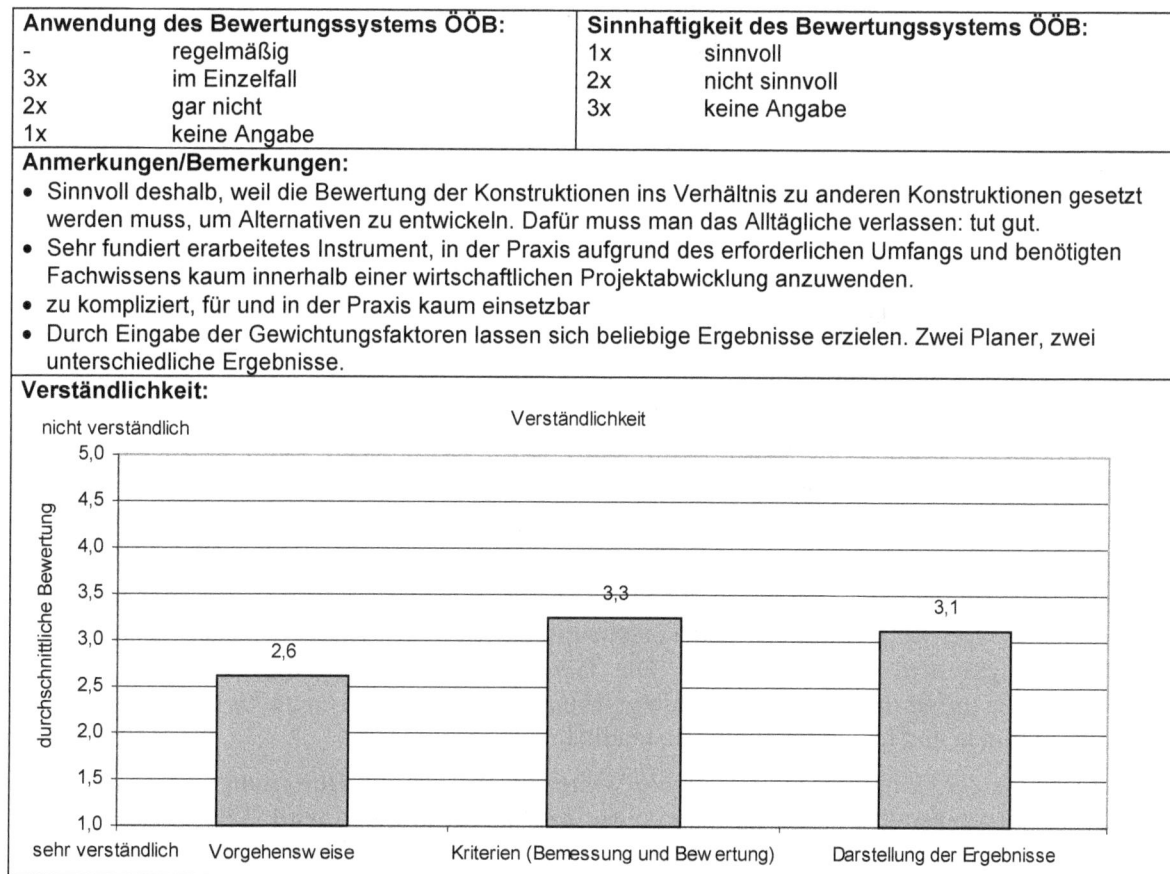

Tabelle 39: Angaben zum Gebrauch des Neubau-Bewertungssystems ÖÖB

Wie sinnvoll ist eine Weiterentwicklung des Bewertungssystems für Erneuerungsmaßnahmen?			
1x	sehr sinnvoll		
2x	sinnvoll		
1x	nicht sinnvoll		
2x	keine Angabe		
Ist das weiterentwickelte Bewertungssystem grundsätzlich anwendbar?		**Wird das weiterentwickelte Bewertungssystem zukünftig im Unternehmen eingesetzt werden?**	
2x	ja	1x	ja
1x	bedingt	1x	ja und nein
1x	nein	1x	evtl.
2x	keine Angabe	3x	keine Angabe

Tabelle 40: Meinungen über das neu entwickelte Bewertungssystem ÖÖS

Die Frage, welcher Aufwand für ein solches Bewertungssystem gerechtfertigt ist, beantwortete nur ein Unternehmen. Als maximaler Anschaffungspreis werden 65,- € angegeben. Die Bewertung soll höchstens 3 bis 5 Stunden dauern. Abschließend wurden folgende Anregungen gegeben[25]:

- „Positiv aufgenommen habe ich zwei Dinge: die graphische Darstellung nach jeder Stufe und der Pass zum Schluß [...] Da ich mich auch mit Betriebsgebäuden und Bürogebäuden beschäftige, fände ich für diese Nichtwohngebäude ein solches Bewertungssystem sinnvoll [...]"

- „Ich halte das Programm [für den Neubau] [...] für sehr sinnvoll und werde es daher sicherlich zukünftig in meine Gutachten einbinden. Da die Bautätigkeit in Deutschland mittlerweile zu über 50 % aus der Altbausanierung besteht, halte ich eine Erweiterung auf diesen Bereich für sehr wichtig. Hierbei wäre von Vorteil, wenn eine intensive ökologische und finanzielle Bewertung regenerativer Energien erfolgen würde. Ein weiterer Vorteil ist, dass dieses Programm eine detaillierte Bauaufnahme unterstützt. Zur schnellen Einführung und Nutzung des Programms wäre es sicherlich wünschenswert, wenn eine Kurzeinweisung bei Ihnen im Lehrstuhl durch einen Mitarbeiter erfolgen könnte."

Zusammenfassend zeigt sich, dass die Käufer des Neubau-Bewertungssystems aus sehr unterschiedlichen Bereichen kommen, aus Planungsbüros und Bauunternehmen, Wohnungsbaugesellschaften, aber auch Bildungs- und Forschungseinrichtungen. Leider wenden viele Befragte das Bewertungssystem bisher nicht an. Die Unternehmen, die mit dem Bewertungssystem arbeiten, nutzen es nur im Einzelfall. Für einige Unternehmen ist das System für den Einsatz in der Praxis zu komplex und nicht immer gut verständlich.

Die Ergebnisse der Umfrage zeigen, dass die Weiterentwicklung des Bewertungssystems von den meisten Unternehmen begrüßt, teilweise sogar explizit gewünscht wird. Die in Kapitel 3.2 festgelegten Anforderungen werden durch die Umfrage bestätigt. Es muss noch mehr darauf geachtet werden, dass das System leicht verständlich ist. Viele Unternehmen wenden das Bewertungssystem aus Zeitmangel nicht an. Der Bearbeitungsaufwand muss deshalb so gering wie möglich gehalten werden. Ebenfalls gewünscht wird eine Erweiterung auf den Nichtwohnungsbau.

5.5   Nutzen-Kosten-Untersuchung

Ziel dieses Kapitels ist es, den Nutzen einer Planungsbewertung mit ÖÖS in Abhängigkeit von den entstehenden Kosten aufzuzeigen. Durch die Bewertung wird das Verbesserungs- und Kosteneinsparpotenzial einer Erneuerungsplanung mit angemessenem finanziellen Aufwand ermittelt. Außerdem wird die Qualität der Planung insbesondere im Hinblick auf die Nachhaltigkeit verbessert und die Planungssicherheit erhöht.

Um Aufwand und Nutzen gegenüber zu stellen, bietet sich eine Nutzen-Kosten-Untersuchung an, z. B. mit einer Kosten-Nutzen-Analyse, einer Nutzwertanalyse oder einer Kostenwirksamkeitsanalyse (vgl. Kapitel 3.3). Da jedoch jedes zu bewertende Projekt anders und das aufzudeckende Optimierungspotenzial bei jedem Objekt unterschiedlich ist, lässt sich nur schlecht ein genereller Nutzen angeben.

---

[25] zitiert aus zwei Begleitschreiben zum ausgefüllten Fragebogen

Deshalb wird in diesem Kapitel zunächst der Aufwand für eine Bewertung mit ÖÖS quantifiziert. Anschließend wird aufgeführt, in welchen Bereichen die Bewertung einen zusätzlichen Nutzen stiften kann. Im nächsten Schritt wird an konkreten Beispielen dargestellt, dass die Kosten für die Bewertung bereits mit einzelnen durch die Bewertung aufgedeckten Verbesserungsmaßnahmen wieder eingespart werden können.

5.5.1 Aufwand für die Bewertung

Für die Bewertung eines Projektes gibt es zwei Möglichkeiten:

- planungsbegleitende Bewertung durch einen Projektbeteiligten oder

- Bewertung durch einen externen Sachverständigen.

Im ersten Fall muss zunächst die Software ÖÖS angeschafft werden. Die Bewertung für alle drei Bewertungsstufen dauert in der Regel nicht länger als 3 Tage. Ein geübter Anwender kann die Bewertung in 1,5 Tagen durchführen.

Wird ein Projekt durch einen externen Sachverständigen bewertet, muss er sich zunächst in das Projekt einarbeiten. Nach Abschluss der Bewertung wird er außerdem die Ergebnisse aufbereiten und konkrete Verbesserungsmöglichkeiten aufzeigen. Es werden deshalb je nach Umfang der Projektunterlagen 5 bzw. 10 Bewertungstage angesetzt.

Tabelle 41 gibt einen Überblick für die 4 betrachteten Alternativen. Für die Ermittlung der Bewertungskosten wird für alle Varianten ein Tagesverrechnungssatz für den Bewerter von 600 € angesetzt.

5.5.2 Nutzenstiftung der Bewertung

Voraussetzung für eine erfolgreiche Bewertung ist, dass das zu bewertende Projekt unter technischen und wirtschaftlichen Gesichtspunkten erneuerungsfähig und -würdig ist.

Die Bewertung liefert vielfältigen Nutzen durch

- Baukosteneinsparung,

- Betriebskosteneinsparung,

- Verbesserung der Qualität und

- Wettbewerbsvorteile.

Baukosten können durch eine Verkürzung der Bauzeit eingespart werden. Weitere Einsparungen lassen sich erzielen, wenn die Finanzierungskosten gesenkt werden, z. B. durch

| | planungsbegleitende Bewertung | | Bewertung durch Sachverständigen | |
	Erstanwendung	geübter Anwender	einfaches Projekt	umfangreiches Projekt
Anschaffungskosten Software	40 €	-	-	-
Bearbeitungszeit Tagesverrechnungssatz Bearbeitungskosten	3 Tage 600 € 1.800 €	1,5 Tage 600 € 900 €	5 Tage 600 € 3.000 €	10 Tage 600 € 6.000 €
Gesamtkosten	**1.840 €**	**900 €**	**3.000 €**	**6.000 €**

Tabelle 41: Aufwand für die Bewertung mit ÖÖS

- Wahl des optimalen Finanzierungsmodells,

- Optimierung des Terminplans; dadurch werden die Kosten für Vor- und Zwischen-finanzierung gesenkt,

- Inanspruchnahme von Fördermitteln oder

- Ausschöpfen von Steuervorteilen.

Wird die Planung mit Hilfe der Bewertung durch ÖÖS optimiert, können außerdem Material- und Entsorgungskosten eingespart werden.

Um Kosten bei den Betriebskosten einzusparen, können sowohl die Brennstoffkosten als auch die Bauunterhaltungskosten gesenkt werden. In beiden Bereichen lassen sich durch die Bewertung Optimierungspotenziale aufdecken.

Wird die Qualität verbessert, lässt sich der Leerstandsumfang senken. Außerdem hat das Gebäude eine höhere Restnutzungsdauer. Mängelbeseitigungs- und Reparaturkosten können einspart werden. Ein wichtiger Bereich ist die Umweltentlastung. Eine Senkung der Umweltbelastung liefert jedoch in erster Linie einen volkswirtschaftlichen Nutzen. Betriebswirtschaftlich lässt sich der Nutzen z. B. über die Brennstoffkosteneinsparung berücksichtigen.

Nicht nur die Qualität der bewerteten Planung wird gesteigert. Die Erkenntnisse aus der Bewertung fließen außerdem in spätere Planungen ein, so dass auch hier Qualitätsverbesserungen und Kosteneinsparungen zu erwarten sind.

Diese Wettbewerbsvorteile bringen dem planenden bzw. ausführenden Unternehmen einen Nutzen, da höhere Gewinne und eine bessere Auslastung erzielt werden.

5.5.3   Gegenüberstellung von Aufwand und Nutzenstiftung

Im Folgenden werden konkrete Einsparpotenziale vorgestellt, mit denen die Mehraufwendungen für eine Planungsbewertung mit ÖÖS wieder eingespart werden können.

Wie in Kapitel 5.5.1 ermittelt, fallen für die Bewertung mit ÖÖS für die planungsbegleitende Bewertung durch einen Projektbeteiligten Kosten zwischen 900 und 1.840 € und für die Bewertung durch einen externen Sachverständigen zwischen 3.000 bzw. 6.000 € an.

Da die Kosteneinsparpotenziale häufig von der Bausumme abhängen, werden im Folgenden beispielhaft Einsparmöglichkeiten anhand der beiden Praxisbeispiele dargestellt. Praxisbeispiel 1 ist mit Baukosten von 480.000 € ein vergleichsweise kleines Projekt, während es sich bei Praxisbeispiel 2 mit 11,22 Mio. € Baukosten um ein großes Projekt handelt.

Die Bewertungskosten können z. B. durch eine Bauzeitverkürzung aufgewogen werden. Bredenbals und Hullmann (1998) gehen davon aus, dass eine Bauzeitverkürzung von 25 % einer Kosteneinsparung von 1,25 bis 7,5 % der Baukosten entspricht. Sie geben für die Vorhaltung der Baustelleneinrichtung monatliche Kosten von ca. 0,24 bis 0,3 % der Baukosten an, wobei die Kosten der Baustelleneinrichtung mit 6 bis 10 % der Baukosten, die Abschreibung mit 25 % p. a. und die Verzinsung mit 10 % angenommen werden (vgl. Bredenbals, Hullmann, 1998, S. 85f, 89).

Werden die monatlichen Kosten für die Vorhaltung der Baustelleneinrichtung mit 0,25 % der Baukosten angenommen, können die Kosten für die planungsbegleitende Bewertung durch einen geübten Anwender bei Praxisbeispiel 1 durch eine dreiwöchige Bauzeitverkürzung ausgeglichen werden. Bei Praxisbeispiel 2 lassen sich bereits durch eine einwöchige Bauzeitverkürzung die Kosten für eine ausführliche Bewertung durch einen externen Sachverständigen einsparen (vgl. Tabelle 42).

Eine weitere Möglichkeit, die Kosten zu verringern, ist die Senkung der Finanzierungskosten. Nach Arlt und Deters (1998) entspricht die Senkung des durchschnittlichen Fremdkapital-zinssatzes um 1 % einer Senkung der Bauwerkskosten um ca. 14 bis 16 % (vgl. Arlt, Deters, 1998, S. 12). Das bedeutet, dass eine einprozentige Zinssenkung durch ein positives Projektrating der finanzierenden Bank oder die Inanspruchnahme von Fördermitteln beim ersten Praxisbeispiel 67.200 € und beim zweiten Praxisbeispiel 1,5 Mio. € einspart. Es zeigt sich, dass auch bei kleinen Projekten bereits eine Zinssenkung um 0,1 % eine Bewertung durch einen externen Sachverständigen rechtfertigt.

Weiteres Einsparpotenzial besteht bei den Brennstoffkosten. Kann durch die Bewertung der Gebäudewärmeverlust weiter reduziert werden, können in den folgenden Jahren Brennstoffkosten eingespart werden. An der FH Gelsenkirchen wurde ermittelt, dass die eingesparte Brennstoffmenge in Prozent der ca. 1,3-fachen Minderung des Gebäudewärmeverlustes in Prozent entspricht (vgl. Altmann u. a., 2002, S. 52-53). Bei Praxisbeispiel 1 amortisiert sich die planungsbegleitende Bewertung nach 2,5 bzw. 4,5 Jahren, wenn die Gebäudewärmeverluste durch die Bewertung um weitere 5 % gesenkt werden. Bei Praxisbeispiel 2 amortisiert sich die Bewertung bei einer einprozentigen Reduzierung des Wärmeverlustes bereits im ersten Jahr (vgl. Tabelle 44).

	planungsbegleitende Bewertung		Bewertung durch Sachverständigen	
	Erstanwendung	geübter Anwender	einfaches Projekt	umfangreiches Projekt
Bewertungskosten	1.840 €	900 €	3.000 €	6.000 €
Praxisbeispiel 1				
Baukosten	480.000 €			
monatliche Kosten Baustelleneinrichtung*	1.200 €			
benötigte Bauzeitverkürzung, um die Bewertungskosten auszugleichen	7 Wochen	3 Wochen	2,5 Monate	5 Monate
Praxisbeispiel 2				
Baukosten	11.220.000 €			
monatliche Kosten Baustelleneinrichtung*	28.050 €			
benötigte Bauzeitverkürzung, um die Bewertungskosten auszugleichen	2 Tage	1 Tag	4 Tage	1 Woche
				* Annahme: 0,25 % der Baukosten

Tabelle 42: Einsparpotenzial durch Bauzeitverkürzung

| | planungsbegleitende Bewertung | | Bewertung durch Sachverständigen | |
| | | | | umfangreiches |
	Erstanwendung	geübter Anwender	einfaches Projekt	Projekt
Bewertungskosten	1.840 €	900 €	3.000 €	6.000 €
Praxisbeispiel 1				
Baukosten	480.000 €			
Einsparung durch Senkung des Kapitalzinssatzes um 1 %*	67.200 €			
benötigte Zinssenkung, um die Bewertungskosten auszugleichen	0,03 %	0,013 %	0,045 %	0,09 %
Praxisbeispiel 2				
Baukosten	11.220.000 €			
Einsparung durch Senkung des Kapitalzinssatzes um 1 %*	1.570.800 €			
benötigte Zinssenkung, um die Bewertungskosten auszugleichen	0,001 %	0,0005 %	0,002 %	0,004 %
			* Annahme: entspricht 14 % der Baukosten	

Tabelle 43: Einsparpotenzial durch Senkung der Finanzierungskosten

	planungsbegleitende Bewertung		Bewertung durch Sachverständigen	
	Erstanwendung	geübter Anwender	einfaches Projekt	umfangreiches Projekt
Bewertungskosten	1.840 €	900 €	3.000 €	6.000 €
Praxisbeispiel 1				
Brennstoffkosten vor der Erneuerung	6.678 €/a			
Einsparung durch Senkung des Gebäudewärmeverlustes um 5 %*	434 €/a			
Amortisationszeit, um die Bewertungskosten auszugleichen**	4,5 Jahre	2,5 Jahre	7 Jahre	14 Jahre
Praxisbeispiel 2				
Brennstoffkosten vor der Erneuerung	135.776 €/a			
Einsparung durch Senkung des Gebäudewärmeverlustes um 1 %*	1.765 €/a			
Amortisationszeit, um die Bewertungskosten auszugleichen	1,5 Jahre	0,5 Jahre	2 Jahre	3,5 Jahre
Einsparung durch Senkung des Gebäudewärmeverlustes um 5 %*	8.825 €/a			
Amortisationszeit, um die Bewertungskosten auszugleichen**	0,2 Jahre	0,1 Jahre	0,3 Jahre	0,7 Jahre
* Brennstoffkosteneinsparung = Reduzierung des Wärmeverlustes x 1,3 x jährliche Brennstoffkosten vor der Erneuerung ** Hierbei wurden die zusätzlichen Investitionskosten zur Senkung des Gebäudewärmeverlustes nicht berücksichtigt.				

Tabelle 44: Einsparpotenzial durch Senkung der Brennstoffkosten

Eine bedarfsgerechtere Planung führt außerdem zu einer Senkung des Leerstandsrisikos. Daraus resultieren höhere Mieteinnahmen. Kann der Leerstandsumfang jährlich um 1 % gesenkt werden, amortisiert sich die Bewertung beim ersten Praxisbeispiel bei planungsbegleitender Bewertung bereits nach 2 bzw. 4 Jahren, bei der Bewertung durch einen Sachverständigen nach spätestens 14 Jahren. Beim zweiten Praxisbeispiel amortisiert sich die Bewertung bereits nach einem Jahr, auch wenn der Leerstandsumfang um lediglich 0,5 % gesenkt wird.

Tatsächlich ist die Amortisationszeit deutlich kürzer, da sich die einzelnen Einsparpotenziale addieren.

	planungsbegleitende Bewertung		Bewertung durch Sachverständigen	
	Erstanwendung	geübter Anwender	einfaches Projekt	umfangreiches Projekt
Bewertungskosten	1.840 €	900 €	3.000 €	6.000 €
Praxisbeispiel 1				
jährliche Mieteinnahmen bei Vollauslastung	45.482,58 €/a			
Senkung des Leerstandsumfangs um 0,5 %	227,50 €/a			
Amortisationszeit, um die Bewertungskosten auszugleichen	8 Jahre	4 Jahre	14 Jahre	28 Jahre
Senkung des Leerstandsumfangs um 1 %	455 €/a			
Amortisationszeit, um die Bewertungskosten auszugleichen	4 Jahre	2 Jahre	7 Jahre	14 Jahre
Praxisbeispiel 2				
jährliche Mieteinnahmen bei Vollauslastung	1.107.948 €/a			
Senkung des Leerstandsumfangs um 0,5 %	5.540 €/a			
Amortisationszeit, um die Bewertungskosten auszugleichen	0,3 Jahre	0,2 Jahre	0,6 Jahre	1,1 Jahre
Senkung des Leerstandsumfangs um 1 %	11.080 €/a			
Amortisationszeit, um die Bewertungskosten auszugleichen	0,2 Jahre	0,1 Jahre	0,3 Jahre	0,6 Jahre

Tabelle 45: Einsparpotenzial durch Senkung des Leerstandsumfangs

5.6 Zusammenfassende Beurteilung

Das Bewertungssystem ist gut anwendbar. Dies zeigt sich bei der Bewertung von zwei unterschiedlichen Projekten. Sowohl ein kleines Projekt mit 8 Wohneinheiten als auch eine Siedlung mit 220 Wohneinheiten lassen sich gut bewerten. Bei dem zweiten Projekt handelt es sich nach Angaben der Projektbeteiligten um ein ökologisch herausragendes Projekt. Dies spiegelt sich auch in der Bewertung wider.

Bei der Bewertung der Praxisbeispiele wird gleichzeitig untersucht, welchen Einfluss die Gewichtung auf das Bewertungsergebnis hat. Das erste Projekt macht deutlich, dass eine Gleichverteilung aller Kriterien das Ergebnis kaum verändert. Werden die ökologischen und ökonomischen Kriterien nicht gleich stark gewichtet, kann dies die Bewertung verändern. Die Abweichung lag im betrachteten Fall jedoch bei maximal einem Punkt. Dadurch lässt sich das Bewertungsergebnis nur bedingt beeinflussen.

Der Zeitaufwand für die Bewertung lässt sich minimieren, wenn möglichst viele Fragen in einem Gespräch mit einem Projektverantwortlichen geklärt werden. Es muss dann für die Bewertung weniger als ein Tag angesetzt werden.

Das Bewertungssystem für Neubauten ÖÖB wird bisher nicht regelmäßig angewendet. Vielen Unternehmen erscheint es zu komplex, um es mit einem vertretbaren Zeitaufwand in der Praxis einsetzen zu können. Bei dem Bewertungssystem für Erneuerungsmaßnahmen ÖÖS wird deshalb verstärkt darauf geachtet, dass es leicht verständlich ist und die Bewertung wenig Aufwand erfordert. Eine Erweiterung des Neubaubewertungssystems für Erneuerungsmaßnahmen halten die Unternehmen grundsätzlich für sinnvoll.

Eine Gegenüberstellung von Aufwand und Nutzen des Bewertungssystems zeigt, dass sich insbesondere bei größeren Projekten der Bewertungsaufwand ohne große Anstrengungen durch die Kosteneinsparpotenziale ausgleichen lässt, die durch die Bewertung aufgedeckt werden. Dazu reichen bereits einzelne Maßnahmen aus, wie z. B. die Verkürzung der Bauzeit, die Senkung der Finanzierungskosten, Brennstoffkosteneinsparungen oder die Verringerung des Leerstandsumfangs. Da in der Regel mehrere Einsparmaßnahmen aufgedeckt werden, ist nicht nur mit der Bedarfsdeckung für die Bewertung, sondern darüber hinaus mit weiteren Kosteneinsparungen zu rechnen.

Mit der EDV-Version wird dem Planer die Anwendung noch weiter erleichtert. Es müssen nur noch die Fragen beantwortet und Kennwerte eingegeben werden. Das Bewertungsergebnis wird automatisch ermittelt und grafisch dargestellt. Das Programm erstellt außerdem einen Bewertungspass, in dem die wichtigen Kenngrößen des Projekts und das Bewertungsergebnis auf zwei Seiten zusammengefasst werden.

Insgesamt wird das Bewertungssystem nur dann flächendeckend angewendet werden, wenn die Vorteile einer Bewertung von den Unternehmen klar erkannt werden. Die Bewertung selbst muss einfach und in kurzer Zeit möglich sein. In Zukunft muss das Bewertungssystem deshalb möglichst vielen potenziellen Anwendern vorgestellt werden. Dabei muss deutlich werden, dass für die Bewertung kein besonderes Fachwissen nötig ist und die Bewertung nicht viel Zeit in Anspruch nimmt. Dazu wurde eine Kurzpräsentation und eine Demoversion der Software entwickelt (zu finden unter www.bau.uni-wuppertal.de oder anzufordern unter diederic@uni-wuppertal.de) Es bietet sich außerdem an, das Bewertungssystem persönlich bei Unternehmen vorzustellen. Gegebenenfalls kann gemeinsam ein Beispielprojekt bewertet werden.

Die flächendeckende Anwendung des Bewertungssystems ist dann erzielbar, wenn Bauherren bzw. Auftraggeber diese zur vertraglichen Verpflichtung ihrer Planer (bzw. auch Projektsteuerer) machen. Die ökologischen und sozialen Kriterien gehen zum Teil weit über einzelwirtschaftliche Interessen hinaus. Daher ist es Aufgabe der Bauordnungsbehörden, zusammen mit der Eingabeplanung den Nachweis der ökologischen (und ökonomischen) Bewertung zu verlangen.

Damit sind die Adressaten für Marketingaktionen zu beiden Bewertungssystemen (ÖÖB und ÖÖS) die Bauherren und die Bauordnungsämter. Sofern es bei der Zurückhaltung der Planer bleibt, ist hierin eine Chance für einen neuen Berufsstand der ÖÖB- und ÖÖS-Sachverständigen zu sehen.

6   Zusammenfassung und Ausblick

Das folgende Kapitel fasst die Ergebnisse der Arbeit zusammen, nimmt mögliche Einwände vorweg und gibt einen Ausblick auf weitere Entwicklungen.

6.1   Zusammenfassung

In den letzten Jahren wird auch im Baubereich verstärkt eine nachhaltige Entwicklung gefordert. Bauliche Maßnahmen sollen nicht nur wirtschaftlich tragfähig, sondern gleichzeitig auch dauerhaft umweltgerecht und sozial verträglich sein. Im Neubau werden diese Forderungen bereits zu einem großen Teil umgesetzt. Nachholbedarf besteht vor allem im Gebäudebestand. Derzeit gibt es für Erneuerungsmaßnahmen kein umfassendes Bewertungssystem, das ökonomische und ökologische Kriterien gleichermaßen berücksichtigt und bewertet. Diese Lücke schließt das entwickelte Bewertungssystem ÖÖS. In ihm werden die beiden Pole Ökonomie und Ökologie miteinander verbunden und zusätzlich soziale Aspekte berücksichtigt.

Das Bewertungssystem ÖÖS ermöglicht mit einem angemessenen Aufwand die Bewertung der Planung von Erneuerungsmaßnahmen von Wohngebäuden. Bei der Entwicklung stand die Forderung nach nutzerfreundlicher Anwendung im Vordergrund. Geschaffen wurde ein System, das leicht zu handhaben ist und einen geringen Arbeitsaufwand erfordert. Grundlage ist das Prinzip der Nutzwertanalyse. Bewertet wird, angepasst an den Planungsfortschritt, zu den drei Zeitpunkten „nach Abschluss der Vorplanung", „nach Abschluss der Eingabeplanung" und „vor Baubeginn". Es werden 15 Hauptkriterien betrachtet, die wiederum in 58 Teil- und 117 Unterkriterien aufgegliedert sind. Die Kriterien werden verschieden stark gewichtet, um die unterschiedliche Bedeutung der Kriterien für das Gelingen des Bauvorhabens zu würdigen. Ökonomische und ökologische Kriterien sollen jedoch in der Summe jeweils gleich stark gewichtet werden. Zur leichteren Anwendung gibt es eine Bewertungssoftware, die auf den Programmen Excel und Word basiert. Dabei werden die Erfüllungspunktzahlen nach Eingabe der Projektdaten automatisch ermittelt. Die Ergebnisse werden ebenfalls automatisch aufbereitet und grafisch dargestellt. Zur besseren Übersicht werden sie abschließend in einem Bewertungspass zusammengestellt, der die wichtigsten Projektdaten und die Bewertungsergebnisse enthält.

Zwei Praxistests zeigen, dass das Bewertungssystem gut anwendbar ist. Der Aufwand für die Bewertung eines Projektes inkl. Aufbereitung der Ergebnisse liegt bei ca. einem bis drei Tagen. Wichtiger Teil der Bewertung ist ein Gespräch mit einem Projektbeteiligten, z. B. Planer oder Bauherrenvertreter, in dem der größte Teil der Bewertungsfragen geklärt wird.

Die Ergebnisse der Umfrage unter den Käufern des entsprechenden Neubaubewertungssystems ÖÖB zeigen, dass die meisten Unternehmen die Weiterentwicklung des Bewertungssystems für Erneuerungsmaßnahmen begrüßen, teilweise sogar explizit wünschen. Das Bewertungssystem für Neubauten ÖÖB wird bisher nicht regelmäßig eingesetzt, weil es vielen Unternehmen zu komplex erscheint, um es mit einem vertretbaren Zeitaufwand in der Praxis anzuwenden. Bei dem Bewertungssystem für Erneuerungsmaßnahmen ÖÖS wird deshalb verstärkt darauf geachtet, dass es leicht verständlich ist und die Bewertung wenig Aufwand erfordert.

Die Gegenüberstellung des finanziellen Aufwands für die Bewertung mit dem zu erwartenden Nutzen zeigt, dass die Bewertungskosten durch die erzielten Kosteneinsparpotenziale sehr kurzfristig ausgeglichen werden können. So rechtfertigt bereits eine dreiwöchige Bauzeitverkürzung die planungsbegleitende Bewertung bei einem kleineren Projekt und eine einwöchige Bauzeitverkürzung die Bewertung durch einen externen Sachverständigen bei einem großen Projekt. Noch deutlicher ist das ergänzende Kosteneinsparpotenzial bei den Finanzierungskosten. Bereits die Senkung des Fremdkapitalmarktzinssatzes durch ein positives Projektrating der finanzierenden Bank oder die Inanspruchnahme von Fördermitteln um 0,1 % rechtfertigt den Einsatz eines Sachverständigen. Werden die Gebäudewärmeverluste bei einem großen Projekt um 1 % gesenkt, amortisiert sich die Bewertung bereits im ersten Jahr. Bei kleinen Projekten lassen sich die Kosten durch eine 5 %ige Reduzierung der Wärmeverluste für eine planungsbegleitende Bewertung in 2,5 bzw. 4,5 Jahren, für eine Bewertung durch einen Sachverständigen in 7-14 Jahren ausgleichen. Weiteres Einsparpotenzial bietet die Senkung des Leerstandsumfangs. Die Kosten für eine planungsbegleitende Bewertung lassen sich bei kleinen Projekten durch eine 1 %ige Leerstandssenkung in 2 bzw. 4 Jahren einsparen, die Bewertung durch einen Sachverständigen benötigt maximal 14 Jahre. Bei großen Projekten reicht bereits eine um 0,5 % niedrigere Leerstandsquote zur Amortisation der Bewertungskosten im ersten Jahr.

In dem Bewertungssystem ÖÖS werden erstmals ökonomische, ökologische und soziale Kriterien für das Bauen im Bestand strukturiert zusammengestellt. Bisher erfassen Bewertungssysteme nur einzelne Bereiche. Außerdem bieten die zusätzlichen Erläuterungen für jedes Kriterium umfangreiche Informationen für eine nachhaltige Planung. Die wichtigste Neuerung ist jedoch die Festlegung von Benchmarkintervallen für jedes Kriterium, die speziell auf Erneuerungsmaßnahmen zugeschnitten sind. Die Daten basieren auf Literaturangaben, Expertenaussagen und eigenen Berechnungen. Das Bewertungssystem ÖÖS ist das erste System, das Planungsentwürfe für Erneuerungsmaßnahmen in einem einzigen System in diesem Umfang integrativ ökonomisch, ökologisch und sozial bewertet.

6.2   Vorwegnahme möglicher Einwände

Das Bewertungssystem ÖÖS fasst in 15 Hauptkriterien sehr unterschiedliche Bereiche zusammen. Vor allem bei der Bewertung der ökonomischen und der ökologischen Kriterien können sich Zielkonflikte ergeben. So sind ökologische Baustoffe oft teurer als herkömmliche. Eine gute ökologische Beurteilung verursacht dann eine schlechte ökonomische Bewertung. Es ist deshalb zu prüfen, inwieweit die Kriterien voneinander abhängen und an welchen Stellen sich Zielkonflikte ergeben. PVC-Fenster werden bspw. anhand ihres Ressourcenverbrauchs gut bewertet, schneiden jedoch bei der Bewertung des Emissionsverhaltens im Brandfall sehr schlecht ab. Durch die große Transparenz des Bewertungssystems ist es grundsätzlich möglich, Zielkonflikte aufzudecken. Durch Alternativenvergleich in Form einer Sensitivitätsanalyse lässt sich außerdem ablesen, welches Ausmaß die Zielkonflikte haben und inwieweit eine Verbesserung möglich ist. Ein System zur gezielten Aufdeckung und Beurteilung von Zielkonflikten wurde im Rahmen der Forschungsarbeit jedoch noch nicht entwickelt.

Um den Bewertungsaufwand möglichst gering und praxisnah zu halten, wird mit Kennzahlen und Checklisten gearbeitet. Diese sind nicht so genau und detailliert wie eine komplette Energie- und Stoffflussbilanz. Durch die Erfassung von 15 ökonomischen, ökologischen und sozialen Kriterien wird jedoch mit wenig Aufwand ein umfassender Eindruck vermittelt und eine allgemeine Einschätzung des Projektes nicht nur im Hinblick auf einzelne Bereiche ermöglicht. Sollen einzelne Bereiche detaillierter betrachtet werden, kann das Bewertungssystem individuell angepasst werden.

Nachteil einer Bewertung auf Grundlage einer Nutzwertanalyse ist die Subjektivität des Bewerters. Deshalb wurden die Bewertungshilfen für die Kriterien so formuliert, dass sie möglichst objektiv zu bewerten sind. Können die Kriterien nicht kardinal mit konkreten Projektdaten gemessen werden, kommen Checklisten zur Anwendung. Diese wurden so entwickelt, dass eine möglichst objektive Beantwortung mit „ja" oder „nein" möglich ist. Die Bewertung ist so transparent gestaltet, dass sich immer nachvollziehen lässt, wie das Ergebnis zustande gekommen ist. Sollen Alternativprojekte verglichen werden, sind alle Alternativen von demselben Bearbeiter zu bewerten. Um Manipulationsmöglichkeiten weiter auszuschließen, sind die Ergebnisse immer von einer anderen Person als dem Bewerter zu interpretieren. Diese Person soll dann auch die Entscheidung für oder gegen einen Planungsentwurf treffen bzw. den Impuls für weitere Sensitivitäts- oder Alternativuntersuchungen geben.

6.3   Weiterer Forschungsbedarf

Das Bewertungssystem ÖÖS konzentriert sich auf umfassende Erneuerungsmaßnahmen im Wohnungsbau, bei denen sowohl Instandsetzungsmaßnahmen als auch eine umfassende Modernisierung durchgeführt werden. Teilerneuerungsmaßnahmen werden nicht abgedeckt. Im Einzelfall ist zu prüfen, ob dafür ein eigenes Bewertungssystem auf Grundlage des Bewertungssystems ÖÖS entwickelt werden kann. Das Bewertungssystem wurde in erster Linie für die Bewertung der Erneuerung von Mehrfamilienhäusern entwickelt. Einfamilienhäuser können ebenfalls bewertet werden. In diesem Fall sind einzelne Kriterien zu streichen, die dann nicht relevant sind. Bisher konzentriert sich die Bewertung mit ÖÖS auf den Wohnungsbestand. Eine Erweitung für die Bewertung von Verwaltungsgebäuden ist wünschenswert.

Bei Wohngebäuden hat der Brandschutz zum Teil ein erhebliches Gewicht. Dadurch können maßgebliche Zwangspunkte bei Erneuerungsmaßnahmen gesetzt werden. Deshalb spielen Brandschutzkonzepte bei der Erneuerungsplanung eine bedeutende Rolle. Durch ein geschicktes Brandschutzkonzept können erhebliche Kosten eingespart werden. Das Thema Brandschutz wird in dem Bewertungssystem ÖÖS im Kriterium „Brandschutzrechtliche Bestimmungen" unter „Projektbedingungen und Standort" und im Kriterium „Emissionen im Brandfall" unter „Schadstoffemissionen" berücksichtigt. In Zukunft ist zu prüfen, ob der Brandschutz ein stärkeres Gewicht durch Aufnahme einer eigenen Bewertungsmatrix „Brandschutz" in das Bewertungssystem ÖÖS erhalten soll.

Weiterer Forschungsbedarf besteht außerdem bei den ökonomischen Kennwerten. Für die Kalkulation von Erneuerungsmaßnahmen ist eine gewerkeorientierte Gliederung empfehlenswert. Zum Vergleich mit Referenzwerten ist jedoch eine Bündelung der Werte notwendig. Deshalb werden für die ökonomische Bewertung mit dem Bewertungssystem ÖÖS Kennwerte nach den Kgr. 300 und 400 der DIN 276 gewählt. Es muss sich jedoch in der weiteren Anwendung zeigen, ob diese Art der Bewertung ausreichend oder ob eine andere Art der Bündelung, z. B. nach Haupt- und Einzelstufen gemäß Tabelle 5, sinnvoller ist. Gegebenenfalls sind dazu eigene Kennwerte zu ermitteln.

6.4   Ausblick

Das Bewertungssystem ÖÖS bietet dem Anwender erstmals die Möglichkeit, Erneuerungsentwürfe umfassend ökonomisch und ökologisch planungsbegleitend mit einem angemessenen
Zeitaufwand zu beurteilen.

Bauherren können das Bewertungssystem nutzen, um eine einheitliche Beurteilungsbasis für
verschiedene Entwürfe zu erhalten. Alle Entwürfe werden anhand derselben Kriterien bewertet
und die Unterschiede dargestellt. Dadurch wird der Entscheidungsprozess transparent und
zielgerichtet. Architekten und Planer können mit dem Bewertungskatalog die Erfüllung der
Bauherren- und Nutzeranforderungen eindeutig und nachvollziehbar nachweisen. Außerdem
können Entwurfsalternativen leichter erläutert werden. Ein positives Bewertungsergebnis ist
außerdem ein Wettbewerbsvorteil für Neu- und Anschlussaufträge. Fördermittelgeber und
Investoren können das Bewertungssystem ÖÖS als Messmethode nutzen, um die Einhaltung
definierter Anforderungen zu überprüfen. Der Fördermittelgeber legt die Gewichtung der Teilkriterien entsprechend seinen Förderzielen fest, eine Änderung durch den Anwender ist in diesem
Fall nicht möglich. Voraussetzung für die Förderung kann nun die Erreichung einer vom
Fördermittelgeber festgesetzten Mindestpunktzahl sein.

Daneben zeichnet sich ein neuer Berufsstand der ÖÖB- und ÖÖS-Sachverständigen ab. In diesem
Fall wird die Bewertung als Dienstleistung angeboten. Bei Bedarf wird der Bewertungskatalog an
die individuellen Anforderungen angepasst. Das Bewertungsergebnis wird in einem ausführlichen
Bericht dargestellt. Außerdem beinhaltet das Angebot eine umfassende Beratung zur Optimierung
der Planung mit konkreten Verbesserungsvorschlägen. Vorteil einer Bewertung durch einen ÖÖB-
bzw. ÖÖS-Sachverständigen ist die Neutralität des Bewerters. Die Bewertung ist objektiver, da die
bewertende Person kein eigenes Interesse an der zu bewertenden Planung hat. Außerdem wird
durch die Bewertung durch einen Außenstehenden eine neue Sicht eingebracht. So können
Potenziale aufgedeckt werden, die von einem Projektbeteiligten durch eine gewisse
„Betriebsblindheit" übersehen werden.

Das Wissen um ökologische und ökonomische Sachverhalte ist noch keinesfalls umfassend. In den
nächsten Jahren werden neue Erkenntnisse hinzukommen. Deshalb stellt auch das entwickelte
Bewertungssystem ÖÖS lediglich eine Momentaufnahme dar. Es werden die wichtigsten Bereiche
nachhaltiger Erneuerung betrachtet. Eine Anpassung der einzelnen Kriterien und Referenzwerte an
neue Entwicklungen und Erkenntnisse, ggf. auch die Weiterentwicklung des gesamten Systems, ist
nicht nur möglich, sondern ausdrücklich gewollt.

Literaturverzeichnis

Gesetze, Verordnungen, Vorschriften und Normen

II. BV Verordnung über wohnungswirtschaftliche Berechnungen (2. Berechnungsverordnung) vom 17. Oktober 1957, zuletzt am 13.9.2001 (BGBl. I S. 2376)

II. WoBauG Zweites Wohnungsbau- und Familienheimgesetz in der Fassung vom 19.08.1994, zuletzt geändert am 16.12.1997

BauGB Baugesetzbuch in der Fassung vom 27. August 1997, zuletzt geändert am 23.07.2002

BauNVO (1996) Baunutzungsverordnung in der Fassung vom 23.01.1990, zuletzt geändert am 22.04.2003

BauO NW Bauordnung für das Land Nordrhein-Westfalen - Landesbauordnung in der Fassung vom 01.03.2000

Begründung zur EnEV (2001): www.enev-online.com/dokumente/enev_2001_11_begruendung.pdf, Stand: 02.04.2003

BGB Bürgerliches Gesetzbuch in der Fassung vom 18.08.1896, zuletzt geändert am 24.08.2002

BGR 189 Regeln für den Einsatz von Schutzkleidung. April 1994

CHARTA VON VENEDIG (1964) Internationale Charta über die Erhaltung und Restaurierung von Kunstdenkmälern und Denkmalgebieten

ChemG Gesetz zum Schutz vor gefährlichen Stoffen (Chemikaliengesetz) in der Fassung vom 20.06.2002, zuletzt geändert am 06.08.2002

ChemVerbV Verordnung über Verbote und Beschränkungen des Inverkehrbringens gefährlicher Stoffe, Zubereitungen und Erzeugnisse nach dem Chemikaliengesetz (Chemikalienverbotsverordnung) in der Fassung vom 13.06.2003

DIN Deutsches Institut für Normung e. V. (1952) DIN 4108 Wärmeschutz und Energie-Einsparung in Gebäuden

DIN Deutsches Institut für Normung e. V. (1974) Ergänzende Bestimmungen zur DIN 4108

DIN Deutsches Institut für Normung e. V. (1985) DIN 31051 Instandhaltung; Begriffe und Maßnahmen. Beuth Verlag, Berlin

DIN Deutsches Institut für Normung e. V. (1987) DIN 277 Grundflächen und Rauminhalte von Bauwerken im Hochbau. Beuth-Verlag, Berlin

DIN Deutsches Institut für Normung e. V. (1989) DIN 4109 Schallschutz im Hochbau; Anforderungen und Nachweise. Beuth-Verlag, Berlin

DIN Deutsches Institut für Normung e. V. (1993) DIN 276 Kosten im Hochbau. Beuth-Verlag, Berlin

DIN Deutsches Institut für Normung e. V. (1998) DIN EN 13034 Schutzkleidung gegen flüssige Chemikalien. Beuth-Verlag, Berlin

DIN Deutsches Institut für Normung e. V. (1999) DIN 18960 Nutzungskosten im Hochbau. Beuth-Verlag, Berlin

DIN Deutsches Institut für Normung e. V. (1999) DIN 69901 Projektwirtschaft; Projektmanagement; Begriffe. Beuth-Verlag, Berlin

DIN Deutsches Institut für Normung e. V. (2001) DIN V 4701-10 Energetische Bewertung heiz- und raumlufttechnischer Anlagen - Teil 10: Heizung, Trinkwassererwärmung, Lüftung. Vornorm. Beuth-Verlag, Berlin

DIN Deutsches Institut für Normung e. V. (2003) DIN 1988 Technische Regeln für Trinkwasser-Installation (TRWI). Beuth-Verlag, Berlin

DIN Deutsches Institut für Normung e. V. (2003) DIN EN 832 Wärmetechnisches Verhalten von Gebäuden - Berechnung des Heizenergiebedarfs - Wohngebäude (enthält Berichtigung AC: 2002); Deutsche Fassung EN 832:1998 + AC:2002. Beuth-Verlag, Berlin

DIN Deutsches Institut für Normung e. V. (2003) DIN EN 12831 Heizungsanlagen in Gebäuden - Verfahren zur Berechnung der Norm-Heizlast. Beuth-Verlag, Berlin

DIN Deutsches Institut für Normung e. V., Koordinierungsausschuss KOA 03 „Hygiene, Gesundheit und Umweltschutz" (2002) DIN-Fachbericht zur Beurteilung von Bauprodukten unter Hygiene-, Gesundheits- und Umweltaspekten. Entwurf Stand: 1. Oktober 2002

DSchG Gesetz zum Schutz und zur Pflege der Denkmäler im Lande Nordrhein-Westfalen - Denkmalschutzgesetz in der Fassung vom 11.03.1980, zuletzt geändert durch Gesetz vom 25.11.1997

EnEV Verordnung über energieeinsparenden Wärmeschutz und energieeinsparende Anlagentechnik bei Gebäuden (Energieeinsparverordnung) vom 16. November 2001 (BGBl. I S. 3058), in Kraft seit 01.01.2002

ESt DV Einkommensteuer-Durchführungsverordnung in der Fassung vom 10.05.2000, zuletzt geändert am 14.07.2000

EStG Einkommensteuergesetz in der Fassung vom 19.10.2002, zuletzt geändert am 31.07.2003

GAEB Gemeinsamer Ausschuss Elektronik im Bauwesen (Hrsg.) (2002) STLB-Bau Standardleistungsbuch für das Bauwesen. Beuth-Verlag, Berlin

GefStoffV Verordnung zum Schutz vor gefährlichen Stoffen - Gefahrstoffverordnung in der Fassung vom 15.11.1999, zuletzt geändert am 19.05.2003

Gesetz zur Regelung der Miethöhe in der Fassung vom 18. Dezember 1974

HeizAnlV Verordnung über energiesparende Anforderungen an heizungstechnische Anlagen und Brauchwasseranlagen (Heizungsanlagen-Verordnung) in der Fassung vom 22.03.1994 (BGBl. I S. 613)

HOAI Honorarordnung für Architekten und Ingenieure in der Fassung vom 04.03.1991, zuletzt geändert am 10.11.2001. Beck-Texte, Deutscher Taschenbuch Verlag, München

InvZulG Investitionszulagengesetz 1999 vom 18.08.1997, gültig ab 01.01.1999, zuletzt geändert am 20.12.2000

KrW-/AbfG (1996) Kreislaufwirtschafts- und Abfallgesetz in der Fassung vom 27.9.1994, zuletzt geändert am 21.8.2002

MaBV Makler- und Bauträgerverordnung vom 20.06.1974, zuletzt geändert am 24.04.2003

MBO Musterbauordnung in der Fassung vom Dezember 1997

ModEnG Gesetz zur Förderung der Modernisierung von Wohnungen und von Maßnahmen zur Einsparung von Heizenergie (Modernisierungs- und Energieeinsparungsgesetz) vom 23.08.1976, in der Fassung vom 12.07.1978

NHK Normalherstellungskosten 2000. Bundesanzeiger-Verlag, Köln

NMV 1970 Verordnung über die Ermittlung der zulässigen Miete für preisgebundene Wohnungen (Neubaumietenverordnung) in der Fassung vom 12.10.1990, zuletzt geändert am 13.09.2001

TRGS 519 (2001) Technische Regeln für Gefahrstoffe - Asbest; Abbruch-, Sanierungs- oder Instandhaltungsverfahren (Ausgabe September 2001, zuletzt berichtigt: BArbBl. Heft 1/2003)

TRGS 610 (1998) Ersatzstoffe und Ersatzverfahren für stark lösemittelhaltige Vorstriche und Klebstoffe für den Bodenbereich (BArbBl. 3/98 S. 48, berichtigt: 5/98 S 112)

VOB Vergabe- und Vertragsordnung für Bauleistungen, Teil B in der Fassung vom 12.09.2002

VOB Vergabe- und Vertragsordnung für Bauleistungen, Teil C

VOL Verdingungsordnung für Leistungen in der Fassung vom 17.09.2002

WoBindG Gesetz zur Sicherung der Zweckbestimmung von Sozialwohnungen (Wohnungsbindungsgesetz) in der Fassung vom 13.09.2001

WSchV 77 Verordnung über einen energiesparenden Wärmeschutz bei Gebäuden (1. Wärmeschutzverordnung) vom November 1977

WSchV 95 Verordnung über einen energiesparenden Wärmeschutz bei Gebäuden (3. Wärmeschutzverordnung) vom 16.08.1994, in Kraft seit 01.01.1995

Monographien und Beitragswerke

Achterberg G (1981) Altbaumodernisierung - Ermittlung der Wirtschaftlichkeit. Schriftenreihe der Rationalisierungs-Gemeinschaft „Bauwesen" im RKW, Heft 14. Selbstverlag, Eschborn

Adriaans R, Leuters B, Löfflad H (1998) AKÖH Positivliste Baustoffe. Verlag Architektur und Kommunikation, Kassel

Arendt C (1993) Altbausanierung. Deutsche Verlags-Anstalt, Stuttgart

Arlt J, Deters K (1998) Leitfaden für Kostendämpfung im Geschosswohnungsbau. Bauforschung für die Praxis. Band 43. Fraunhofer IRB-Verlag, Stuttgart

Berliner ImpulsE (Hrsg.) (2001) Berliner Sanierungsratgeber Energie. Selbstverlag, Berlin

BKI Baukosteninformationszentrum (Hrsg.) (2002) Kostenplaner KOPLA win 4.0. Software zur Baukosten-Ermittlung und Baukosten-Datenbank. Baukosteninformationszentrum Deutscher Architektenkammern GmbH, Stuttgart

BKI Baukosteninformationszentrum Deutscher Architektenkammern (Hrsg.) (2000) BKI Objekte: Kosten abgerechneter Bauwerke. A1 Altbau. Baukosteninformationszentrum Deutscher Architektenkammern GmbH, Stuttgart

BKI Baukosteninformationszentrum Deutscher Architektenkammern (Hrsg.) (2001) BKI Objekte: Kosten abgerechneter Bauwerke. A2 Altbau. Baukosteninformationszentrum Deutscher Architektenkammern GmbH, Stuttgart

BMBau Bundesministerium für Raumordnung, Bauwesen und Städtebau (Hrsg.) (1996) Dritter Bericht über Schäden an Gebäuden. Selbstverlag, Bonn

BMBau Bundesministerium für Raumordnung, Bauwesen und Städtebau (Hrsg.) (1998) Kostengünstiges Planen und Bauen - Ratgeber für Verträge rund um´s Bauen. Selbstverlag, Bonn

BMBau Bundesministerium für Raumordnung, Bauwesen und Städtebau, BMVg Bundesministerium der Verteidigung (Hrsg.) (1998) Arbeitshilfen Recycling. 2. Aufl. Selbstverlag, Bonn

BMVBW Bundesministerium für Verkehr, Bau- und Wohnungswesen (Hrsg.) (2001) Leitfaden Nachhaltiges Bauen. Selbstverlag, Berlin

BMVBW Bundesministerium für Verkehr, Bau- und Wohnungswesen, Bayerische Architektenkammer (Hrsg.) (2000) ECOBIS 2000 Ökologisches Baustoffinformationssystem. CD-ROM. Zu bestellen beim Staatshochbauamt Hannover

Brändle E, Wittmann F-X (1996) Sanierung alter Häuser. BLV Verlagsgesellschaft mbH, München, Wien, Zürich

Bredenbals B, Hullmann H (1998) Kosteneinsparung durch Bauzeitverkürzung im Wohnungsbau, F 2332. Fraunhofer IRB Verlag, Stuttgart

Bundesarchitektenkammer (Hrsg.) (1996) Energiegerechtes Bauen und Modernisieren. Birkhäuser Verlag, Berlin

BVZ Bundesverband der Deutschen Ziegelindustrie e. V., VÖZ Verband Österreichischer Ziegelwerke, VSZ Verband Schweizerische Ziegelindustrie (Hrsg.) (2000) Handbuch der Ziegelindustrie: Green Building Challenge. Selbstverlag, Bonn, Wien, Zürich

Christen K, Meyer-Meierling P (1999) Optimierung von Instandsetzungszyklen und deren Finanzierung bei Wohnbauten. vdf Hochschulverlag AG an der ETH Zürich

DEKRA Umwelt GmbH (2001) Sanierung von Wohnbauten - Leitfaden zum ImmoPass für die nachhaltige Sanierung von Wohnbauten. Selbstverlag, Stuttgart

Deters K (2001) Bauunterhaltungskosten beanspruchter Bauteile in Abhängigkeit von Baustoffen und Baukonstruktionen. Forschungsbericht des Institut für Bauforschung e. V., Hannover. Förderung durch das Bundesministerium für Verkehr, Bau- und Wohnungswesen

Diederichs C J (1984) Kostensicherheit im Hochbau. Deutscher Consulting Verlag, Essen

Diederichs C J (1999) Führungswissen für Bau- und Immobilienfachleute. Springer-Verlag, Berlin

Diederichs C J (2003) Grundleistungen der Projektsteuerung - Beispiele für den Handlungsbereich C Kosten und Finanzierung. DVP-Verlag, Wuppertal

Diederichs C J, Getto P, Streck S (2000a) Entwicklung eines Bewertungssystems für ökonomisches und ökologisches Bauen und gesundes Wohnen. Abschlussbericht. DVP-Verlag, Wuppertal

Diederichs C J, Getto P, Streck S (2000b) Bewertungssystem für ökonomisches und ökologisches Bauen und gesundes Wohnen. CD-ROM. DVP-Verlag, Wuppertal

Diederichs C J, Hepermann H (1989) Kostenermittlung mit Leitpositionen für die Haustechnik. Forschungsbericht. Selbstverlag, Wuppertal

Diederichs C J, Streck S (2003a) Entwicklung eines Bewertungssystems für die ökonomische und ökologische Erneuerung von Wohnungsbeständen. Abschlussbericht. DVP-Verlag, Wuppertal

Diederichs C J, Streck S (2003b) Bewertungssoftware für die ökonomische und ökologische Erneuerung von Wohnungsbeständen ÖÖS. CD-ROM. DVP-Verlag, Wuppertal

Ebel W, Eicke-Hennig W, Feist W, Groscourth H-M (1995) Einsparungen beim Heizwärmebedarf - ein Schlüssel zum Klimaproblem. Institut für Wohnen und Umwelt, Darmstadt

Ebel W, Eicke-Hennig W, Feist W, Groscourth H-M (1996) Der zukünftige Heizwärmebedarf der Haushalte. Institut für Wohnen und Umwelt, Darmstadt

EDITION AUM GmbH (2001a) SirAdos-Neubau. Loseblattwerk, Dachau

EDITION AUM GmbH (2001b) SirAdos-Altbau. Loseblattwerk, Dachau

Enquète-Kommission „Nachhaltige Energieversorgung unter den Bedingungen der Globalisierung und der Liberalisierung" (2002) Endbericht

Enquète-Kommission „Schutz des Menschen und der Umwelt" (1998) Konzept Nachhaltigkeit - Vom Leitbild zur Umsetzung. Abschlussbericht, Bonn

Fachinformationszentrum Karlsruhe (Hrsg.) (2002) Altbau - Fit für die Zukunft. basisEnergie 11. BINE-Informationsdienst, Bonn

Fachkommission Bauplanung des Hochbauausschusses der ARGEBAU (1999) Baustoffe unter ökologischen Gesichtspunkten. LB Landesinstitut für Bauwesen des Landes NRW, Aachen

Falk B (Hrsg.) (1996) Immobilien-Handbuch: Wirtschaft, Recht, Bewertung. Grundwerk inkl. 23. Nachlieferung 8/1996. verlag moderne industrie, Landsberg/Lech

Fox-Kämper R u. a. (1996) Zukunftsweisender Wohnungsbau in NRW - sozial, ökologisch, kostengünstig. Reihe 1.34. Landesinstitut für Bauwesen des Landes NRW (LB), Aachen

Fuchsbichler M (1990) Kostenschätzung Altbaumodernisierung. Springer-Verlag, Wien New York

GdW Bundesverband deutscher Wohnungsunternehmen (Hrsg.) (2002) Medien-Information Nr. 29/2002 vom 03.07.2002 - GdW: Wohnungswirtschaftliche Entwicklung zwischen Ost und West klafft immer mehr auseinander. Abrufbar unter www.gdw.de

Geissler S (1999) Green Building Challenge - Integrierte Gebäudebeurteilung von Gebäuden hinsichtlich Umweltauswirkungen und Nutzerfreundlichkeit. Endbericht zum Projekt. Gefördert vom Bundesministerium für wirtschaftliche Angelegenheiten, Wien

GEMIS (2002) GEMIS 4 Globales Emissions-Modell Integrierter Systeme. Software. Öko-Institut und Gesamthochschule Kassel (GhK); Download: www.oeko.de/service/gemis/de/index.htm

Getto P (2002) Entwicklung eines Bewertungssystems für ökonomischen und ökologischen Wohnungs- und Bürogebäudeneubau. Dissertation an der BU Wuppertal. DVP-Verlag, Wuppertal

GIBB Genossenschaft Information Baubiologie (Hrsg.) BauBioDataBank. CD-ROM, Stand 1999, Flawil, Schweiz

Haufff V (Hrsg.) (1987) Unsere gemeinsame Zukunft - Der Bericht der Weltkommission für Umwelt und Entwicklung (Brundtland Bericht). Eggenkamp-Verlag, Greven

Hessisches Ministerium für Wirtschaft, Verkehr und Landesentwicklung (Hrsg.) (2001) Energie sparen, Heizkosten senken, CO_2-Ausstoß mindern. Ratgeber zur energetischen Gebäudemodernisierung. Selbstverlag, Wiesbaden

IBO - Österreichisches Institut für Baubiologie und -ökologie, Donau-Universität Krems, Zentrum für Bauen und Umwelt (Hrsg.) (1999) Ökologischer Bauteilkatalog. Springer-Verlag, Wien

IfB Institut für Bauforschung (Hrsg.) (1999) Analyse von Wohnbauprojekten mit kosten- und nutzengünstigen Außenanlagen - Leitfaden für kostengünstige Außenanlagen. Fraunhofer IRB Verlag, Stuttgart

Industriegewerkschaft Bauen-Agrar-Umwelt, Greenpeace e. V. (Hrsg.) (1999) Gebäudesanierung - Eine Chance für Klimaschutz und Arbeitsmarkt. Kurzfassung einer Studie im Auftrag der IG Bauen-Agrar-Umwelt und Greenpeace e. V. Selbstverlag, Wuppertal

IWU Institut Wohnen und Umwelt (Hrsg.) (1997) Baustelle Klimaschutz. Potentiale und Strategien für eine Reduktion der CO_2-Emissionen aus der Beheizung von Gebäuden. Studie im Auftrag der Umweltstiftung WWF-Deutschland. Selbstverlag, Darmstadt

IWU Institut Wohnen und Umwelt (Hrsg.) (2002) Erneuerung älterer Wohnungsbestände in Stufen. Endbericht zum gleichnamigen Forschungsvorhaben. Selbstverlag, Darmstadt

Kastner R (1983) Gebäudesanierung. Callwey Verlag, München

Kastner R (2000) Altbauten Beurteilen, Bewerten. Fraunhofer IRB Verlag, Stuttgart

Katalyse e. V. - Institut für angewandte Umweltforschung (1993) Bewertungskriterien für ökologisch empfehlenswerte Baustoffe - Werkstattbericht, Ökozentrum NRW. Selbstverlag, Köln

Kohler N, Hassler U, Paschen H (1999) Stoffströme und Kosten in den Bereichen Bauen und Wohnen. Springer-Verlag, Berlin

König H (1998) Wege zum gesunden Bauen. ökobuch Verlag, Staufen bei Freiburg

Kowalewski J B (1993) Altlastenlexikon - Ein Nachschlagewerk für die praktische Arbeit. Verlag Glückauf GmbH, Essen

Krings E (2000) Stufenlösungen bei der Altbaumodernisierung. RKW-Verlag, Eschborn

Ladener H (Hrsg.) (1997) Vom Altbau zum Niedrigenergiehaus. ökobuch Verlag, Staufen bei Freiburg

Landeshauptstadt Dresden (Hrsg.) (1999) Ratgeber "Altbauten sanieren - energie- und kostenbewusst". Selbstverlag, Dresden

LB Landesinstitut für Bauwesen des Landes NRW (Hrsg.) (1995) Ratgeber 2 - Beurteilen von Schwachstellen im Hausbestand. Selbstverlag, Aachen

LB Landesinstitut für Bauwesen des Landes NRW (Hrsg.) (2002) LB Ratgeber - Abfallvermeidung beim Bauen. Selbstverlag, Aachen

Lehmann H, Stanetzky C (2000) Stoffströme beim Modernisieren. Landesinstitut für Bauwesen (LB) des Landes NRW, Aachen

Lißner K, Rug W (2000) Holzbausanierung. Springer-Verlag, Berlin

MBW Ministerium für Bauen und Wohnen des Landes NRW (Hrsg.) (1999) Bauen für die Zukunft. Selbstverlag, Aachen

Meyer-Bohde W (1986) Altbaumodernisierung u. -sanierung. WEKA-Verlag, Kissing

Niedersächsisches Sozialministerium (Hrsg.) (1997) Kostengünstiges und umweltgerechtes Bauen - Ökologische Maßnahmen im Bestand. Selbstverlag, Hannover

Niedersächsisches Sozialministerium (Hrsg.) (1999) Aspekte des ökologischen Bauens. Selbstverlag, Hannover

Öko-Zentrum NRW (1999) Deklarationsraster. Loseblatt-Sammlung, Hamm

Oswald R u. a. (2001) Systematische Instandsetzung und Modernisierung im Wohnungsbestand. Endbericht eines Forschungsprojektes im Auftrag des BMVBW Bundesministeriums für Verkehr, Bau- und Wohnungswesen. AIBau Aachener Institut für Bauschadensforschung und angewandte Bauphysik gGmbH, Aachen

Projektverbund Nachhaltiges Sanieren im Bestand (Hrsg.) (2001) Nachhaltiges Sanieren im Bestand - Leitfaden für die Wohnungswirtschaft. Selbstverlag, Berlin, Darmstadt, Frankfurt am Main, Freiburg

Rau O, Braune U (1997) Der Altbau. 6. Aufl. Verlagsanstalt Alexander Koch, Leinfelden-Echterdingen

Ritthof M, Rohn H, Liedtke C (2002) MIPS berechnen. Ressourcenproduktivität von Produkten und Dienstleistungen. Wuppertal Institut für Klima, Umwelt, Energie GmbH im Wissenschaftszentrum Nordrhein-Westfalen, Wuppertal

Rösener M (2003) Solarsiedlung Lindenhof, Gelsenkirchen-Erle - Eine Wohnsiedlung aus den 50er Jahren nutzt regenerative Energie. Projektdokumentation. LEG Landesentwicklungsgesellschaft Nordrhein-Westfalen mbH, Düsseldorf

Rühl R (1999) BIA-Report 6/99 Gefahrstoffe ermitteln und ersetzen. Hauptverband der gewerblichen Berufsgenossenschaften (HVBG), St. Augustin

Schmidt-Bleek F (1997) Wieviel Umwelt braucht der Mensch? Dtv-Verlag, München

Schmitz H (1984) Altbaumodernisierung - Konstruktions- und Kostenvergleiche. 2. Aufl. Verlagsgesellschaft Rudolf Müller, Köln/Braunsfeld

Schmitz H, Meisel U, Fleischmann R (1981) Althausmodernisierung - praxisbezogene Anleitung. Textband. Institut für Landes- und Stadtentwicklungsforschung des Landes Nordrhein-Westfalen (ILS), Dortmund

Schmitz H, Stannek N (1991) Erhalt von Bauteilen: hohe Qualität, niedrige Kosten. Verlag Rudolf Müller, Köln

Schulte K-W u. a. (1998) Immobilienfinanzierung. In: Schulte K-W (Hrsg.) Immobilienökonomie. Band I Betriebswirtschaftliche Grundlagen. R. Oldenbourg Verlag, München

Schulze Darup B (1996) Bauökologie. Bauverlag, Wiesbaden, Berlin

Seehausen, K-R (1998) Fachwerk - Bauaufsicht Denkmalschutz - ein lösbarer Konflikt? Bauordnungs- und Denkmalschutzrecht bei der Fachwerksanierung. Bundesarbeitskreis Altbauerneuerung e. V., Kongreß für Altbauerneuerung 26.-27.10.1998 in Nürnberg

SIA Schweizerischer Ingenieur- und Architektenverein (Hrsg.) (1993) Deklaration ökologischer Merkmale von Bauprodukten nach SIA 493 - Erläuterung und Interpretation. SIA-Dokumentation D 093. Selbstverlag, Zürich

SIA Schweizerischer Ingenieur- und Architektenverein (Hrsg.) (1997) Deklaration ökologischer Merkmale von Bauprodukten. SIA-Dokumentation 493. Selbstverlag, Zürich

Spilker R, Oswald R (2000) Konzepte für die praxisorientierte Instandhaltungsplanung im Wohnungsbau. Bauforschung für die Praxis, Band 55. Fraunhofer IRB-Verlag, Stuttgart

Stache A, Engelbert M, Buschmann R (2000) Praxisratgeber Umweltfreundliche Sanierung. LB Landesinstitut für Bauwesen des Landes NRW, Aachen

Statistisches Bundesamt (2003) Mikrozensus-Zusatzerhebung 2002. Stand 26.08.2003, unveröffentlicht

Steiger P, Gugerli H. u. a. (1995) Hochbaukonstruktionen nach ökologischen Gesichtspunkten. SIA-Dokumentation D 0123. SIA, Zürich

Stieglitz T (2002) Schritte zu sinnvollen Sanierungspaketen im Wohnungsbestand. Diplomarbeit an der Bergischen Universität Wuppertal, Lehr- und Forschungsgebiet Bauwirtschaft

Ummelmann H (2002) Maßnahmen zur Vermeidung und Behebung von Feuchteschäden. Diplomarbeit an der Bergischen Universität Wuppertal, Lehr- und Forschungsgebiet Bauwirtschaft

UNCED Konferenz der Vereinten Nationen für Umwelt und Entwicklung (1992) Agenda 21. Einzusehen unter: www.un.org/esa/sustdev/documents/agenda21/. Deutsche Übersetzung unter: www.un.org/Depts/german/conf/ agenda21/agenda21_inh.pdf. Deutsche Online-Version unter: www.learn-line.nrw.de/angebote/agenda21/archiv/ ag21dok/index.htm

Veit J u. a. (2001) Leitfaden zur ökologischen Altbausanierung. LB Landesinstitut für Bauwesen des Landes NRW, Aachen

Wiechmann H (1981) Modernisierungshandbuch für Architekten und Bauherren. Verlag C.F. Müller, Karlsruhe

Zeisel J (1998) Grauwassernutzung - Perspektive für Geschoßwohnungsbau und Gewerbe. In: Innovation Betriebs- und Regenwassernutzung, Fachtagung der Fachvereinigung Betriebs- und Regenwassernutzung e. V., Schriftenreihe 3. Selbstverlag, Frankfurt

Zwiener G (1995) Ökologisches Baustoff-Lexikon. C.F. Müller Verlag, Heidelberg, 2. Aufl.

Zwiener G (1997) Handbuch Gebäude-Schadstoffe. Verlag R. Müller, Köln

Zeitschriften und Zeitungen

Bartholmai B (1998) Wohnungsbau 1998: Positive Impulse im Westen, scharfer Einbruch im Osten. In: Wochenbericht des DIW Berlin 31/98, Tabelle 4

Bartholmai B (1999) Wohnungsbau in West- und Ostdeutschland derzeit nur durch hohe Nachfrage nach Wohneigentum gestützt. In: Wochenbericht des DIW Berlin 24/98, Tabelle 4

Bartholmai B (2001) Schlechte Aussichten für den Wohnungsbau. In: Wochenbericht des DIW Berlin 03/01, Tabelle 4

Bartholmai B (2002) Wohnungsneubau weiter auf niedrigem Niveau - Modernisierung und Instandsetzung stehen im Vordergrund. In: Wochenbericht des DIW Berlin 34/02, Tabelle 4

Eicke-Hennig E (2000) Wege zur Senkung des Heizenergieverbrauchs im Wohngebäudebestand. In: GRE-inform. Sonderdruck Februar 2000, S. 14-19

Feist W (2000) Nachrüstpflichten zur Energieeinsparung im Gebäudebestand. In: GRE-inform, Sonderdruck Februar 2000, S. 11-13

Franz P (2001) Wohnungsleerstand in Ostdeutschland: differenziertere Betrachtung notwendig. In: Wirtschaft im Wandel 11/2001, S. 263-267

Süddeutsche Zeitung vom 12.01.2001

vdi nachrichten Nr. 20, 21.05.99

Internetquellen

Allgemeines

Arbeitsgemeinschaft Energiebilanzen, VDEW-Projektgruppe „Nutzenergiebilanzen": www.ag-energiebilanzen.de, Stand: 02.04.2003

Deutscher Verband der Projektmanager in der Bau- und Immobilienwirtschaft e. V.: www.dvpev.de, Stand: 08.09.2003

DIW Deutsches Institut für Wirtschaftsforschung Berlin: www.diw.de, Stand 07.08.2003

IEMB Institut für Erhaltung und Modernisierung von Bauwerken e. V. an der TU Berlin: www.iemb.de, Stand: 23.09.2003

Statistisches Bundesamt Deutschland: www.destatis.de, Stand: 22.08.2003

Bau BG Bau-Berufsgenossenschaft: www.bau-bg.de, Stand: 09.09.2003

Informationen zu Bewertungshilfen

AKÖH Arbeitskreis Ökologischer Holzbau: www.akoeh.de, Stand: 26.03.2003

BauBioDataBank, GIBB Genossenschaft Information Baubiologie: www.gibbeco.org, Stand: 26.03.2003

Checkliste Altbau, TÜV Süddeutschland: www.tuev-sued.de, Stand: 26.03.2003

Das Plus für Arbeit und Umwelt, IG Bauen-Agrar-Umwelt, Greenpeace e. V.: www.arbeit-und-umwelt.de, Stand: 26.03.2003

EPIQR Energy Performance Indoor Environment Quality Retrofit, CalCon GmbH: www.epiqr.de, Stand: 20.01.2003

GEMIS, Öko-Insitut e. V.: www.oeko.de/service/gemis/de/index.htm, Stand: 26.03.2003

MIPS, Wuppertal Institut für Klima, Umwelt und Energie GmbH: www.mips-online.info, Stand: 11.06.2002

ÖkoPlus AG: www.oekoplus.oekoserve.net/fp/archiv/RUBbauen-wohnen/Mineralwolle.php, Stand: 28.04.2003

Öko-RESA, Universität Siegen, FG Bauphysik und Solarenergie: http://nesa1.uni-siegen.de, Stand: 26.03.2003

Schweizerischer Ingenieur- und Architektenverein: www.sia.ch, Stand: 26.03.2003

TQ Gebäude-Qualitäts-Zertifikat, Grazer Energieagentur: www.grazer-ea.at/thermoprofit/, Stand: 26.03.2003

TWIN-Modell, nibe Niederländisches Institut für Baubiologie und Ökologie: www.nibe.org, Stand: 26.03.2003

ECOBIS, Bayerische Architektenkammer: www.byak.de, Stand: 26.03.2003

ECOTECH Software Deutschland GmbH: www.ecotech.cc, Stand: 26.03.2003

ARGE TQ: www.argetq.at, Stand: 26.03.2003

EasySanFin, IngSoft GmbH: www.easysanfin.de, Stand: 26.03.2003

ImmoPass, DEKRA: www.dekra-immopass.de, Stand: 26.03.2003

LEGOE, EDITION AUM GmbH: www.legoe.de, Stand: 26.03.2003

Öko-Zentrum NRW: www.oekozentrum-nrw.de, Stand: 26.03.2003

Green Building Challenge: www.greenbuilding.ca, Stand: 14.04.2003

Schadstoffe

Buurmann D, Lexikon der textilen Raumausstattung: www.raumausstattung.de, Stand: 23.04.2003

Schadstoffberatung Tübingen: www.schadstoffberatung.de/holz.htm, Stand: 25.04.2003

Schadstoff-Lexikon des Ingenieurbüros Oetzel: www.umweltanalytik.com, Stand: 27.06.2002

Schadstoffliste des Umweltinstituts München e. V.: http://www.umweltinstitut.org/frames/gift/schadstoffe.htm, Stand: 26.11.2002

Glossar

A/V-Verhältnis:	Verhältnis von wärmeübertragender Außenfläche zum beheizten Gebäudevolumen
abiotische Rohmaterialien:	alle unmittelbar der Natur entnommenen, noch nicht bearbeiteten, nicht nachwachsende Rohstoffe, also z. B. Erze in einem Erzbergwerk, nicht verwertete Förderung, Bodenaushub für die Herstellung eines Kellers/Hauses etc. (Ritthoff u. a., 2002, S. 39)
Abnahme:	Feststellung und Billigung der ordnungsgemäßen Erstellung der Bauleistung durch den Auftraggeber (vgl. BGB § 640, VOB/B § 12)
Acidification Potential (AP):	→ Versauerungspotenzial
Arbeitsstoffliste:	Liste aller verwendeten Stoffe, Zubereitungen und Erzeugnisse, mit denen im Betrieb bzw. auf der Baustelle umgegangen wird (Rühl, 1999, S. 17f)
Ausschreibung:	Aufforderung zur Angebotsabgabe
baulicher Wärmeschutz:	Dämmung der Außen- und Innenwände, Abdichtung von Fenstern und Türen sowie Dämmung des Daches, Dämmung von Kellerräumen und Rohrleitungen
Baumanagement:	Leitung eines Bauprojektes von der Projektidee bis einschließlich der Nutzungsphase
Baunebenkosten:	Kosten für Bauherrenaufgaben, Planung, Gutachten und Beratung, Finanzierung, Versicherungen, Prüfungen, Genehmigungen, Abnahmen, Umgang mit vorhandenen Mietern etc. (vgl. DIN 276, 1993, Kgr. 700)
Baunutzungskosten:	→ Nutzungskosten
Bauunterhaltung:	Maßnahmen zur Wiederherstellung des Sollzustands (DIN 1890, 1999, S. 5)
Benchmarkintervall:	Intervall, auf das man sich beziehen kann, wodurch z.B. eine Leistungsbewertung im Verhältnis zum Referenzintervall möglich ist; ein Benchmarkintervall wird durch Analyse und Bewertung wegweisender Vorbilder oder Konkurrenten ermittelt
Bestandsschutz:	Gebäude, die aufgrund früherer Baubestimmungen und -genehmigungen errichtet wurden, müssen nicht generell geänderten Bauvorschriften angepasst werden

Betriebskosten:	durch den bestimmungsgemäßen Gebrauch des Gebäudes oder der Wirtschaftseinheit, der Nebengebäude, Anlagen, Einrichtungen und des Grundstücks laufend entstehende Kosten für Fremd- und Eigenleistungen, Personal- und Sachkosten (DIN 18960, 1999, S. 4)
Bewertungspass:	Zusammenfassung der Bewertungsergebnisse und der wichtigsten Gebäudekennwerte auf ein bis zwei Seiten
Biologischer Arbeitsplatztoleranzwert (BAT):	Konzentration eines Stoffes oder seines Umwandlungsproduktes im Körper oder die dadurch ausgelöste Abweichung eines biologischen Indikators von seiner Norm, bei der im Allgemeinen die Gesundheit der Arbeitnehmer nicht beeinträchtigt wird (GefStoffV § 3 Abs. 6)
biotische Rohmaterialien:	alle unmittelbar der Natur entnommenen nachwachsenden Materialien, also z. B. Bäume, Fische, Baumwolle vor der Verarbeitung (Ritthoff u. a., 2002, S. 39)
Bodenversiegelung:	Abdeckung oder Vollverdichtung des Bodenkörpers mit ganz oder nahezu wasserundurchlässigen Materialien; es wird zwischen teilversiegelten (Garageneinfahrt aus Rasengittersteinen) und vollversiegelten Flächen (z. B. Asphaltstraße) unterschieden
Brennwertkessel:	Heizkessel, der für die Kondensation eines Großteiles des in den Abgasen enthaltenen Wasserdampfes konstruiert ist (EnEV, 2001, § 2 (11)); durch Nutzung der dadurch entstehenden zusätzlichen Wärmemenge (Kondensationswärme) erreicht er höhere Wirkungsgrade
Brutto-Grundfläche (BGF):	Summe aller Grundflächen aller Grundrissebenen eines Bauwerks und deren konstruktive Umschließungen (DIN 277, 1987, S. 2)
Bruttorauminhalt (BRI):	Rauminhalt des Bauwerks, der nach unten von der Unterfläche der konstruktiven Bauwerkssohle und im Übrigen von den äußeren Begrenzungsflächen des Bauwerks umschlossen wird (DIN 277, 1987, S. 3)
Cash-flow:	Kennzahl zur Beurteilung der Ertrags- und Finanzkraft eines Unternehmens; er setzt sich zusammen aus Jahresüberschuss, Abschreibungen und Veränderungen der Rückstellungen
CO_2-Äquivalent:	→ Kohlendioxid-Äquivalent
Demontage:	Auseinandernehmen von Bauwerken durch gezieltes Lösen der Verbindungen oder Abtrennen von einzelnen Bauteilen; die Reihenfolge der Demontage ergibt sich in der Regel umgekehrt zur Montage; Ziel ist eine möglichst weitgehende Materialgewinnung bei gleichzeitiger Sortierung der gewonnenen Fraktionen in verschiedene Container

Demontagestufen:	einzelne Schritte der Demontage; die Festlegung der Stufen ist meist bautechnisch bedingt
Demontagetiefe:	Anzahl der Demontagestufen
Denkmalpflege:	Erhaltung des ursprünglichen Erscheinungsbildes und der ursprünglichen Ausstattung eines Gebäudes
Denkmalschutz:	Schutz, Pflege und Erfassung erhaltenswerter Gebäude
Dispens:	Befreiung von Geboten und Verboten im Einzelfall durch eine ausdrückliche Ausnahmebewilligung
Dränwasser:	bei der Dränage des Grundstücks anfallendes Wasser; muss vor dem Einsatz zur Toilettenspülung, Gartenbewässerung oder Textilreinigung auf seinen Eisen- und Mangangehalt geprüft werden
Eigenheimzulage:	steuerliche Förderung für den Erwerb oder Bau eines selbstgenutzten Gebäudes oder einer selbstgenutzten Wohneinheit
Emissionen:	von Anlagen oder Stoffen ausgehende Luftverunreinigungen, Geräusche, Erschütterungen, Licht, Wärme, Strahlen und ähnliche Erscheinungen
Endenergie:	Summe der dem Gebäude zugelieferten Energieträger (elektrische Energie, Fernwärme und Brennstoffe), die dem Endverbraucher zur Verfügung gestellt wird
Endenergiebedarf:	Energiemenge, die für die Gebäudebeheizung inkl. Warmwassererwärmung aufgebracht werden muss; berücksichtigt werden Heizwärmebedarf, Verluste des Heizsystems sowie Warmwasserwärmebedarf und Verluste des Warmwasser-bereitungssystems
Energiebedarfsausweis:	Zusammenfassung der wesentlichen Berechnungsergebnisse des Nachweisverfahrens der → Energieeinsparverordnung und Ausweisung der Kenngrößen, über die die Anforderungen formuliert sind, sowie Angabe des Endenergiebedarfs
Energiebilanz:	Gegenüberstellung von Aufkommen und Verwendung von Energieträgern
Energieeinsparverordnung (EnEV):	seit 1. Februar 2002 in Kraft; sie fasst die bisherigen Anforderungen der → Wärmeschutzverordnung und der Heizungsanlagen-Verordnung zusammen und setzt neue Standards für die Energieeinsparung (Neubau: Senkung des Energiebedarfs um etwa 30 %; für den Gebäudebestand ebenfalls spürbare energetische Verbesserungen, insbesondere bei baulichen Änderungen und zur Heizungserneuerung)
Energieinput:	Energieeintrag, z. B. zur Nutzung eines Gebäudes; er umfasst die Phasen Herstellung der Baumaterialien, Transport zur Baustelle, Bauausführung, Nutzung sowie Demontage und Abbruch

Energiekonzept:	umfasst die Gebäudekonzeption (inkl. baulichem Wärmeschutz), Heizungs- und Lüftungsanlagen, die Warmwasserbereitung und ggf. die Nutzung von Solarenergie; wichtig ist auch die Einbeziehung des Nutzers, da dieser durch sein Verhalten den Energieverbrauch entscheidend mitbestimmt
Energieträger, erneuerbare:	Energieträger, die sich ständig erneuern bzw. nachwachsen; z. B. Windenergie, Wasserkraft, Erdwärme, Biomasse und Sonnenenergie
Entsorgung:	umfasst das Gewinnen von Stoffen oder Energie aus Bauabfällen (Verwertung/Wiederverwendung) und das Ablagern von Abfällen sowie die hierzu erforderlichen Maßnahmen des Einsammelns, Beförderns, Behandelns und Lagerns (BMBau, BMVg, 1998, S. 47)
Erneuerungsfähigkeit:	grundsätzliche Eignung eines Gebäudes zur Erneuerung
Erneuerungswürdigkeit:	wirtschaftliche Eignung eines Gebäude zur Erneuerung
Finanzierungsmodell:	Konzept zur Beschaffung des benötigten Fremdkapitals für eine Investition, z. B. durch Annuitätendarlehen, Sparvertrag, Festhypothek oder Leasingfinanzierung
Finanzrahmen:	Summe der Investitions- und Baunutzungskosten
Freizeichnungskriterien:	Kriterien um sicherzustellen, dass Mineralwolledämmstoffe über eine ausreichend hohe Biolöslichkeit verfügen (vgl. GefStoffV, Anhang IV Nr. 22)
FSC-Zertifikat:	Zertifikat für naturverträglich, ökologisch erzeugtes Holz; FSC (Forest Stewardship Council) ist eine internationale nichtkommerzielle Organisation, die 1993 gegründet wurde, um eine umwelt- und sozialverträgliche, aber auch ökonomisch angemessene Bewirtschaftung der Wälder auf der Erde zu unterstützen
Gebäudehandbuch:	enthält Angaben über die ökologischen Zielsetzungen, die Beschaffenheit der eingesetzten Bauteile, Materialien und Anlagen sowie Informationen über die durchgeführten Inspektionen, Wartungen und Instandsetzungen, Wartungspläne, Adressen der mitwirkenden Firmen und Hinweise zum Sollverbrauch von Energie und Stoffen; ggf. auch Erläuterungen zu energiesparendem Verhalten
Gebäudepass:	Urkunde, die nach einem standardisierten Raster die wichtigsten Daten eines Gebäudes objektiv wiedergibt; die Daten beziehen sich auf Brand,- Schall- und Wärmeschutz, Standsicherheit, Gesundheit, Hygiene und Energieeffizienz eines Gebäudes

Gefahrstoffe:	gefährliche Stoffe und Zubereitungen, die explosionsfähig, brandfördernd, entzündlich, giftig, gesundheitsschädlich, ätzend, reizend, sensibilisierend, krebserzeugend, fortpflanzungsgefährdend, erbgutverändernd, umweltgefährlich oder auf sonstige Weise chronisch schädigend sind (vgl. GefStoffV, § 4 Abs. 1, ChemG § 19 Abs. 2)
Gefahrstoffliste:	Liste aller Gefahrstoffe, mit denen im Betrieb bzw. auf der Baustelle umgegangen wird
Geschossfläche:	Fläche nach den Außenmaßen eines Gebäudes über alle Vollgeschosse (vgl. BauNVO § 20 (3))
Geschossflächenzahl (GFZ):	gibt an, wie viel Quadratmeter Geschossfläche je Quadratmeter Grundstücksfläche zulässig sind (BauNVO § 20 (2))
Gewährleistungsfrist:	Zeitrahmen, in dem der Auftragnehmer gewährleistet, dass seine Leistung die im Vertrag zugesicherten Eigenschaften hat und nicht mit Fehlern behaftet ist, die den Wert oder die Gebrauchsfähigkeit mindern (vgl. VOB/B § 14 (1))
Global Warming Potential (GWP):	→ Treibhauspotenzial
Grauwasser:	verschmutztes Wasser aus Badewannen, Duschen und Waschmaschinen
Grundfläche:	Grundfläche der baulichen Anlagen auf einem Grundstück einschließlich der Grundflächen von Garagen und Stellplätzen mit ihren Zufahrten, Nebenanlagen und baulichen Anlagen unterhalb der Geländeoberfläche, durch die das Grundstück lediglich unterbaut wird (vgl. BauNVO § 19)
Grundflächenzahl (GRZ):	gibt an, wie viel Quadratmeter Grundfläche je Quadratmeter Grundstücksfläche zulässig sind (BauNVO § 19 (1))
Handwerkerkooperation:	Zusammenschluss eigenständiger (kleiner) Handwerksbetriebe, um gemeinsam gewerkeübergreifende Leistungen bis hin zu Komplettlösungen anzubieten
Heizenergiebedarf:	Energie, die dem Heizsystem zugeführt werden muss, um den Heizwärmebedarf erfüllen zu können (DIN EN 832, 2003, S. 6)
Heizlast:	Wärmezufuhr, die benötigt wird, um die Norm-Innentemperatur in den Räumen eines Gebäudes zu erreichen (vgl. DIN EN 12831, 2003)
Heizwärmebedarf:	Wärmemenge, die von dem Heizsystem (Heizkörper) dem Raum bzw. dem Gebäude zur Verfügung gestellt werden muss, um die entsprechende Raumtemperatur aufrecht zu erhalten

Holzschutzmittel:	Produkte, die aufgrund ihrer Zusammensetzung einen Befall von Holz durch holzzerstörende oder –verfärbende Pilze und Insekten verhindern oder vorhandene Organismen abtöten und anschließend für einen langanhaltenden Schutz vor Neubefall sorgen (DIN-Fachbericht, 2002, S. 32ff)
Holzwerkstoffe:	Produkte, die durch Zusammensetzung von Holzfasern, Holzspänen und Furnieren, meist unter Zugabe von Bindemitteln, hergestellt werden
Instandhaltungsqualität:	bei einer hundertprozentigen Instandhaltungsqualität werden alle Instandhaltungsmaßnahmen erfüllt, um die normale Lebensdauer der Bauteile zu erreichen. 0 % verzichtet auf jegliche Instandhaltungsmaßnahme, die über die vorschriftsgemäßen Tätigkeiten hinausgeht (Christen, Meyer-Meierling, 1999, S. 32)
Instandsetzungsbedarf:	beschreibt, welche Mittel aus technischer Sicht mindestens aufgewendet werden müssen, um die Gebrauchstauglichkeit eines Gebäudes bzw. des Bestandes zu erhalten oder wieder herzustellen (Oswald u. a., 2001, S. 22)
Instandsetzungsfonds:	verzinst anzulegender Fonds zur Deckung der anfallenden Instandsetzungskosten eines Gebäudes
interne Gewinne:	entstehen durch die Nutzung im Gebäude, also z. B. durch den Verbrauch von Warmwasser, Kochen und Benutzung von Elektrogeräten wie Kühlschrank, Beleuchtung, Computer usw., aber auch durch die Bewohner oder Nutzer selbst
interner Zinsfuß:	Zinssatz, für den die Summe der Barwerte der Einzahlungen gleich der Summe der Barwerte der Auszahlungen ist
Investitionszulage:	steuerliche Förderung für Instandhaltungs- und Modernisierungsmaßnahmen an einem zu eigenen Wohnzwecken genutzten Gebäude in den neuen Bundesländern einschließlich Ost-Berlin
Jahresheizwärmebedarf:	→ Heizwärmebedarf eines Jahres
Jahresprimärenergiebedarf:	→ Primärenergiebedarf eines Jahres
Klimawirksamkeit:	Maß für die Störung des Gleichgewichts zwischen einstrahlender Solarenergie und an den Weltraum abgegebener langwelliger Strahlung
Kohlendioxid-Äquivalent:	Indikator für das →Treibhauspotenzial; →Treibhausgase werden durch Multiplikation ihrer Emissionsmenge mit ihrer → Klimawirksamkeit auf eine gemeinsame Einheit bezogen

Kohlendioxid (CO₂):	entsteht hauptsächlich durch die Verbrennung fossiler Energieträger, wie Kohle, Koks, Erdöl oder Erdgas und durch den Verkehr, aber auch durch Abbrennung von Wäldern, vor allem der tropischen Regenwälder; Kohlendioxid trägt als → Treibhausgas zur Erderwärmung bei
Kontamination:	Verunreinigung bzw. Verseuchung von Medien (z. B. Boden, Grundwasser, Bodenluft, Lebensmittel) oder Organismen durch Schadstoffe (Kowalewski, 1993, S. 98)
Kosten-Nutzen-Anlayse:	Gegenüberstellung des Nutzens einer Investition und der durch die Investition verursachten Kosten, wenn alle betrieblichen und gesellschaftlichen Nutzen- und Kostenfaktoren in Geldeinheiten bewertbar sind (Diederichs, 1999, S. 170)
Kostenwirksamkeitsanalyse:	Gegenüberstellung des Nutzens einer Investition und der durch die Investition verursachten Kosten, wobei die Kostenseite wie bei der → Kosten-Nutzen-Analyse und die Nutzenseite wie bei der → Nutzwertanalyse behandelt wird (Diederichs, 1999, S. 177)
kumulierter Energieaufwand (KEA):	gesamter Aufwand an Primärenergien zur Bereitstellung eines Produktes oder einer Dienstleistung
kumulierter Stoff-Aufwand (KSA):	gesamter Aufwand an stofflichen Ressourcen (Rohstoffe) zur Bereitstellung eines Produktes oder einer Dienstleistung
k-Wert:	→ U-Wert
Lebenszyklus eines Gebäudes:	Planung, Erstellung, Nutzungsphase, Rückbau und Entsorgung
Lösemittel:	flüchtige organische Stoffe sowie deren Mischungen mit einem Siedepunkt ≤ 200°C, die bei Normalbedingungen (20°C und 1013 hPa) flüssig sind und dazu verwendet werden, andere Stoffe zu lösen oder zu verdünnen, ohne sie chemisch zu verändern (TRGS 610, S. 3)
Lufttechnische Anlage:	→ Lüftungsanlage
Lüftungsanlage:	kontrollierte Lüftung über eine reine Abluftanlage, eine Zu- und Abluftanlage (ggf. mit Wärmerückgewinnung oder mit Heizung) oder eine Klimaanlage
Luftwechselrate:	gibt an, wie oft das Luftvolumen eines Gebäudes oder eines Raumes pro Stunde ausgetauscht wird
Materialinput:	alle stofflichen Inputs, die zur Herstellung eines Guts oder der Erbringung einer Dienstleistung notwendig sind; Einheit: [kg] oder [t] (Ritthoff u. a., 2002, S. 40)
Materialintensität pro Serviceeinheit (MIPS):	Umweltbelastungsintensität von Prozessen und Gütern im Hinblick auf ihren spezifischen Ressourcenverbrauch in allen Lebensphasen

Materialintensität:	auf eine Mengeneinheit bezogener Materialinput; Einheit [kg/kg] oder [kg/MJ] (Ritthoff u. a., 2002, S. 40)
Maximale Arbeitzplatzkonzentration (MAK):	Konzentration eines Stoffes in der Luft am Arbeitsplatz, bei der im Allgemeinen die Gesundheit der Arbeitnehmer nicht beeinträchtigt wird (GefStoffV § 3 Abs. 5)
mechanische Lüftung:	→ Lüftungsanlage
Mietwirksamkeit:	entstehende Kosten können auf die Miete umgelegt werden
monetäre Kriterien:	Kriterien, die in Geldeinheiten zu bewerten sind
Mulden-Rinnen-System:	System zur Regenwasserversickerung; Niederschlagswasser wird oberirdisch in Rinnen zur Versickerungsmulde geleitet und versickert dort
Nachhaltige Entwicklung:	Entwicklung, die den Bedürfnissen der heutigen Generation entspricht, ohne die Möglichkeiten künftiger Generationen zu gefährden, ihre eigenen Bedürfnisse zu befriedigen und ihren Lebensstil zu wählen (vgl. Hauff, 1987); eine nachhaltige Entwicklung muss dauerhaft umweltgerecht, sozial verträglich und wirtschaftlich tragfähig sein und die gesellschaftlich wichtigen Gruppen beteiligen (vgl. Weltkonferenz der Vereinten Nationen für Umwelt und Entwicklung, 1992)
Nachhaltigkeit:	Begriff wurde ursprünglich im 18. Jahrhundert in der Forstwirtschaft geprägt: es durfte nur soviel Holz geschlagen werden, wie nachwachsen kann
Nahwärmeinsel:	Wärmeversorgung mehrerer Kunden mit vor Ort erzeugter Wärme (i. d. R. in einem Blockheizkraftwerk)
nicht monetäre Kriterien:	Kriterien, die nicht in Geldeinheiten zu bewerten sind
Niedertemperaturkessel:	Heizkessel, der kontinuierlich mit einer Eintrittstemperatur von 35 bis 40°C betrieben werden kann und in dem es unter bestimmten Umständen zur Kondensation des in den Abgasen enthaltenen Wasserdampfes kommen kann (EnEV, 2001, § 2 (10))
Nutzungskosten:	alle in baulichen Anlagen und deren Grundstücken entstehenden regelmäßig oder unregelmäßig wiederkehrenden Kosten von Beginn ihrer Nutzbarkeit bis zu ihrer Beseitigung (vgl. DIN 18960, 1999, S. 2)
Nutzwertanalyse:	Gegenüberstellung des Nutzens einer Investition und der durch die Investition verursachten Kosten über Nutzenpunkte, wenn nicht alle betrieblichen und gesellschaftlichen Nutzen- und Kostenfaktoren in Geldeinheiten bewertbar sind (Diederichs, 1999, S. 171)

ökologischer Rucksack:	Material, das im Lebenszyklus eines Produktes bewegt und verbraucht wird, aber nicht selbst Bestandteil des Produktes ist; er berechnet sich aus dem Materialinput abzüglich des Eigengewichts des Produktes; Einheit: [kg] (vgl. Ritthoff u. a., 2002, S. 11, 40, Schmidt-Bleek, 1997, S. 39ff)
Ökosphäre:	Bereich, der sich ohne menschliches Zutun weiterentwickelt (evoliert)
persönliche Schutzmaßnahmen:	Ausrüstungsgegenstände, die am Körper getragen werden, um vor Gefahren am Arbeitsplatz zu schützen und somit Schädigungen der Gesundheit zu vermeiden (Bau-BG, 2003); Kopf-, Fuß-, Handschutz und Schutzkleidung als Grundausrüstung, zusätzlich Atemschutzgeräte, luftundurchlässige Einwegschutzausrüstung, Chemikalien-Schutzanzug
Primärenergie:	Energieform, die in der Natur vorkommt und noch nicht technisch umgewandelt wurde, wie z.B. Kohle, Erdgas, Erdöl und Sonnenenergie; teilt sich auf in → erneuerbare und → nicht erneuerbare Primärenergie; aus der Primärenergie kann → Sekundärenergie erzeugt werden.
Primärenergie, erneuerbare:	Wind-, Wasser-, Solar-, Bio- und Geoenergie (Erdwärme, Gezeitenenergie, etc.)
Primärenergie, nicht erneuerbare:	fossile Energieträger, wie Kohle (Stein-, Braunkohle), Erdgas, Erdöl, Torf, sowie nichtfossile Energieträger (Kernbrennstoffe), wie Uran, Thorium
Primärenergiebedarf:	Energiemenge, die zur Deckung des Endenergiebedarfs benötigt wird; dabei wird die zusätzliche Energiemenge berücksichtigt, die durch vorgelagerte Prozessketten außerhalb der Systemgrenze „Gebäude" bei der Gewinnung, Umwandlung und Verteilung der jeweils eingesetzten Brennstoffe entsteht (vgl. EnEV, 2001, Anhang 1 Nr. 2.1)
Primärenergieinhalt:	Energie, die zur Herstellung eines Produktes benötigt wird; dies schließt die Herstellung und den Transport der Ausgangsstoffe sowie den indirekten Energiebedarf, um die Produktionsstätten einzurichten, Maschinen herzustellen etc., ein
Primärrohstoffe:	neue, meist aus der Natur gewonnene Stoffe, die dem Produktionsprozess zugeführt werden (z.B. Eisenerz)
Projektmanagement:	Gesamtheit von Führungsaufgaben, -organisation, -techniken und -mitteln für die Abwicklung eines Projektes (vgl. DIN 69901, 1999)
Recyclingfähigkeit:	Fähigkeit eines Produktes, in den Produktions-Verbrauchs-Kreislauf zurückgeführt zu werden, ggf. nach geeigneter Aufbereitung; man unterscheidet → Wiederverwendung, → Weiterverwendung und → Weiterverwertung

Rentabilität nach Steuern: Maßgröße für das Verhältnis von Gewinn zu eingesetztem Kapital nach Abzug der darauf anfallenden Steuern

Ressourcen: natürliche Güter wie Energie, Wasser, Pflanzen, Tiere, die die Menschen zur Deckung ihrer Bedürfnisse nutzen

Rotationssystem: Erneuerung eines Gebäudes abschnittsweise bzw. Wohnung für Wohnung; vorhandene Bewohner können für die Dauer der Arbeiten in eine andere Wohnung im gleichen Haus ziehen

Rückbau: eine Form des Abbruchs in Umkehr des Bauvorgangs zur geordneten und entsorgungsgerechten Trennung von Bauteilen und Stoffen (BMBau, BMVg, 1998, S. 47)

Schadstoffe: Sammelbezeichnung für Stoffe, die die Gesundheit des Menschen und seine Umwelt negativ beeinträchtigen (vgl. BMBau, BMVg, 1998, S. 13; Buurmann, 2003)

Schutzmittel für Mauerwerk: Produkte, die aufgrund ihrer Zusammensetzung die Bildung von Algen- und Schimmelrasen auf Steinen, Mörtel und Außenputz verhindern sollen, z. B. Schwammsperrmittel zum Verhindern des Durchwachsens von Hausschwamm durch das Mauerwerk

Schwarzwasser: fäkal-, feststoff- und fetthaltiges Abwasser

Schwefeldioxid (SO$_2$):   Gas, das bei der Verbrennung von schwefelhaltigen fossilen Brennstoffen (Kohle, Öl) entsteht; es kann mit Entschwefelungsanlagen weitgehend aus dem Rauchgas entfernt werden

Schwefeldioxid-Äquivalent: Indikator für das → Versauerungspotenzial; säurebildende Substanzen werden in Abhängigkeit von ihrem Säurebildungspotenzial auf die gemeinsame Einheit Schwefeldioxid (SO$_2$) bezogen

Sekundärenergie: Energieform, die als Ergebnis eines Umwandlungsprozesses (z.B. in Raffinerien oder Kraftwerken) aus → Primärenergie entsteht, z.B. Koks, Benzin, Heizöl, Strom oder Fernwärme.

Sekundärrohstoffe: Rohstoffe, die bei der Verwertung von → Primärrohstoffen entstehen

Sensitivitätsanalyse: Bestimmung der Unsicherheitsfaktoren und ihrer Auswirkungen auf das Analyseergebnis; es wird untersucht, wie sich einzelne Elemente gegenseitig beeinflussen bzw. selbst beeinflusst werden

Serviceeinheit: Nutzungs- bzw. Dienstleistungseinheit, die mit der Verfügung über ein Produkt oder eine Infrastruktur verbunden ist

SO$_2$-Äquivalent: → Schwefeldioxid-Äquivalent

solare Gewinne:	entstehen durch die Sonneneinstrahlung durch verglaste Flächen eines Gebäudes
Solarthermieanlage:	→ thermische Solaranlage
soziale Qualität:	Sicherung bedarfsgerechten Wohnraums, Schaffung eines geeigneten Wohnumfelds, Vernetzung von Arbeit, Wohnen und Freizeit
Standardleistungsbuch für das Bauwesen (STLB-Bau):	Werkzeug zur Bildung einheitlicher, auswertbarer Bauleistungstexte
Stoffflussbilanz:	Bilanz aller Stoffbewegungen in der → Öko- und → Technosphäre
Störstoffe:	Stoffe, die keine Gesundheits- oder Umweltgefahren bergen, jedoch die Verwertung von Abfällen behindern oder verhindern (vgl. BMBau, BMVg, 1998, S. 13)
technische Schutzmaßnahmen:	technische Maßnahmen zum Schutz der Arbeitnehmer vor Gesundheitsgefahren, z. B. Einkleidung von Maschinen und Anlagen, Vermeiden von Entweichen gefährlicher Substanzen oder Erfassungseinrichtungen für gefährliche Substanzen; technische Schutzmaßnahmen haben Vorrang vor → persönlichen Schutzmaßnahmen
Technosphäre:	vom Menschen unmittelbar beeinflusster Teil der → Ökosphäre
thermische Solaranlage:	System zur Erwärmung einer Wärmeträgerflüssigkeit (i. d. R. Frostschutzmittel-Wassergemisch) durch Sonnenwärmestrahlen mit Hilfe speziell beschichteter Solarkollektoren
Total Material Requirement (TMR):	Summe der → abiotischen und → biotischen Rohmaterialien
Transmissionsverluste:	Wärmeverluste, die über die Gebäudehülle aus dem beheizten Bereich in die Atmosphäre gelangen
Treibhauseffekt:	Aufheizen der Atmosphäre durch → Treibhausgase
Treibhausgase:	Gase in der Atmosphäre, die verhindern, dass die langwellige Infrarotstrahlung auf direktem Weg von der Erdoberfläche ins Weltall gelangt; sie verhalten sich wie die Glasscheiben eines Treibhauses, was ein Aufheizen der gesamten Atmosphäre bewirkt; natürliche Treibhausgase sind Wasserdampf, Kohlendioxid, Ozon, Methan und Stickoxid, vom Menschen gemachte Treibhausgase sind FKW, HFKW, FCKW, SF6.
Treibhauspotenzial:	Beitrag eines Gases zum → Treibhauseffekt, wird relativ zu Kohlendioxid angegeben
Umbauter Raum:	Kenngröße zur Bestimmung des Rauminhalts eines Bauwerks; Raum, der seitlich von den Außenmauern (Rohbaumaße), unten von der Oberfläche der untersten Geschossfußböden (bei unterkellertem untersten Geschoss) bzw. der Oberfläche des Geländes (bei nicht unterkellertem untersten Geschoss) und oben

	von den Oberflächen der Fußböden über den obersten Vollgeschossen (bei nicht ausgebautem Dachgeschoss) bzw. den Außenflächen der umschließenden Wände und Decken bzw. des Daches (bei ausgebautem Dachgeschoss) umschlossen wird (II. BV, 2001, Anlage 2)
umfassende Erneuerung:	Instandsetzung und gleichzeitig umfassende Modernisierung eines Gebäudes; Ziel ist i. d. R. Neubauqualität
U-Wert:	(früher k-Wert) Maß für den Wärmedurchgang durch einen Bauteil; bezeichnet die Wärmemenge, die bei einem Temperaturunterschied von 1 Kelvin in einer Sekunde durch eine 1 m² große Bauteilfläche hindurchgeht; Einheit: [W/(m²K)]
Versauerung:	Erhöhung der Wasserstoffionen-Konzentration in den Umweltmedien Luft, Wasser und Boden; dieser Prozess wird hauptsächlich durch anthropogen bedingte Schwefel- und Stickstoffemissionen verursacht
Versauerungspotenzial:	Maß für die Tendenz einer Komponente, säurewirksam zu werden; wird relativ zu Schwefeldioxid angegeben
Versiegelungsgrad:	Grad der → Bodenversiegelung
Verwertung:	Rückführung von Stoffen in den Wirtschaftskreislauf nach Behandlung (Aufbereitung) (BMBau, BMVg, 1998, S. 47)
Wärmebedarf:	Energiemenge, die für die Gebäudebeheizung inkl. Warmwassererwärmung benötigt wird
Wärmebilanz:	Gegenüberstellung der Wärmegewinne und -verluste eines Gebäudes zur Ermittlung der tatsächlich zur Verfügung stehenden Wärmemenge
Wärmebilanzgrafik:	grafische Darstellung einer → Wärmebilanz
Wärmebrücken:	örtlich begrenzte Bereiche mit einem geringeren Wärmeschutz als die umgebenden Flächen
Wärmebrückenverluste:	Energieverluste durch → Wärmebrücken
Wärmedämmverbundsystem (WDVS):	mehrschichtige Konstruktion aus tragender Konstruktion (i. d. R. Mauerwerk), aufgebrachtem Dämmstoff (meist Hartschaum oder Mineralfaser) und Putz (inkl. Armierungsgewebe)
Wärmeenergiebedarf:	Energiemenge, die einem System zugeführt werden muss, um den → Wärmebedarf zu decken
Wärmepass:	Ausweis, der die wichtigsten energetischen Daten eines Gebäudes zusammenfasst und wiedergibt
Wärmeschutzverglasung:	Doppelverglasung mit einer Metalloxidbeschichtung auf der dem Glasinnenraum zugewandten Seite und einer Edelgasfüllung im

	Glaszwischenraum; erreicht → U-Werte unter 1,5 W/(m²K); für noch geringere U-Werte werden Dreischeibengläser verwendet
Wärmeschutzverordnung (WSchV):	Vorgänger der → Energieeinsparverordnung; die 1. Wärmeschutzverordnung wurde im August 1997 erlassen, die 3. war seit 1995 in Kraft
Weiterverwendung:	Einsatz von Abfällen für neue Anwendungsbereiche nach geeigneter physikalischer, chemischer oder biologischer Vorbehandlung (z.B. Granulierung von Altreifen und Kunststoffabfällen, wobei das Granulat als Füllstoff für Baumaterialien verwendet wird)
Weiterverwertung:	Wiedergewinnung chemischer Grundstoffe aus Abfällen und Rückführung in den Produktionsprozess (z. B. Einsatz von Autoschrott in Stahlwerken)
Wiederverwendung:	wiederholte Benutzung eines Produkts oder Materials für den gleichen Verwendungszweck (z. B. Pfandflasche oder runderneuerte Reifen)

Lebenslauf

Stefanie Streck

geboren am 11.07.1974 in Bonn

Beruflicher Werdegang

07/2001 – 09/2003	Wissenschaftliche Mitarbeiterin des Forschungsprojektes „Entwicklung eines Bewertungssystems für die ökonomische und ökologische Erneuerung von Wohnungsbeständen" des Lehr- und Forschungsgebietes Bauwirtschaft, Bergische Universität Wuppertal, gefördert durch das Bundesamt für Bauwesen und Raumordnung BBR
11/1999 – 06/2001	Wissenschaftliche Mitarbeiterin am Lehr- und Forschungsgebiet Bauwirtschaft, Bergische Universität Wuppertal, Mitarbeit am Forschungsprojekt „Entwicklung eines Bewertungssystems für ökonomisches und ökologisches Bauen und gesundes Wohnen", gefördert durch das Bundesamt für Bauwesen und Raumordnung BBR
01/1997 – 04/1999	Studentische Hilfskraft am Lehr- und Forschungsgebiet Bauwirtschaft, Bergische Universität Wuppertal
04/1998 – 07/1998	Praxissemester, Firma Robert Perthel GmbH, Köln
08/1994 – 09/1994	Praktikum, Firma Heitkamp, Wesseling

Ausbildung

04/2004	Abschluss der Promotion
11/1999 – 03/2004	Promotionsstudium an der Bergischen Universität Wuppertal
10/1994 – 10/1999	Diplomstudium des Bauingenieurwesens an der Bergischen Universität Wuppertal Vertiefungsrichtung: Baumanagement Abschluss: Diplom
1985 – 1994	Städtisches Gymnasium, Wesseling Abschluss: Allgemeine Hochschulreife
1981 – 1985	Grundschule, Wesseling

Wuppertal, im Mai 2004

Anhänge

Anhang 1: Überblick über alle Haupt- und Unterkriterien von ÖÖS

	Hauptkriterium	Teilkriterien		Unterkriterien	
Randbedingungen	Gebäudebeurteilung	1	Bauzustandserfassung	1.1 1.2 1.3	Baugeschichte Bauaufnahme Baulicher Zustand
		2	Bauzustandsbewertung		
		3	Zieldefinition	3.1 3.2 3.3	Nutzung Standard Kostenrahmen
		4	Beschädigungen		
	Projektbedingungen und Standort	1	Marktchancen	1.1 1.2	Wohnungsmarkt Baumarkt
		2	Timing		
		3	Lage	3.1 3.2	Versorgung mit Dienstleistungen Anbindung an Verkehrsnetze
		4	Grundstück	4.1 4.2	Baugrund Grundstücksgröße und –form
		5	Rechtliche Randbedingungen	5.1 5.2 5.3 5.4	Bauplanungsrecht und Stellplatzverpflichtung Bauordnungsrecht Denkmalschutz Brandschutzrechtliche Bestimmungen
	Bewohner	1	Mieterinformation und -beteiligung	1.1 1.2	Mieterbeteiligung Mieterinformation
		2	Vorgehensweise	2.1 2.2	Freimachungs- und Umsetzungssysteme Arbeiten in bewohnten Räumen
		3	Terminrahmen		
Planungskonzept	Planungskonzept	1	Erneuerungsstrategie	1.1 1.2 1.3	Erhalt vorhandener Substanz Erneuerungsstufen Kombination von Sanierung und Modernisierung
		2	Soziale Qualität	2.1 2.2	Architektur und Städtebau Nutzungskonzept
		3	Grundrissorganisation		
		4	Nutzerverhalten		

	Hauptkriterium	Teilkriterien		Unterkriterien	
ökologische Kriterien	Energieinput	1	generelles Energiekonzept	1.1	Allgemeines
				1.2	Einsparung Beheizung und Warmwasser
		2	Wärmeschutz	2.1	Wärmedämmkonzept
				2.2	Bauliche Maßnahmen
		3	Technische Anlagen	3.1	Heizung
				3.2	Warmwasserbereitung
				3.3	Solarthermieanlage
		4	Nutzerverhalten		
	Baustoffe - Ressourcenverbrauch	1	Materialintensität Außenwand	1.1	Total Material Requirement (TMR)
				1.2	Materialinput (MI) Wasser
				1.3	Materialinput (MI) Luft
		2	Materialintensität Dach	2.1	Total Material Requirement (TMR)
				2.2	Materialinput (MI) Wasser
				2.3	Materialinput (MI) Luft
		3	Materialintensität oberste Geschossdecke	3.1	Total Material Requirement (TMR)
				3.2	Materialinput (MI) Wasser
				3.3	Materialinput (MI) Luft
		4	Materialintensität Kellerdecke	4.1	Total Material Requirement (TMR)
				4.2	Materialinput (MI) Wasser
				4.3	Materialinput (MI) Luft
		5	Materialintensität Fenster		
	Schadstoffemissionen	1	vorhandene Gebäudesubstanz	1.1	Prüfen des Bestandes
				1.2	Vorgehen bei der Schadstoffsanierung
		2	Baustoffherstellung	2.1	Treibhauspotenzial (GWP)
				2.2	Versauerung (AP)
		3	Bauliche Maßnahmen	3.1	Gefahrstoffermittlung
				3.2	Ersatz schadstoffhaltiger Baustoffe
				3.3	Technische und persönliche Schutzmaßnahmen
				3.4	Schutz der Bewohner
		4	Nutzung	4.1	Heizungsanlage
				4.2	Klima und Lüftung
				4.3	Emissionen der Materialien
				4.4	Emissionen im Brandfall

	Hauptkriterium	Teilkriterien	Unterkriterien
ökologische Kriterien	Verwertung und Entsorgung	1 vorhandene Gebäudesubstanz	1.1 Weiternutzung 1.2 Kontamination 1.3 Demontagetiefe
		2 Abfallvermeidung durch Planung	2.1 Werterhaltung 2.2 Recyclingfähigkeit 2.3 Abfallarme Herstellung
		3 Baustellenorganisation	3.1 Maßnahmen zur Abfallvermeidung 3.2 Abfalltrennung 3.3 Verwertungsmöglichkeiten 3.4 Schutz der Bewohner
	Wasser Boden Luft	1 Wasser	1.1 Beeinträchtigung des Wasserhaushaltes 1.2 Wasserverbrauch 1.3 Wasserrückführung
		2 Bodenversiegelung	
		3 Zu- und Abluft	
ökonomische Kriterien	Finanzierung und Wirtschaftlichkeit	1 Finanzierungsmodell	
		2 Fördermöglichkeiten	2.1 Fördermittel 2.2 Steuerliche Aspekte
		3 Wirtschaftlichkeit	3.1 Erneuerungsfähigkeit 3.2 Erneuerungswürdigkeit
		4 Mietwirksamkeit	
	Baumanagement	1 Bauherrenaufgaben (Kgr. 710)	1.1 Projektmanagement 1.2 Ausschreibung 1.3 Vertragsgestaltung 1.4 Abnahme und Mängelbeseitigung 1.5 Abrechnung 1.6 Gewährleistung
		2 Vorbereiten der Objektplanung (Kgr. 720)	
		3 Architekten-/Ingenieur-leistungen, Gutachten und Beratung (Kgr. 730, 740)	
		4 weitere Baunebenkosten	4.1 Schutz der Gebäudesubstanz 4.2 Umzug und Umsetzung von Bewohnern

	Hauptkriterium	Teilkriterien	Unterkriterien
ökonomische Kriterien	Erneuerungskosten Bauwerk (Kgr. 300)	1 Außenwände (Kgr. 330)	
		2 Innenwände (Kgr. 340)	
		3 Decken (Kgr. 350)	
		4 Dächer (Kgr. 360)	
	Erneuerungskosten Technische Anlagen (Kgr. 400)	1 Abwasser, Wasser, Gas (Kgr. 410)	
		2 Wärmeversorgungsanlagen (Kgr. 420)	
		3 Lufttechnische Anlagen (Kgr. 430)	
		4 Starkstromanlagen (Kgr. 440)	
		5 Fernmelde- und Informationstechnische Anlagen (Kgr. 450)	
	Erneuerungskosten Außenanlagen	1 Geländeflächen (Kgr. 510)	
		2 Befestigte Wege (Kgr. 520)	
		3 Baukonstruktionen in Außenanlagen (Kgr. 530)	
		4 Technische Anlagen, Einbauten und sonstige Maßnahmen (Kgr. 540, 550 und 590)	
	Nutzungskosten	1 Betriebskosten	1.1 vorbereitende Maßnahmen 1.2 Instandhaltungsplanung 1.3 Energiekosteneinsparung Heizung
		2 Bauunterhaltung	2.1 Instandsetzungsplanung 2.2 Bauunterhaltungskosten

Anhang 2:   Überblick über alle Haupt- und Unterkriterien der 1. Bewertungsstufe von ÖÖS

nach Abschluss der Vorplanung

	Hauptkriterium	Teilkriterien	Unterkriterien
Randbedingungen	Gebäudebeurteilung	1 Bauzustandserfassung	1.1 Baugeschichte 1.2 Bauaufnahme 1.3 Baulicher Zustand
		2 Bauzustandsbewertung	
		3 Zieldefinition	3.1 Nutzung 3.2 Standard 3.3 Kostenrahmen
		4 Beschädigungen	
	Projektbedingungen und Standort	1 Marktchancen	1.1 Wohnungsmarkt 1.2 Baumarkt
		2 Timing	
		3 Lage	3.1 Versorgung mit Dienstleistungen 3.2 Anbindung an Verkehrsnetze
		4 Grundstück	4.1 Baugrund 4.2 Grundstücksgröße und –form
		5 Rechtliche Randbedingungen	5.1 Bauplanungsrecht und Stellplatzverpflichtung 5.2 Bauordnungsrecht 5.3 Denkmalschutz 5.4 Brandschutzrechtliche Bestimmungen
	Bewohner	1 Mieterinformation und -beteiligung	1.1 Mieterbeteiligung 1.2 Mieterinformation
		2 Vorgehensweise	2.1 Freimachungs- und Umsetzungssysteme 2.2 Arbeiten in bewohnten Räumen
		3 Terminrahmen	
Planungskonzept	Planungskonzept	1 Erneuerungsstrategie	1.1 Erhalt vorhandener Substanz 1.2 Erneuerungsstufen 1.3 Kombination von Sanierung und Modernisierung
		2 Soziale Qualität	2.1 Architektur und Städtebau 2.2 Nutzungskonzept
		3 Grundrissorganisation	

	Hauptkriterium	Teilkriterien	Unterkriterien
ökologische Kriterien	Energieinput	1 generelles Energiekonzept	1.1 Allgemeines
		2 Wärmeschutz	2.1 Wärmedämmkonzept
		3 Technische Anlagen	3.1 Heizung
			3.3 Solarthermieanlage
	Baustoffe - Ressourcenverbrauch		
	Schadstoffemissionen	1 vorhandene Gebäudesubstanz	1.1 Prüfen des Bestandes 1.2 Vorgehen bei der Schadstoffsanierung
	Verwertung und Entsorgung	1 vorhandene Gebäudesubstanz	1.1 Weiternutzung 1.2 Kontamination 1.3 Demontagetiefe
	Wasser Boden Luft	1 Wasser	1.1 Beeinträchtigung des Wasserhaushaltes
		2 Bodenversiegelung	
		3 Zu- und Abluft	
ökonomische Kriterien	Finanzierung und Wirtschaftlichkeit	1 Finanzierungsmodell	
		2 Fördermöglichkeiten	2.1 Fördermittel 2.2 Steuerliche Aspekte
		3 Wirtschaftlichkeit	3.1 Erneuerungsfähigkeit 3.2 Erneuerungswürdigkeit
		4 Mietwirksamkeit	
	Baumanagement		
	Erneuerungskosten Bauwerk (Kgr. 300)	1 Bauwerk (Kgr. 300)	
	Erneuerungskosten Technische Anlagen (Kgr. 400)	1 Technische Anlagen (Kgr. 400)	
	Erneuerungskosten Außenanlagen		
	Nutzungskosten		

Anhang 3: Überblick über alle Haupt- und Unterkriterien der 2. Bewertungsstufe von ÖÖS

nach Abschluss der Eingabeplanung

	Hauptkriterium	Teilkriterien	Unterkriterien
Randbedingungen	Gebäudebeurteilung	1 Bauzustandserfassung	1.1 Baugeschichte 1.2 Bauaufnahme 1.3 Baulicher Zustand
		2 Bauzustandsbewertung	
		3 Zieldefinition	3.1 Nutzung 3.2 Standard 3.3 Kostenrahmen
		4 Beschädigungen	
	Projektbedingungen und Standort	1 Marktchancen	1.1 Wohnungsmarkt 1.2 Baumarkt
		2 Timing	
		3 Lage	3.1 Versorgung mit Dienstleistungen 3.2 Anbindung an Verkehrsnetze
		4 Grundstück	4.1 Baugrund 4.2 Grundstücksgröße und –form
		5 Rechtliche Randbedingungen	5.1 Bauplanungsrecht und Stellplatzverpflichtung 5.2 Bauordnungsrecht 5.3 Denkmalschutz 5.4 Brandschutzrechtliche Bestimmungen
	Bewohner	1 Mieterinformation und -beteiligung	1.1 Mieterbeteiligung 1.2 Mieterinformation
		2 Vorgehensweise	2.1 Freimachungs- und Umsetzungssysteme 2.2 Arbeiten in bewohnten Räumen
		3 Terminrahmen	
Planungskonzept	Planungskonzept	1 Erneuerungsstrategie	1.1 Erhalt vorhandener Substanz 1.2 Erneuerungsstufen 1.3 Kombination von Sanierung und Modernisierung
		2 Soziale Qualität	2.1 Architektur und Städtebau 2.2 Nutzungskonzept
		3 Grundrissorganisation	

grau hinterlegt: Bewertung der Kriterien wird aus der 1. Bewertungsstufe übernommen

Hauptkriterium	Teilkriterien		Unterkriterien	
Energieinput	1	generelles Energiekonzept	1.1	Allgemeines
			1.2	Einsparung Beheizung und Warmwasser
	2	Wärmeschutz	2.1	Wärmedämmkonzept
			2.2	Bauliche Maßnahmen
	3	Technische Anlagen	3.1	Heizung
			3.2	Warmwasserbereitung
			3.3	Solarthermieanlage
Baustoffe - Ressourcenverbrauch	1	Materialintensität Außenwand	1.1	Total Material Requirement (TMR)
			1.2	Materialinput (MI) Wasser
			1.3	Materialinput (MI) Luft
	2	Materialintensität Dach	2.1	Total Material Requirement (TMR)
			2.2	Materialinput (MI) Wasser
			2.3	Materialinput (MI) Luft
	3	Materialintensität oberste Geschossdecke	3.1	Total Material Requirement (TMR)
			3.2	Materialinput (MI) Wasser
			3.3	Materialinput (MI) Luft
	4	Materialintensität Kellerdecke	4.1	Total Material Requirement (TMR)
			4.2	Materialinput (MI) Wasser
			4.3	Materialinput (MI) Luft
	5	Materialintensität Fenster		
Schadstoffemissionen	1	vorhandene Gebäudesubstanz	1.1	Prüfen des Bestandes
			1.2	Vorgehen bei der Schadstoffsanierung
	2	Baustoffherstellung	2.1	Treibhauspotenzial (GWP)
			2.2	Versauerung (AP)
	4	Nutzung	4.1	Heizungsanlage
			4.2	Klima und Lüftung
			4.3	Emissionen der Materialien
			4.4	Emissionen im Brandfall

ökologische Kriterien

grau hinterlegt: Bewertung der Kriterien wird aus der 1. Bewertungsstufe übernommen

	Hauptkriterium	Teilkriterien		Unterkriterien	
ökologische Kriterien	Verwertung und Entsorgung	1	vorhandene Gebäudesubstanz	1.1	Weiternutzung
				1.2	Kontamination
				1.3	Demontagetiefe
		2	Abfallvermeidung durch Planung	2.1	Werterhaltung
				2.2	Recyclingfähigkeit
				2.3	Abfallarme Herstellung
	Wasser Boden Luft	1	Wasser	1.1	Beeinträchtigung des Wasserhaushaltes
				1.2	Wasserverbrauch
				1.3	Wasserrückführung
		2	Bodenversiegelung		
		3	Zu- und Abluft		
ökonomische Kriterien	Finanzierung und Wirtschaftlichkeit	1	Finanzierungsmodell		
		2	Fördermöglichkeiten	2.1	Fördermittel
				2.2	Steuerliche Aspekte
		3	Wirtschaftlichkeit	3.1	Erneuerungsfähigkeit
				3.2	Erneuerungswürdigkeit
		4	Mietwirksamkeit		
	Baumanagement				
		2	Vorbereiten der Objektplanung (Kgr. 720)		
		3	Architekten-/Ingenieur-leistungen, Gutachten und Beratung (Kgr. 730, 740)		
		4	weitere Baunebenkosten		
				4.2	Umzug und Umsetzung von Bewohnern
	Erneuerungskosten Bauwerk (Kgr. 300)	1	Außenwände (Kgr. 330)		
		2	Innenwände (Kgr. 340)		
		3	Decken (Kgr. 350)		
		4	Dächer (Kgr. 360)		
	Erneuerungskosten Technische Anlagen (Kgr. 400)	1	Abwasser, Wasser, Gas (Kgr. 410)		
		2	Wärmeversorgungsanlagen (Kgr. 420)		
		3	Lufttechnische Anlagen (Kgr. 430)		

grau hinterlegt: Bewertung der Kriterien wird aus der 1. Bewertungsstufe übernommen

	Hauptkriterium	Teilkriterien		Unterkriterien	
ökonomische Kriterien	Erneuerungskosten Technische Anlagen (Kgr. 400)	4	Starkstromanlagen (Kgr. 440)		
		5	Fernmelde- und Informationstechnische Anlagen (Kgr. 450)		
	Erneuerungskosten Außenanlagen	1	Geländeflächen (Kgr. 510)		
		2	Befestigte Wege (Kgr. 520)		
		3	Baukonstruktionen in Außenanlagen (Kgr. 530)		
		4	Technische Anlagen, Einbauten und sonstige Maßnahmen (Kgr. 540, 550 und 590)		
	Nutzungskosten	1	Betriebskosten	1.1	vorbereitende Maßnahmen
				1.3	Energiekosteneinsparung Heizung
		2	Bauunterhaltung		
				2.2	Bauunterhaltungskosten

grau hinterlegt: Bewertung der Kriterien wird aus der 1. Bewertungsstufe übernommen

Anhang 4: Überblick über alle Haupt- und Unterkriterien der 3. Bewertungsstufe von ÖÖS

vor Baubeginn

	Hauptkriterium	Teilkriterien	Unterkriterien
Randbedingungen	Gebäudebeurteilung	1 Bauzustandserfassung	1.1 Baugeschichte 1.2 Bauaufnahme 1.3 Baulicher Zustand
		2 Bauzustandsbewertung	
		3 Zieldefinition	3.1 Nutzung 3.2 Standard 3.3 Kostenrahmen
		4 Beschädigungen	
	Projektbedingungen und Standort	1 Marktchancen	1.1 Wohnungsmarkt 1.2 Baumarkt
		2 Timing	
		3 Lage	3.1 Versorgung mit Dienstleistungen 3.2 Anbindung an Verkehrsnetze
		4 Grundstück	4.1 Baugrund 4.2 Grundstücksgröße und –form
		5 Rechtliche Randbedingungen	5.1 Bauplanungsrecht und Stellplatzverpflichtung 5.2 Bauordnungsrecht 5.3 Denkmalschutz 5.4 Brandschutzrechtliche Bestimmungen
	Bewohner	1 Mieterinformation und -beteiligung	1.1 Mieterbeteiligung 1.2 Mieterinformation
		2 Vorgehensweise	2.1 Freimachungs- und Umsetzungssysteme 2.2 Arbeiten in bewohnten Räumen
		3 Terminrahmen	
Planungskonzept	Planungskonzept	1 Erneuerungsstrategie	1.1 Erhalt vorhandener Substanz 1.2 Erneuerungsstufen 1.3 Kombination von Sanierung und Modernisierung
		2 Soziale Qualität	2.1 Architektur und Städtebau 2.2 Nutzungskonzept
		3 Grundrissorganisation	
		4 Nutzerverhalten	

grau hinterlegt: Bewertung der Kriterien aus der 2. Bewertungsstufe übernommen

Hauptkriterium	Teilkriterien		Unterkriterien	
Energieinput	1	generelles Energiekonzept	1.1	Allgemeines
			1.2	Einsparung Beheizung und Warmwasser
	2	Wärmeschutz	2.1	Wärmedämmkonzept
			2.2	Bauliche Maßnahmen
	3	Technische Anlagen	3.1	Heizung
			3.2	Warmwasserbereitung
			3.3	Solarthermieanlage
	4	Nutzerverhalten		
Baustoffe - Ressourcenverbrauch	1	Materialintensität Außenwand	1.1	Total Material Requirement (TMR)
			1.2	Materialinput (MI) Wasser
			1.3	Materialinput (MI) Luft
	2	Materialintensität Dach	2.1	Total Material Requirement (TMR)
			2.2	Materialinput (MI) Wasser
			2.3	Materialinput (MI) Luft
	3	Materialintensität oberste Geschossdecke	3.1	Total Material Requirement (TMR)
			3.2	Materialinput (MI) Wasser
			3.3	Materialinput (MI) Luft
	4	Materialintensität Kellerdecke	4.1	Total Material Requirement (TMR)
			4.2	Materialinput (MI) Wasser
			4.3	Materialinput (MI) Luft
	5	Materialintensität Fenster		
Schadstoffemissionen	1	vorhandene Gebäudesubstanz	1.1	Prüfen des Bestandes
			1.2	Vorgehen bei der Schadstoffsanierung
	2	Baustoffherstellung	2.1	Treibhauspotenzial (GWP)
			2.2	Versauerung (AP)
	3	Bauliche Maßnahmen	3.1	Gefahrstoffermittlung
			3.2	Ersatz schadstoffhaltiger Baustoffe
			3.3	Technische und persönliche Schutzmaßnahmen
			3.4	Schutz der Bewohner
	4	Nutzung	4.1	Heizungsanlage
			4.2	Klima und Lüftung
			4.3	Emissionen der Materialien
			4.4	Emissionen im Brandfall

(Leftmost vertical label spanning all rows: ökologische Kriterien)

grau hinterlegt: Bewertung der Kriterien aus der 2. Bewertungsstufe übernommen

	Hauptkriterium	Teilkriterien		Unterkriterien	
ökologische Kriterien	Verwertung und Entsorgung	1	vorhandene Gebäudesubstanz	1.1	Weiternutzung
				1.2	Kontamination
				1.3	Demontagetiefe
		2	Abfallvermeidung durch Planung	2.1	Werterhaltung
				2.2	Recyclingfähigkeit
				2.3	Abfallarme Herstellung
		3	Baustellenorganisation	3.1	Maßnahmen zur Abfallvermeidung
				3.2	Abfalltrennung
				3.3	Verwertungsmöglichkeiten
				3.4	Schutz der Bewohner
	Wasser Boden Luft	1	Wasser	1.1	Beeinträchtigung des Wasserhaushaltes
				1.2	Wasserverbrauch
				1.3	Wasserrückführung
		2	Bodenversiegelung		
		3	Zu- und Abluft		
ökonomische Kriterien	Finanzierung und Wirtschaftlichkeit	1	Finanzierungsmodell		
		2	Fördermöglichkeiten	2.1	Fördermittel
				2.2	Steuerliche Aspekte
		3	Wirtschaftlichkeit	3.1	Erneuerungsfähigkeit
				3.2	Erneuerungswürdigkeit
		4	Mietwirksamkeit		
	Baumanagement	1	Bauherrenaufgaben (Kgr. 710)	1.1	Projektmanagement
				1.2	Ausschreibung
				1.3	Vertragsgestaltung
				1.4	Abnahme und Mängelbeseitigung
				1.5	Abrechnung
				1.6	Gewährleistung
		2	Vorbereiten der Objektplanung (Kgr. 720)		
		3	Architekten-/Ingenieur-leistungen, Gutachten und Beratung (Kgr. 730, 740)		
		4	weitere Baunebenkosten	4.1	Schutz der Gebäudesubstanz
				4.2	Umzug und Umsetzung von Bewohnern

grau hinterlegt: Bewertung der Kriterien aus der 2. Bewertungsstufe übernommen

Hauptkriterium	Teilkriterien	Unterkriterien
Erneuerungskosten Bauwerk (Kgr. 300)	1 Außenwände (Kgr. 330)	
	2 Innenwände (Kgr. 340)	
	3 Decken (Kgr. 350)	
	4 Dächer (Kgr. 360)	
Erneuerungskosten Technische Anlagen (Kgr. 400)	1 Abwasser, Wasser, Gas (Kgr. 410)	
	2 Wärmeversorgungsanlagen (Kgr. 420)	
	3 Lufttechnische Anlagen (Kgr. 430)	
	4 Starkstromanlagen (Kgr. 440)	
	5 Fernmelde- und Informationstechnische Anlagen (Kgr. 450)	
Erneuerungskosten Außenanlagen	1 Geländeflächen (Kgr. 510)	
	2 Befestigte Wege (Kgr. 520)	
	3 Baukonstruktionen in Außenanlagen (Kgr. 530)	
	4 Technische Anlagen, Einbauten und sonstige Maßnahmen (Kgr. 540, 550 und 590)	
Nutzungskosten	1 Betriebskosten	1.1 vorbereitende Maßnahmen
		1.2 Instandhaltungsplanung
		1.3 Energiekosteneinsparung Heizung
	2 Bauunterhaltung	2.1 Instandsetzungsplanung
		2.2 Bauunterhaltungskosten

(vertikal an der linken Seite: **ökonomische Kriterien**)

grau hinterlegt: Bewertung der Kriterien aus der 2. Bewertungsstufe übernommen

Fragebogen zur ökonomischen und ökologischen Bewertung von Neubau- und Erneuerungsmaßnahmen im Wohnungsbestand

Bewertungssysteme ÖÖB und ÖÖS

Anschrift (Angabe freigestellt):

Allgemeines

1) Wo sind Sie tätig?

☐ Planungs-/Architekturbüro	☐ Öffentlicher Auftraggeber
☐ Bauträger/Bauunternehmung	☐ Bildungseinrichtung
☐ Wohnungsbaugesellschaft/LEG	☐ Forschungseinrichtung
☐ Projektsteuerung/Projektentwicklung/Investor	☐ Sonstiges: _____

2) Wie viele Mitarbeiter beschäftigen Sie?

☐	< 10 Mitarbeiter
☐	10-50 Mitarbeiter
☐	> 50 Mitarbeiter

3) Wie viele Wohngebäude bearbeiten Sie jährlich etwa?

Neubau Wohngebäude		Anzahl/a
Sanierung/Modernisierung Wohngebäude		Anzahl/a

4) Welches Investitionsvolumen (brutto) rechnen Sie etwa ab?		
Neubau Wohngebäude		Mio. €/a
Sanierung/Modernisierung Wohngebäude		Mio. €/a

Angaben zum Gebrauch des Bewertungssystems für Neubauten ÖÖB

5) In welchem Jahr haben Sie das Bewertungssystem ÖÖB gekauft?		2001
		2002
		2003

6) Was haben Sie gekauft?		Abschlussbericht
		CD-ROM

7) Wie wenden Sie das Bewertungssystem ÖÖB an?

1	3	5
regelmäßig	im Einzelfall	gar nicht

8) Für wie sinnvoll halten Sie das Bewertungssystem ÖÖB?

1	2	3	4	5
sehr sinnvoll				nicht sinnvoll

Anmerkungen/Begründung:

9) Wie verständlich ist für Sie die Vorgehensweise?

1	2	3	4	5
sehr verständlich				nicht verständlich

10) Wie verständlich sind für Sie die Kriterien sowie deren Bemessung und Bewertung?

1 sehr verständlich	2	3	4	5 nicht verständlich

11) Wie verständlich ist für Sie die Darstellung der Ergebnisse?

1 sehr verständlich	2	3	4	5 nicht verständlich

Neu entwickeltes Bewertungssystem für Erneuerungsmaßnahmen ÖÖS

12) Für wie sinnvoll halten Sie eine Weiterentwicklung des Bewertungssystems ÖÖB für Erneuerungsmaßnahmen?

1 sehr sinnvoll	2	3	4	5 nicht sinnvoll

13) Halten Sie das weiterentwickelte Bewertungssystem ÖÖS (s. beiliegende Beschreibung) grundsätzlich für anwendbar?

☐ ja   ☐ nein

Wenn nicht, welche Gegenargumente haben Sie?

14) Werden Sie das weiterentwickelte Bewertungssystem ÖÖS in Ihrem Unternehmen einsetzen?

☐ ja   ☐ nein

Wenn nicht, welche Gegenargumente haben Sie?

Fragen zu ÖÖB und ÖÖS

15) Welcher Aufwand ist Ihrer Meinung nach für ein solches System
(ÖÖB oder ÖÖS) gerechtfertigt?

Anschaffungskosten in €	€
Bewertungsaufwand pro bewertetem Planungsprojekt - Bearbeiterstunden	Bh

16) Welche Anregungen geben Sie uns?

17) Stehen Sie für eine persönliche Vorstellung des
Bewertungssystems ÖÖS und weitere Fragen in Form eines
Interviews zur Verfügung?

☐ ja   ☐ nein

Vielen Dank für Ihr freundliches Mitwirken!

- Univ.-Prof. Dr.-Ing. C.J. Diederichs -   - Dipl.-Ing. Stefanie Streck -

Anhang 6: Bestellschein für die Bewertungssoftware ÖÖS

Neue Bewertungssoftware für Wohnungssanierung ÖÖS
Ökonomische und ökologische Bewertung von Wohnungsbeständen

Das Lehr- und Forschungsgebiet Bauwirtschaft der Bergischen Universität Wuppertal hat mit Förderung des Bundesamtes für Bauwesen und Raumordnung das Bewertungssystem ÖÖS entwickelt, mit dem Bauherren, Planer, Projektentwickler, Bauträger sowie Investoren und Fördermittelgeber Planungsentwürfe für Sanierungs- und Modernisierungsmaßnahmen im Wohnungsbau schnell und einfach auf ihre wirtschaftlichen und ökologischen Auswirkungen überprüfen können.

Der Anwender erhält als Ergebnis einen Bewertungspass, der die Vor- und Nachteile einer Planung anhand von 15 Hauptkriterien darstellt. Neben ökonomischen und ökologischen Kriterien werden auch soziale Aspekte berücksichtigt.

Bewertet wird mit einem ausführlichen Kriterienkatalog planungsbegleitend in drei Stufen: nach Abschluss der Vorplanung, vor Baueingabe und vor Baubeginn. Für die Bewertung eines Mehrfamilienhauses sind insgesamt weniger als drei Arbeitstage anzusetzen. Eine Schulung ist nicht nötig. Bei Bedarf lässt sich ÖÖS an spezielle Anforderungen und Gegebenheiten anpassen. Die Kosten sind mit 35 € für die Software und 42 € für den Forschungsbericht gering.

ÖÖS wurde bereits erfolgreich bei zwei Erneuerungsprojekten angewandt. Bauherren können mit ÖÖS eine einheitliche Beurteilungsbasis für verschiedene Entwürfe erhalten. Architekten und Planer können damit unter anderem die Erfüllung der Bauherren- und Nutzeranforderungen eindeutig und nachvollziehbar nachweisen. Fördermittelgeber und Investoren können ÖÖS als Messmethode nutzen, um die Einhaltung definierter Anforderungen zu überprüfen.

Eine Kurzpräsentation und eine Demoversion zur Bewertungssoftware ÖÖS finden sich unter www.bau.uni-wuppertal.de in der Rubrik „Forschungsprojekte".

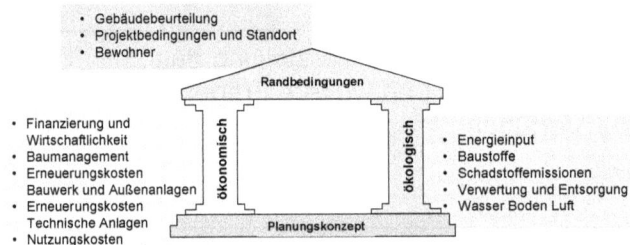

- Gebäudebeurteilung
- Projektbedingungen und Standort
- Bewohner

Randbedingungen

ökonomisch

- Finanzierung und Wirtschaftlichkeit
- Baumanagement
- Erneuerungskosten Bauwerk und Außenanlagen
- Erneuerungskosten Technische Anlagen
- Nutzungskosten

ökologisch

- Energieinput
- Baustoffe
- Schadstoffemissionen
- Verwertung und Entsorgung
- Wasser Boden Luft

Planungskonzept

Übersicht über die 15 Hauptkriterien der Bewertungsmatrix

Stand: 05.08.2003

BESTELLSCHEIN

Bitte bestellen Sie bei:
DVP
Deutscher Verband der
Projektmanager e.V.
Bergische Universität Wuppertal,
FB 11 – Bauwirtschaft
Pauluskirchstr. 7
42285 Wuppertal

Tel: (0202) 280 13 30
Fax: (0202) 280 13 32
E-Mail: dvpbau@uni-wuppertal.de
www.dvpev.de

Name/Vorname _____

Firma _____

Straße _____

Bitte liefern Sie

_____ Exp. Abschlussbericht „Entwicklung eines Bewertungssystems für die ökonomische und ökologische Erneuerung von Wohnungsbeständen" (350 Seiten)
ISBN 3-925734-97-X
Bericht € 42,00 zzgl. Porto + Versand

_____ Exp. CD-Rom „Bewertungssoftware für die ökonomische und ökologische Erneuerung von Wohnungsbeständen ÖÖS
ISBN 3-925734-98-8
CD-ROM € 35,00 zzgl. Porto + Versand

PLZ/Ort _____

E-Mail _____

Datum/Unterschrift _____